超人气 PPT 模版设计素材展示

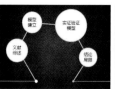    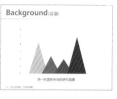

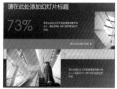    

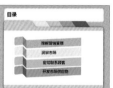 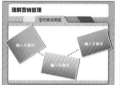   

 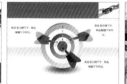   

Word

2016 办公应用
从入门到精通

龙马高新教育

◎ 编著

北京大学出版社

PEKING UNIVERSITY PRESS

内 容 提 要

本书通过精选案例引导读者深入学习，系统地介绍了用 Word 办公的相关知识和应用方法。

全书分为 6 篇，共 19 章。第 1 篇 "Word 快速入门篇" 主要介绍快速上手——Word 2016 的安装与配置和 Word 2016 的基本操作技巧；第 2 篇 "文档美化篇" 主要介绍字符和段落格式的基本操作、表格的编辑与处理、使用图表和图文混排等；第 3 篇 "高级排版篇" 主要介绍使用模板和样式、文档页面的设置及长文档的排版技巧等；第 4 篇 "文档输出篇" 主要介绍检查和审阅文档及 Word 文档的打印与共享等；第 5 篇 "职场实战篇" 主要介绍在行政文秘中的应用、在人力资源中的应用及在市场营销中的应用等；第 6 篇 "高效秘籍篇" 主要介绍文档自动化处理、多文档的处理技巧、Word 与其他 Office 组件协作及移动办公等。

在本书附赠的 DVD 多媒体教学光盘中，包含了 10 小时与图书内容同步的教学录像及所有案例的配套素材和结果文件。此外，还赠送了大量相关学习内容的教学录像及扩展学习电子书等。为了满足读者在手机和平板电脑上学习的需要，光盘中还赠送龙马高新教育手机 APP 软件，读者安装后可观看手机版视频学习文件。

本书不仅适合电脑初级、中级用户学习，也可以作为各类院校相关专业学生和电脑培训班学员的教材或辅导用书。

图书在版编目（CIP）数据

Word 2016 办公应用从入门到精通 / 龙马高新教育编著 . — 北京：北京大学出版社，2017.1
ISBN 978–7–301–27887–1

Ⅰ.①W… Ⅱ.①龙… Ⅲ.①汉字信息处理系统 Ⅳ.①TP391.12

中国版本图书馆 CIP 数据核字 (2016) 第 306096 号

书　　　名	Word 2016 办公应用从入门到精通
	Word 2016 BANGONG YINGYONG CONG RUMEN DAO JINGTONG
著作责任者	龙马高新教育 编著
责 任 编 辑	尹毅
标 准 书 号	ISBN 978–7–301–27887–1
出 版 发 行	北京大学出版社
地　　　址	北京市海淀区成府路 205 号　100871
网　　　址	http://www.pup.cn　　新浪微博：@ 北京大学出版社
电 子 信 箱	pup7@ pup.cn
电　　　话	邮购部 62752015　发行部 62750672　编辑部 62580653
印 刷 者	三河市博文印刷有限公司
经 销 者	新华书店
	787 毫米 ×1092 毫米　16 开本　24 印张　彩插 1　568 千字
	2017 年 1 月第 1 版　2017 年 1 月第 1 次印刷
印　　　数	1–5000 册
定　　　价	59.00 元

Word 2016 很神秘吗？

不神秘！

学习 Word 2016 难吗？

不难！

阅读本书能掌握 Word 2016 的使用方法吗？

能！

为什么要阅读本书

Word 是现代公司日常办公中不可或缺的工具，被广泛地应用于财务、行政、人事、统计和金融等众多领域。本书从实用的角度出发，结合实际应用案例，模拟真实的办公环境，介绍 Word 2016 的使用方法和技巧，旨在帮助读者全面、系统地掌握 Word 在办公中的应用。

本书内容导读

本书共分为 6 篇，共设计了 19 章，内容如下。

第 0 章　共 6 段教学录像，主要介绍了 Word 最佳学习方法，使读者在阅读本书之前对 Word 有初步了解。

第 1 篇（第 1 ~ 2 章）为 Word 快速入门篇，共 12 段教学录像。主要介绍 Word 中的安装配置和操作技巧，通过对本篇的学习，读者可以快速地知道 Word 2016 的安装与配置和 Word 2016 的基本操作技巧等。

第 2 篇（第 3 ~ 6 章）为文档美化篇，共 26 段教学录像。主要介绍 Excel 中的各种操作，通过对本篇的学习，读者可以掌握字符和段落格式的基本操作、表格的编辑与处理、使用图表和图文混排等操作。

第 3 篇（第 7 ~ 9 章）为高级排版篇，共 22 段教学录像。主要介绍使用模板和样式、文档页面的设置及长文档的排版技巧等操作。

第 4 篇（第 10 ~ 11 章）为文档输出篇，共 15 段教学录像。主要介绍检查和审阅文档及 Word 文档的打印与共享等。

第 5 篇（第 12 ~ 14 章）为职场实战篇，共 9 段教学录像。主要介绍 Word 在行政文秘中的应用、在人力资源中的应用及在市场营销中的应用等。

第 6 篇（第 15～18 章）为高效秘籍篇，共 18 段教学录像。主要介绍文档自动化处理、多文档的处理技巧、Word 与其他 Office 组件协作及移动办公等。

📖 选择本书的 N 个理由

❶ 简单易学，案例为主

以案例为主线，贯穿知识点，实操性强，与读者需求紧密吻合，模拟真实的工作学习环境，帮助读者解决在工作中遇到的问题。

❷ 高手支招，高效实用

每章最后提供有一定质量的实用技巧，满足读者的阅读需求，也能解决在工作学习中一些常见的问题。

❸ 举一反三，巩固提高

每章案例讲述完后，提供一个与本章知识点或类型相似的综合案例，帮助读者巩固和提高所学内容。

❹ 海量资源，实用至上

光盘中，赠送大量实用的模板、实用技巧及学习辅助资料等，便于读者结合光盘资料学习。另外，本书附赠《手机办公 10 招就够》手册，在强化读者学习的同时也可以为读者在工作中提供便利。

☢ 超值光盘

❶ 10 小时名师视频指导

教学录像涵盖本书所有知识点，详细讲解每个实例及实战案例的操作过程和关键点。读者可更轻松地掌握 Office 2010 软件的使用方法和技巧，而且，扩展性讲解部分可使读者获得更多的知识。

❷ 超多、超值资源大奉送

随书奉送通过互联网获取学习资源和解题方法、办公类手机 APP 索引、办公类网络资源索引、Office 十大实战应用技巧、200 个 Office 常用技巧汇总、1000 个 Office 常用模板、Excel 函数查询手册、Office 2016 软件安装指导录像、Windows 10 安装指导录像、Windows 10 教学录像、《微信高手技巧随身查》手册、《QQ 高手技巧随身查》手册及《高效能人士效率倍增手册》等超值资源，以方便读者扩展学习。

❸ 手机 APP，让学习更有趣

光盘附赠了龙马高新教育手机 APP，用户可以直接安装到手机中，随时随地问同学、问专家，尽享海量资源。同时，我们也会不定期向您手机中推送学习中常见难点、使用技

巧、行业应用等精彩内容，让您的学习更加简单有效。扫描下方二维码，可以直接下载手机 APP。

光盘运行方法

1. 将光盘印有文字的一面朝上放入光驱中，几秒钟后光盘就会自动运行。

2. 若光盘没有自动运行，可在【计算机】窗口中双击光盘盘符，或者双击"MyBook. cxc"光盘图标，光盘就会运行。播放片头动画后便可进入光盘的主界面，如下图所示。

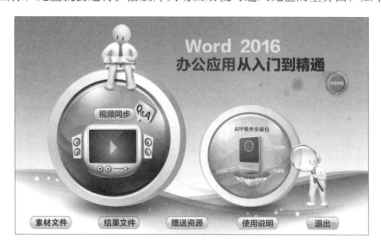

3. 单击【视频同步】按钮，可进入多媒体教学录像界面。在左侧的章节按钮上单击鼠标左键，在弹出的快捷菜单上单击要播放的小节，即可开始播放相应小节的教学录像。

4．另外，主界面上还包括 APP 软件安装包、素材文件、结果文件、赠送资源、使用说明和支持网站 6 个功能按钮，单击可打开相应的文件或文件夹。

5．单击【退出】按钮，即可退出光盘系统。

本书读者对象

1．没有任何办公软件应用基础的初学者。

2．有一定办公软件应用基础，想精通 Word 2016 的人员。

3．有一定办公软件应用基础，没有实战经验的人员。

4．大专院校及培训学校的老师和学生。

后续服务：QQ 群（218192911）答疑

本书为了更好地服务读者，专门设置了 QQ 群为读者答疑解惑，读者在阅读和学习本书过程中可以把遇到的疑难问题整理出来，在"办公之家"群里探讨学习。另外，群文件中还会不定期上传一些办公小技巧，帮助读者更方便、快捷地操作办公软件。"办公之家"的群号是 218192911，读者也可直接扫描下方二维码加入本群。欢迎加入"办公之家"！

创作者说

本书由龙马高新教育策划，左琨任主编，李震、赵源源任副主编，为您精心呈现。您读完本书后，会惊奇地发现"我已经是 Word 办公达人了"，这也是让编者最欣慰的结果。

本书编写过程中，我们竭尽所能地为您呈现最好、最全的实用功能，但仍难免有疏漏和不妥之处，敬请广大读者不吝指正。若您在学习过程中产生疑问，或有任何建议，可以通过 E-mail 与我们联系。

读者邮箱：2751801073@qq.com

报稿邮箱：pup7@pup.cn

目录 Contents

第 0 章　Word 最佳学习方法

第 1 篇　Word 快速入门篇

第 1 章　快速上手——Word 2016 的安装与配置

本章 6 段教学录像

本章主要介绍文档处理，可以进行文档的编辑、美化、排版及审阅等工作。本章将为读者介绍 Word 2016 的安装与卸载、启动与退出以及认识 Word 2016 的工作界面等。

第 2 章　Word 2016 的基本操作技巧

本章 6 段教学录像

掌握文档基本操作、输入文本、快速选择文本、编辑文本、视图操作及页面显示比例设置等基本操作技巧，是学习 Word 2016 制作专业文档的前提。

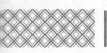
高手支招

第 2 篇 文档美化篇

第 3 章 字符和段落格式的基本操作

本章 7 段教学录像

本章主要介绍设置字体格式、段落格式、使用项目符号和编号等内容。

高手支招

第 4 章 表格的编辑与处理

本章 8 段教学录像

在 Word 中可以插入简单的表格，不仅可以丰富表格的内容，还可以更准确地展示数据。在 Word 中可以通过插入表格、设置表格格式等完成表格的制作，本章就以制作产品销售业绩表为例介绍表格的编辑与处理。

第 5 章　使用图表

本章 5 段教学录像

如果能根据数据表格绘制一幅统计图，会使数据的展示更加直观，分析也更为方便。本章就以制作公司销售报告为例介绍在 Word 2016 中使用图表的操作。

第 6 章　图文混排

本章 6 段教学录像

一篇图文并茂的文档，不仅看起来生动形象、充满活力，还可以使文档更加美观。在 Word 中可以通过插入艺术字、图片、组织结构图以及自选图形等展示文本或数据内容。本章就以制作店庆活动宣传单为例，介绍在 Word 文档中图文混排的操作。

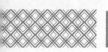

第3篇　高级排版篇

第7章　使用模板和样式

📽　本章 7 段教学录像

在办公与学习中，经常会遇到包含文字的短文档，如劳务合同书、个人合同、公司合同、企业管理制度、公司培训资料、产品说明书等，使用 Word 提供的创建和更改模板、应用模板、使用系统自带的样式、创建新样式等操作。

第8章　文档页面的设置

📽　本章 7 段教学录像

在办公与学习中，经常会遇到一些错乱文档，通过设置页面、页面背景、页眉和页脚、分页和分节及插入封面等操作，可以对这些文档进行美化。本章就以制作企业文化管理手册为例，介绍一下文档页面的设置。

第 9 章　长文档的排版技巧

本章 8 段教学录像

　　在办公与学习中，经常会遇到包含大量文字的长文档，如毕业论文、个人合同、公司合同、企业管理制度、公司培训资料、产品说明书等，使用 Word 中的设置编号、使用书签、插入和设置目录、创建和设置索引等操作。

第 4 篇　文档输出篇

第 10 章　检查和审阅文档

本章 6 段教学录像

　　使用 Word 编辑文档之后，通过检查和审阅功能，才能递交出专业的文档，本章就来介绍检查拼写和语法错误、查找与替换、批注文档、修订文档等方法。

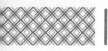

Word 2016 办公应用
从入门到精通

第 11 章　Word 文档的打印与共享

本章 9 段教学录像

　　打印机是自动化办公中不可缺少的组成部分，是重要的输出设备之一，具备办公管理所需的知识与经验，能够熟练操作常用的办公器材是十分必要的。本章主要介绍连接并设置打印机、打印 Word 文档、打印 Excel 表格、打印PowerPoint 演示文稿的方法。

第 5 篇　职场实战篇

第 12 章　在行政文秘中的应用

本章 3 段教学录像

　　行政文秘涉及相关制度的制定和执行推动、日常办公事务管理、办公物品管理、文书资料管理、会议管理等，经常需要使用办公软件，本章主要介绍 Word 2016 在行政办公中的应用，包括排版公司奖惩制度文件、制作公文红头文件、费用报销单等。

第 13 章　在人力资源中的应用

本章 3 段教学录像

　　人力资源管理是一项系统又复杂的组织工作，使用Word 2016 系列组件可以帮助人力资源管理者轻松、快速地完成各种文档的制作，本章主要介绍员工入职登记表、培训流程图的制作方法。

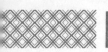
第 17 章　Word 与其他 Office 组件协作

本章 5 段教学录像

本章主要介绍使用 Word 与其他 Office 组件协作的方法。

高手支招

第 18 章　Office 的跨平台应用——移动办公

本章 5 段教学录像

本章主要介绍如何制作员工实发工资单、现金流量表和分析资产负债管理表等操作，让读者对 Excel 在财务管理中的高级应用技能有更加深刻的理解

高手支招

第0章
Word 最佳学习方法

本章导读

  Word 2016 是 Microsoft 公司开发的 Office 2016 办公组件之一，主要用于文字处理工作，如文本编辑、使用图片、表格、图表等美化文档，以及排版或将编辑完成的文档输出等。本章首先来介绍 Word 的最佳学习方法。

思维导图

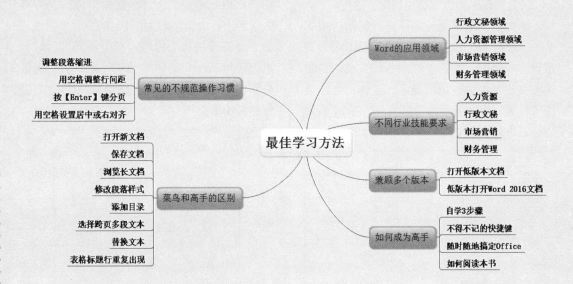

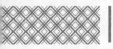

0.1 Word 的应用领域

Word 2016 主要用以实现文档的编辑、排版和审阅，应用于人力资源管理、行政文秘管理、市场营销和财务管理等领域。

（1）在行政文秘领域的应用。

在行政文秘管理领域需要制作出各类严谨的文档，Word 2016 提供有批注、审阅以及错误检查等功能，可以方便地核查制作的文档。使用 Word 2016 可制作委托书、合同、公司各类制度等，下图所示为使用 Word 2016 制作的《××公司奖惩制度》文档。

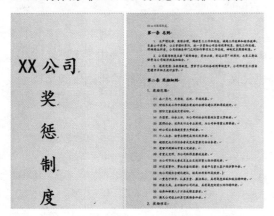

（2）在人力资源管理领域的应用。

人力资源管理是一项系统且复杂的组织工作。使用 Word 2016 组件可以帮助人力资源管理者轻松、快速地完成各种文档，如制作各类规章制度、招聘启示、工作报告、培训资料等。下图所示为使用 Word 2016 制作的公司培训资料文档。

（3）在市场营销领域的应用。

在市场营销领域，可以使用 Word 2016 制作项目评估报告、企业营销计划书、市场调查报告、市场分析及策划方案等，下图所示为使用 Word 2016 制作的产品使用说明书文档。

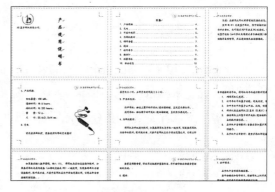

（4）在财务管理领域的应用。

财务管理是一项涉及面广、综合性和制约性都很强的系统工程，通过价值形态对资金运动进行决策、计划和控制的综合性管理，是企业管理的核心内容。在财务管理领域，可以使用 Word 2016 制作询价单、公司财务分析报告等。下图所示为使用 Word 2016 制作的报价单文档。

0.2 不同行业对 Word 的技能要求

不同行业的从业人员对 Word 技能的要求不同，下面就以人力资源、行政文秘、市场营销和财务管理等行业为例介绍不同行业必备的 Word 技能。

行业	技能要求
人力资源	1. 文本的输入与格式设置 2. 使用图片和表格 3. Word 基本排版 4. 审阅和校对
行政文秘	1. 页面设置 2. 文本的输入与格式设置 3. 使用图片、表格、艺术字 4. 使用图表 5. Word 高级排版 6. 审阅和校对
市场营销	1. 页面设置 2. 文本的输入与格式设置 3. 使用图片、表格、艺术字 4. 使用图表 5. Word 高级排版 6. 审阅和校对
财务管理	1. 文本的输入与格式设置 2. 使用图片、表格、艺术字 3. 使用图表 4. Word 高级排版 5. 审阅和校对

0.3 万变不离其宗：兼顾 Word 多个版本

Office 的版本由 2003 更新到 2016，新版本的软件可以直接打开低版本软件创建的文件。如果要使用低版本软件打开高版本软件创建的文档，可以先将高版本软件创建的文档另存为低版本类型，再使用低版本软件打开进行文档编辑。

1. Word 2016 打开低版本文档

使用 Word 2016 可以直接打开 2003、2007、2010、2013 格式的文件。将 2003 格式的文件在 Word 2016 文档中打开时，标题栏中会显示出【兼容模式】字样。

2. 低版本 Word 软件打开 Word 2016 文档

使用低版本 Word 软件也可以打开 Word 2016 创建的文件，只需要将其类型更改为低版本类型即可。具体操作步骤如下。

第1步 使用 Word 2016 创建一个 Word 文档，单击【文件】选项卡，在【文件】选项卡下的左侧选择【另存为】选项，在右侧【这台电脑】选项下单击【浏览】按钮。

第2步 弹出【另存为】对话框，在【保存类型】下拉列表中选择【Word 97-2003 文档】选项，单击【保存】按钮即可将其转换为低版本。之后，即可使用 Word 2003 打开。

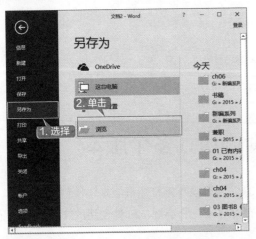

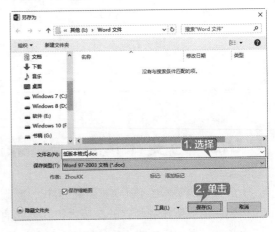

0.4 常见的不规范操作习惯

在使用 Word 办公时，一些不规范的操作，不仅影响文档制作的时间，降低办公效率，制作的文档还不美观，再次编辑时也不容易修改，下面就简单介绍一些 Word 中常见的不规范操作习惯。

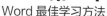
（1）调整段前缩进。

中文文本默认情况下需要段落首行缩进 2 字符，经常会有初学者通过在段落前输入 4 个空格的方法设置首行缩进。不仅不规范，还容易造成错误。单击【开始】→【段落】→【段落设置】按钮，在打开的【段落】对话框中设置【首行缩进】为"2 字符"。

（2）用空格调整行间距。

调整行间距或段间距时，可以使用【段落】对话框【缩进和间距】选项卡下【间距】组来设置行间距或段间距。

（3）按【Enter】键分页。

使用【Enter】键添加换行符可以达到分页的目的，但如果在分页前的文本中删除或添加文字，添加的换行符就不能起到正确分页的作用，可以单击【插入】选项卡下【页面】组中的【分页】按钮；或单击【布局】选项卡下【页面设置】组中的【分隔符】按钮，在下拉列表中选择【分页符】选项；也可以直接按【Ctrl+Enter】组合键分页。

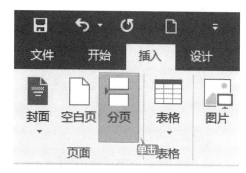

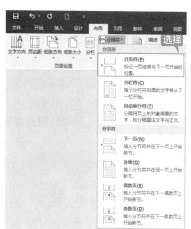

（4）用空格设置居中或右对齐。

设置文本居中或右对齐时，常使用空格键对齐文本，不仅效率低，还不容易对齐文本。可以先选择要设置居中或右对齐的段落，单击【开始】→【段落】→【居中】（【右对齐】）按钮，设置文本居中或右对齐。

0.5 Word 菜鸟和高手的区别

　　菜鸟和高手的区别就在于高手掌握了一些能提高文档制作效率的操作。下面不妨看看菜鸟和高手在 Word 操作中都有哪些区别。

	菜 鸟	高 手
打开新文档	执行【文件】→【打开】命令	按【Ctrl+O】组合键
保存文档	突然断电或意外关闭软件，文档内容丢失	设置自动恢复信息时间间隔，并随时按【Ctrl+S】组合键保存文档
浏览长文档	用鼠标滚轮或拖曳垂直滚动条	按【Ctrl+Home】组合键回到首页 按【Ctrl+End】组合键跳转到结尾 按【Ctrl+G】组合键，定位至某一页
修改长文档字体或段落样式	用格式刷一遍遍地刷格式	使用样式管理字体及段落样式，只需一次修改，即可自动更新样式
添加目录	手工复制粘贴，输入页码，速度慢，易出错	单击【引用】→【目录】→【目录】命令，在下拉列表选择目录样式或自定义目录样式 自动生成目录，快速准确，易于修改
选择跨页的多段文本	按住鼠标左键从开始位置向结束位置拖曳	单击选择开始位置，按住【Shift】键，在结束位置单击鼠标即可 按【Ctrl+A】组合键可以全选文档内容

续表

	菜　鸟	高　手
替换文本	用肉眼一个个寻找错误内容再修改替换，费时且替换修改不完整	单击【开始】→【编辑】→【替换】命令，打开【替换】对话框，分别输入"查找内容"及"替换为"内容，单击【全部替换】按钮替换所有错误文本，不仅能替换文本，还能够替换格式
表格标题行重复出现	复制标题行，在每一页上方粘贴并单独修改，表格变动，容易导致标题行移位	选择表格，选择【表格工具】→【布局】→【表】→【属性】选项，打开【表格属性】对话框，在【行】选项卡下选中【在各页顶端以标题行形式重复出现】复选框，单击【确定】按钮即可

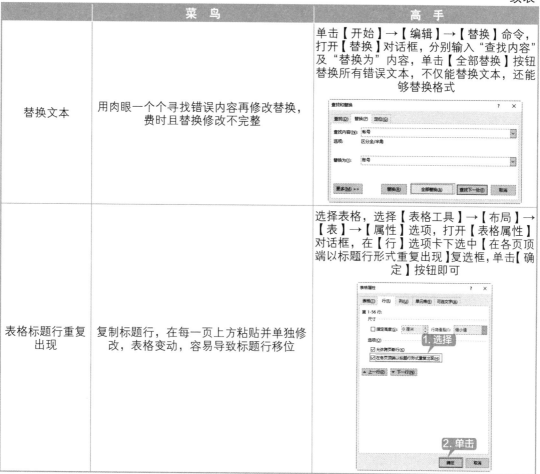

0.6 如何成为 Word 办公高手

（1）Word 自学 3 步骤。

学习 Word 办公软件，可以按照下面三步进行学习。

第一步：入门。

① 熟悉软件界面。

② 学习并掌握每个按钮的用途及常用的操作。

③ 结合参考书能够制作出案例。

第二步：熟悉。

① 熟练掌握软件大部分功能的使用。

② 能不使用参考书制作出满足工作要求的办公文档。

③ 掌握大量实用技巧，节省时间。

第三步：精通。

① 掌握 Word 的全部功能，能熟练制作美观、实用的各类文档。

② 掌握 Word 软件在不同设备中的使用，随时随地办公。

（2）快人一步：不得不记的快捷键。

掌握 Word 2016 中常用的快捷键可以提高文档编辑速度。

说　明	按　键
创建新文档	Ctrl+N
打开文档	Ctrl+O
关闭文档	Ctrl+W
保存文档	Ctrl+S
复制文本	Ctrl+C
粘贴文本	Ctrl+V
剪切文本	Ctrl+X
复制格式	Ctrl+Shift+C
粘贴格式	Ctrl+Shift+V
撤销上一个操作	Ctrl+Z
恢复上一个操作	Ctrl+Y
增大字号	Ctrl+Shift+>
减小字号	Ctrl+Shift+<
逐磅增大字号	Ctrl+]
逐磅减小字号	Ctrl+[
打开"字体"对话框更改字符格式	Ctrl+D
应用加粗格式	Ctrl+B
应用下划线	Ctrl+U
应用倾斜格式	Ctrl+I
向左或向右移动一个字符	向左键或向右键
向左移动一个字词	Ctrl+ 向左键
向右移动一个字词	Ctrl+ 向右键
向左选取或取消选取一个字符	Shift+ 向左键
向右选取或取消选取一个字符	Shift+ 向右键
向左选取或取消选取一个单词	Ctrl+Shift+ 向左键
向右选取或取消选取一个单词	Ctrl+Shift+ 向右键
选择从插入点到条目开头之间的内容	Shift+Home
选择从插入点到条目结尾之间的内容	Shift+End
显示【打开】对话框	Ctrl+F12 或 Ctrl+O
显示【另存为】对话框	F12
取消操作	Esc

（3）在办公室 / 路上 / 家里，随时随地搞定 Office。

移动信息产品地快速发展，移动通信网络的普及，只需要一部智能手机或者平板电脑就可以随时随地进行办公，使得工作更简单、更方便。使用 OneDrive 即可实现在电脑和手持设备之间的随时传送。

第1步 在【此电脑】窗口中选择【OneDrive】选项，或者在任务栏的【OneDrive】图标上单击鼠标右键，在弹出的快捷菜单中选择【打开你的 OneDrive 文件夹】选项，都可以打开【OneDrive】窗口。

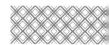

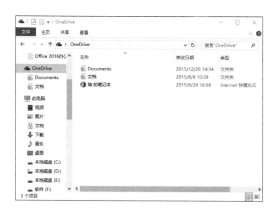

第2步 选择要上传的文档 "工作报告.docx" 文件，将其复制并粘贴至【文档】文件夹，或者直接拖曳文件至【文档】文件夹中。

第3步 在【文档】文件夹图标上即显示刷新图标，表明文档正在同步。

第4步 在任务栏单击【上载中心】图标，在

打开的【上载中心】窗口中即可看到上传的文件。

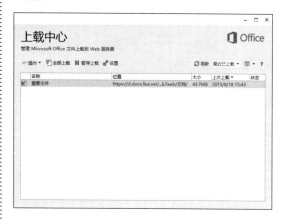

第5步 上传成功后，文件表会显示同步成功的标志，效果如图所示。

在手机上使用 OneDrive。

OneDrive 不仅可以在 Windows Phone 手机中使用，还可以在 iPhone、Android 手机中使用，下面以在 IOS 系统设备中使用 OneDrive 为例，介绍在手机设备上使用 OneDrive 的具体操作步骤。

第1步 在手机中下载并登录 OneDrive，即可进入 OneDrive 界面，选择要查看的文件，这里选择【文档】文件夹。

第2步 即可打开【文档】文件夹，查看文件夹内的文件，上传的工作报告文件也在文件夹内。

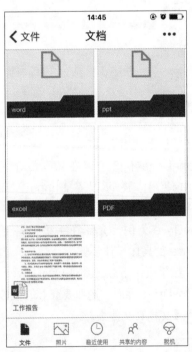

第3步 长按"工作报告"图标，即可选中文件并调出对文件可进行的操作命令。

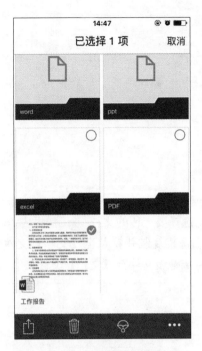

在手机中打开 OneDrive 中的文档。

下面就以在手机上通过 Microsoft Word 打开 OneDrive 中保存的文件并进行编辑保存的操作为例介绍随时随地办公的操作。

第1步 下载并安装 Microsoft Word 软件。并在手机中使用同一账号登录，即可显示 OneDrive 中的文件。

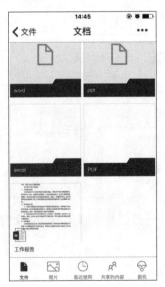

第2步 单击"工作报告 .docx"文档，即可将其文件下载至手机。

第3步 下载完成后会自动打开该文档，效果如图所示。

第4步 对文件中字体进行简单的编辑，并插入工作表，效果如图所示。

第5步 编辑完成后，单击左上角【返回】按钮 即可自动保存文档至 OneDrive。

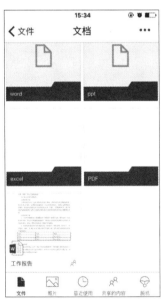

（4）如何阅读本书。

本书以学习 Word 的最佳结构来分配章节，第 0 章可以使读者了解 Word 的应用领域及如何学习 Word。第 1 篇可使读者快速入门 Word 2016，包括 Word 2016 的安装与配置、Word 2016 的基本操作技巧等。第 2 篇可使读者掌握 Word 2016 的美化操作，包括字符和段落格式的基本操作、表格的编辑与处理、使用图表、图文混排等。第 3 篇可使读者掌握 Word 2016 的高级排版操作，包括使用模板和样式、文档页面的设置、长文档的排版技巧等。第 4 篇主要介绍文档输出的相关操作，包括检查和审阅文档、Word 文档的打印与共享等。第 5 篇通过行业案例介绍 Word 在行政文秘、人力资源及市场营销中的应用。第 6 篇可使读者掌握高效办公秘籍，包括文档自动化处理、多文档的处理技巧、Word 与其他 Office 组件协作以及移动办公等。

Word 快速入门篇

第 1 篇

　　本篇主要介绍 Word 2016 的各种操作。通过本篇的学习，读者可以快速上手 Word 2016 的安装与配置，以及 Word 2016 的基本操作技巧等操作。

第1章

快速上手——Word 2016 的安装与配置

本章导读

Word 2016 是微软公司推出的 Office 2016 办公系列软件的一个重要组成部分，主要用于文档处理，可以进行文档的编辑、美化、排版及审阅等工作。本章将为读者介绍 Word 2016 的安装与卸载、启动与退出以及认识 Word 2016 的工作界面等。

思维导图

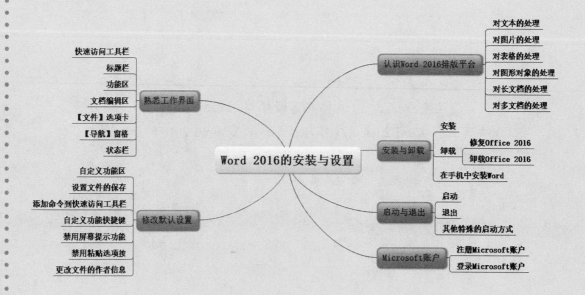

1.1 认识 Word 2016 排版平台

Word 2016 主要用于文档的制作，使用 Word 电脑办公，首先需要了解 Word 的基本功能，下面简单介绍 Word 2016 的排版平台。

1.1.1 Word 对文本的处理

Word 对文本的处理主要体现在输入文本（如输入汉字、英文、数字等）、编辑文本（如修改、删除、替换、复制、粘贴及移动等）、设置文字格式（如字体、字号、字体颜色、字形等）以及设置段落格式（如对齐方式、缩进、行距、间距、编号以及项目符号等）几个方面。下图所示为用 Word 对文本处理后的效果。

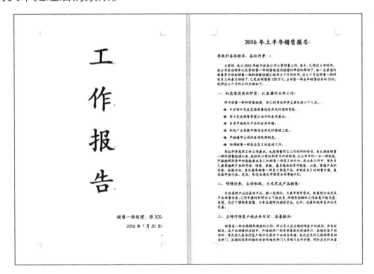

1.1.2 Word 对图片的处理

在 Word 2016 中可以实现插入本地图片、联机图片等操作，可以使用图片美化文档，还可以对图片进行简单的处理，例如，删除背景，更正锐化/柔化、亮度/对比度，调整颜色饱和度、色调或重新着色，添加艺术效果，设置图片的样式、图片边框、图片效果、图片版式，更改图片的位置、环绕方式以及裁剪图片等。下面两图所示为插入图片以及对图片处理后的对比效果。

1.1.3 Word 对表格的处理

Word 2016 是 Office 中专业的电子表格处理组件，但 Word 2016 同样可以处理表格，如设置表格的样式、添加底纹、设置边框样式、插入 / 删除行和列、合并 / 拆分单元格、调整单元格大小、设置对齐方式、排序数据以及使用公式计算等。

序号	产品	销量/吨
1	白菜	31307
2	海带	25940
3	冬瓜	15979
4	西红柿	20351
5	南瓜	17491
6	黄瓜	18852
7	玉米	21586
8	红豆	15263
	合计	166769

1.1.4 Word 对图形对象的处理

Word 中的图形对象可以分为自选图形、SmartArt 图形以及图表等。Word 对自选图形的处理方式和处理图片的操作类似，对于 SmartArt 图形，在 Word 2016 中主要包括创建图形、设置版式、修改 SmartArt 样式、更改形状样式和艺术字样式等。处理图表对象，主要包括更改图表布局、修改图表样式、设置图表形状样式、艺术字样式及大小等。

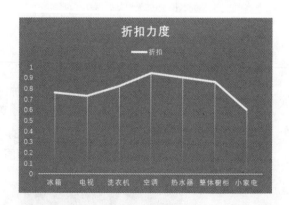

1.1.5 Word 对长文档的处理

如果文档内容过多，可以通过设置大纲级别的方式快速查看文档内容。此外，也可以在长文档中添加书签，实现快速定位，还可以在长文档中创建目录、索引或者是脚注或尾注。

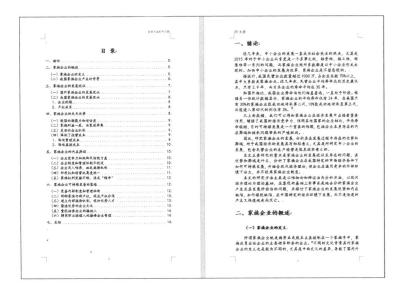

1.1.6 Word 对多文档的处理

使用 Word 处理文档时，可以根据需要同时对多个文档进行处理，如同时打开、保存或者关闭多个文档、合并或者批处理多个文档，以及多个文档的合并与拆分等操作。下图所示为合并多个文档时的效果。

1.2 Word 2016 的安装与卸载

在使用 Word 2016 前，首先需要在计算机上安装该软件。同样，如果不需要再使用 Word 2016，可以从计算机中卸载该软件。下面介绍 Word 2016 的安装与卸载的方法。

1.2.1 安装

Word 2016 是 Office 2016 的组件之一，若要安装 Word 2016，首先要启动 Office 2016 的安装程序，然后按照安装向导的提示一步一步地操作，即可完成 Word 2016 的安装。具体的操作步骤如下。

第1步 将 Office 2016 的安装光盘插入到电脑的 DVD 光驱中，双击光盘自动运行后出现的可执行文件，即可打开安装窗口。Office 2016 自动默认安装，显示安装的内容为 Office 2016 的组件，并显示安装的进度。

第2步 安装完成后，显示一切完成，单击【开始】按钮中的所有程序，即可启动该办公软件。

1.2.2 卸载

Word 2016 是 Office 2016 的组件之一，如果在使用 Office 2016 的过程中程序出现问题，可以修复 Office 2016；不需要使用时可以将其卸载。

1. 修复 Office 2016

安装 Word 2016 后，当 Office 使用过程中出现异常情况，可以对其进行修复。

第1步 单击【开始】→【Windows 系统】→【控制面板】命令。

第2步 打开【所有控制面板项】窗口，单击【程序和功能】连接。

第3步 打开【程序和功能】对话框，选择【Microsoft Office 专业增强版 2016 – zh-cn】选项，单击【更改】按钮。

第4步 在弹出的【Office】对话框中选中【快速修复】单选按钮，单击【修复】按钮。

第5步 在【准备好开始快速修复？】界面单击【修复】按钮，即可自动修复 Office 2016。

2. 卸载 Office 2016

第1步 打开【程序和功能】对话框，选择【Microsoft Office 专业增强版 2016 － zh－cn】选项，单击【卸载】按钮。

第2步 在弹出的对话框中单击【卸载】按钮即可开始卸载 Office 2016。

1.2.3 在手机中安装 Word

Office 2016 推出了手持设备版本的 Office 组件，支持 Android 手机、Android 平板电脑、iPhone、iPad、Windows Phone、Windows 平板电脑。下面就以在 Android 手机中安装 Word 组件为例进行介绍。

第1步 在 Android 手机中打开任一下载软件的应用商店，如腾讯应用宝、360 手机助手、百度手机助手等，这里打开 360 手机助手程序，并在搜索框中输入"Word"，单击【搜索】按钮，即可显示搜索结果。

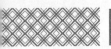
第2步 在搜索结果单击【微软 Office Word】右侧的【下载】按钮，即可开始下载 Microsoft Word 组件。

第3步 下载完成，将打开安装界面，单击【安装】按钮。

第4步 安装完成，在安装成功界面单击【打开】按钮。

第5步 即可打开并进入手机 Word 界面。

| 提示 |

　使用手机版本 Office 组件时需要登录 Microsoft 账户。

1.3 Word 2016 的启动与退出

　在系统中安装好 Word 2016 之后，要想使用该软件编辑与管理表格数据，还需要启动 Word，下面介绍启动与退出 Word 2016 的方法。

1.3.1 启动

用户可以通过 3 种方法启动 Word 2016，分别如下。

方法 1：通过【开始】菜单启动。

单击桌面任务栏中的【开始】按钮，在弹出的菜单中依次选择【所有应用】→【W】→【Word 2016】选项，即可启动 Word 2016。

方法 2：通过桌面快捷方式图标启动。

双击桌面上的 Word 2016 快捷方式图标，即可启动 Word 2016。

方法 3：通过打开已存在的 Word 文档启动。

在计算机中找到一个已存在的 Word 文档（扩展名为 .docx），双击该文档图标，即可启动 Word 2016。

| 提示 |

通过前两种方法启动 Word 2016 时，Word 2016 会自动创建一个空白工作簿。通过第 3 种方法启动 Word 2016 时，Word 2016 会打开已经创建好的文档。

1.3.2 退出

与退出其他应用程序类似，通常有 5 种方法可退出 Word 2016，分别如下。

方法 1：通过文件操作界面退出。

在 Word 工作窗口中，选择【文件】选项卡，进入文件操作界面，选择左侧的【关闭】选项，即可退出 Word 2016。

方法2：通过【关闭】按钮退出。

该方法最为简单直接，在 Word 工作窗口中，单击右上角的【关闭】按钮 ×，即可退出 Word 2016。

方法3：通过控制菜单图标退出。

在 Word 工作窗口中，在标题栏右击，在弹出的菜单中选择【关闭】选项，即可退出 Word 2016。

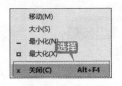

方法4：通过任务栏退出。

在桌面任务栏中，选中 Word 2016 图标，右击鼠标，选择【关闭窗口】选项，即可退出 Word 2016。

方法5：通过组合键退出。

单击选中 Word 窗口，按【Alt+F4】组合键，即可退出 Word 2016。

1.3.3 其他特殊的启动方式

除了使用正常的方法启动 Word 2016外，还可以在 Windows 桌面或文件夹的空白处单击鼠标右键，在弹出的快捷菜单中选择【新建】→【Microsoft Word 文档】选项。执行该命令后即可创建一个 Word 文档，用户可以直接重新命名该新建文档。双击该新建文档，Word 2016 就会打开这篇新建的空白文档。

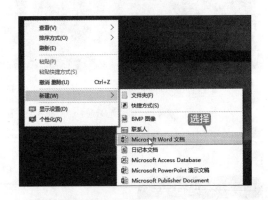

1.4 随时随地办公的秘诀——Microsoft 账户

Office 2016 具有账户登录功能，在使用该功能前，用户需要注册一个 Microsoft 账户，登录账号后即可实现随时随地处理工作，还可以联机保存 Office 文件。

注册 Microsoft 账户的具体操作步骤如下。

第1步 打开 IE 浏览器，输入网址 http://login.live.com/，单击【立即注册】链接。

第2步 打开【创建账户】页面，输入相关信息。

第3步 输入信息完成，输入验证字符，单击【创建账户】按钮，即可完成账户的创建。

创建账户成功后即可使用账户登录 Word 2016，配置账户。

第1步 打开 Word 2016 软件，单击软件界面右上角的【登录】链接。

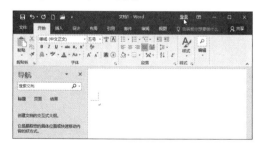

第2步 弹出【登录】界面，在文本框中输入电子邮件地址，单击【下一步】按钮。

第3步 在打开的界面输入账户密码，单击【登录】按钮。

第4步 登录后即可在界面右上角显示用户名称。单击【账户设置】选项。

第5步 在【账户】区域就可以查看账户信息，并根据需要更改账户照片或者设置 Office 的背景或主题。

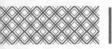

1.5 熟悉 Word 2016 的工作界面

启动 Word 2016 后将打开 Word 的窗口，Word 2016 的窗口主要由标题栏、快速访问工具栏、【文件】选项卡、功能区、【导航】窗格、文档编辑区和状态栏等组成。

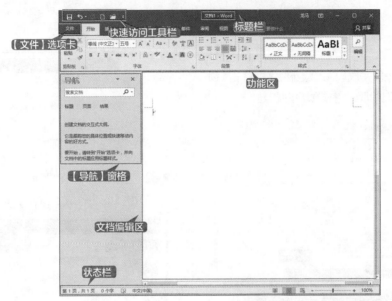

1. 快速访问工具栏

快速访问工具栏位于标题栏的左侧，它包含一组独立于当前显示的功能区上选项卡的按钮，默认的快速访问工具栏中包含【保存】【撤销】【恢复】等按钮。

单击快速访问工具栏右边的下拉箭头，在弹出的菜单中，可以自定义快速访问工具栏中的按钮。

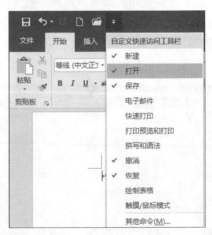

2. 标题栏

默认状态下，标题栏显示在【快速访问工具栏】右侧，标题栏中间显示当前编辑文档的文件名称，后面为【登录】按钮、【功能区显示选项】按钮、【最小化】按钮、【最大化】按钮和【关闭】按钮，启动 Word 时，默认的文件名为"文档 1"，如下图所示。

文档1 - Word　　　　　龙马　□　─　□　×

3. 功能区

Word 2016 的功能区由各种选项卡和包含在选项卡中的各种按钮组成，利用它可以轻松地查找以前隐藏在复杂菜单和工具栏中的命令和功能。

每个选项卡中包括多个选项组，例如，【插入】选项卡中包括【页面】【表格】【插图】【加载项】【媒体】【链接】【批注】【页眉和页脚】【文本】和【符号】等多个选项组，每个选项组中又包含若干个相关的按钮。

某些选项组的右下角有个 图标按钮，单击此按钮，可以打开相关的对话框，例如，单击【开始】选项卡下【字体】组右下角的 按钮，即可打开【字体】对话框。

某些选项卡只在需要使用时才显示出来，例如，插入并选择选择图表时，选项卡中添加了【设计】和【格式】选项卡，这些选项卡为操作图表提供了更多适合的命令，当没

有选定这些对象时，与之相关的这些选项卡会隐藏起来。

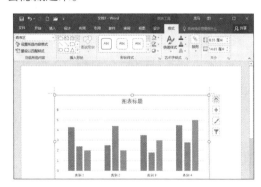

4. 文档编辑区

文档编辑区是在 Word 2016 操作界面中用于输入和显示文本内容及样式的区域。

5. 【文件】选项卡

【文件】选项卡下主要包含【信息】【新建】【打开】【保存】【另存为】【打印】等 13 个选项，方便用户对 Word 进行相关的控制与设置。

6. 【导航】窗格

单击选中【视图】→【显示】→【导航窗格】复选框，即可打开【导航】窗格。【导航】窗格主要用于显示文档的交互式大纲，并在其中可以执行搜索文档的操作并显示搜索结果。

7. 状态栏

状态栏用于显示当前文档的编辑状态（如页码、字数统计、修改、语言等）、页面显示方式以及调整页面显示比例等。在状态栏上单击鼠标右键，在弹出的快捷菜单中即可选择需要在状态栏显示的相关选项。

1.6 提高你的办公效率——修改默认设置

在 Word 2016 中，用户可以根据实际工作的需求修改界面设置，从而提高办公效率。

1.6.1 自定义功能区

功能区中的各个选项卡可以由用户自定义设置，包括命令的添加、删除、重命名、次序调整等。

第 1 步 在功能区的空白处单击鼠标右键，在弹出的快捷菜单中选择【自定义功能区】选项。

第 2 步 打开【Word 选项】对话框，单击【自定义功能区】选项下的【新建选项卡】按钮。

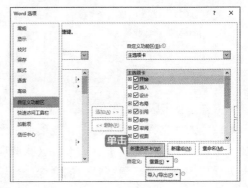

第3步 系统会自动创建一个【新建选项卡（自定义）】和一个【新建组（自定义）】选项。

第4步 单击选中【新建选项卡（自定义）】选项，单击【重命名】按钮。弹出【重命名】对话框，在【显示名称】文本框中输入"附加选项卡"字样，单击【确定】按钮。

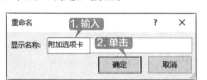

第5步 选中【新建组（自定义）】选项，单击【重命名】按钮，弹出【重命名】对话框。在【符号】列表框中选择组图标，在【显示名称】文本框中输入"学习"字样，单击【确定】按钮。

第6步 返回【Word 选项】对话框，即可看到选项卡和选项组已被重命名，单击【从下列位置选择命令】右侧的下拉按钮，在弹出的列表中选择【所有命令】选项，在列表框中

选择【词典】项，单击【添加】按钮。

第7步 即可将其添加至新建的【附加选项卡】下的【学习】组中。

|提示|

　单击【上移】和【下移】按钮可以改变选项卡和选项组的顺序和位置。

第8步 单击【确定】按钮，返回 Word 界面，即可看到新增加的选项卡、选项组及按钮。

|提示|

　如果要删除新建的选项卡或选项组，只需要选择要删除的选项卡或选项组并单击鼠标右键，在弹出的快捷菜单中选择【删除】选项即可。

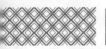
1.6.2 设置文件的保存

保存文档时经常需要选择文件保存的位置及保存类型，如果需要经常将文档保存为某一类型并且保存在某一个文件夹内，可以在 Office 2016 中设置文件默认的保存类型及保存位置。具体操作步骤如下。

第1步 在打开的 Word 2016 文档中选择【文件】选项卡，选择【选项】选项。

第2步 打开【Word 选项】对话框，在左侧选择【保存】选项，在右侧【保存文档】区域单击【将文件保存为此格式】后的下拉按钮，在弹出的下拉列表中选择【Word 文档（*.docx）】选项，将默认保存类型设置为"Word 文档（*.docx）"格式。

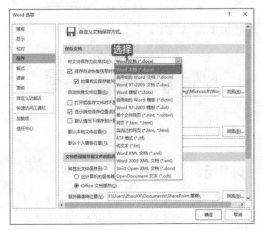

第3步 单击【默认本地文件位置】文本框后的【浏览】按钮。

第4步 打开【修改位置】对话框，选择文档要默认保存的位置，单击【确定】按钮。

第5步 返回【Word 选项】对话框后即可看到已经更改了文档的默认保存位置，单击【确定】按钮。

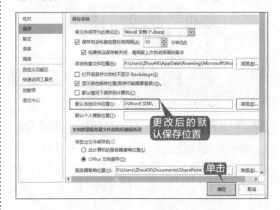

第6步 在 Word 文档中单击【文件】选项卡，选中【保存】选项，并在右侧单击【浏览】按钮，即可打开【另存为】对话框，可以看到将自动设置为默认的保存类型并自动打开默认的保存位置。

1.6.3 添加命令到快速访问工具栏

Word 2016 的快速访问工具栏在软件界面的左上方，默认情况下包含保存、撤销和恢复几个按钮，用户可以根据需要将命令按钮添加至快速访问工具栏。具体操作步骤如下。

第1步 单击快速访问工具栏右侧的【自定义快速访问工具栏】按钮，在弹出的下拉列表中可以看到包含有新建、打开等多个命令按钮，选择要添加至快速访问工具栏的选项，这里选择【新建】选项。

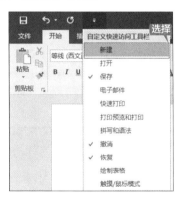

第2步 即可将【新建】按钮添加至快速访问工具栏，并且选项前将显示"√"符号。

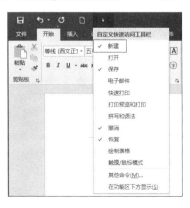

| 提示 |

使用同样方法可以添加【自定义快速访问工具栏】列表中的其他按钮，如果要取消按钮在快速访问工具栏中的显示，只需要再次选择【自定义快速访问工具栏】列表中的选项即可。

第3步 此外，还可以根据需要添加其他命令按钮至快速访问工具栏，单击快速访问工具栏右侧的【自定义快速访问工具栏】按钮，在弹出的下拉列表中选择【其他命令】选项。

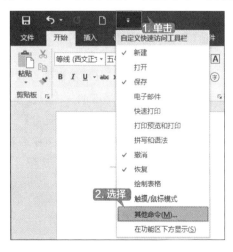

第4步 打开【Word 选项】对话框，在【从下列位置选择命令】列表中选择【常用命令】选项，在下方的列表中选择要添加至快速访问工具栏的按钮，这里选择【查找】选项，单击【添加】按钮。

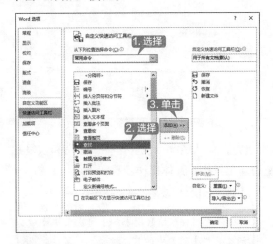

第5步 即可将【查找】按钮添加至右侧的列表框中，单击【确定】按钮。

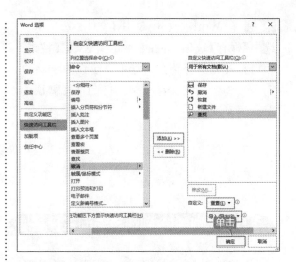

第6步 返回 Word 2016 界面，即可看到【查找】按钮已添加至快速访问工具栏中。

| 提示 |

在快速访问工具栏中选择【查找】按钮并单击鼠标右键，在弹出的快捷菜单中选择【从快速访问工具栏删除】选项，即可将其从快速访问工具栏删除。

1.6.4 自定义功能快捷键

在 Word 2016 中可以根据需要设置快捷键，便于执行某些常用的操作，在 Word 2016 中设置添加☞符号功能快捷键的具体操作步骤如下。

第1步 单击【插入】选项卡下【符号】选项组中【符号】按钮 Ω符号▼ 的下拉按钮，在弹出的下拉列表中选择【其他符号】选项。

第2步 打开【符号】对话框，选择要插入的☞符号，单击【快捷键】按钮。

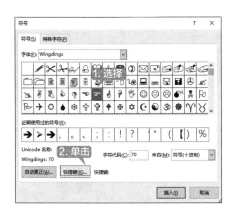

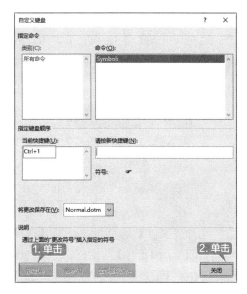

第 3 步 弹出【自定义键盘】对话框，将鼠标光标放在【请按新快捷键】文本框内，在键盘上按要设置的快捷键，这里将快捷键设置为【Ctrl+1】组合键。

第 4 步 单击【指定】按钮，即可将设置的快捷键添加至【当前快捷键】列表框内，单击【关闭】按钮。

第 5 步 返回【符号】对话框，即可看到设置的快捷键，单击【关闭】按钮。

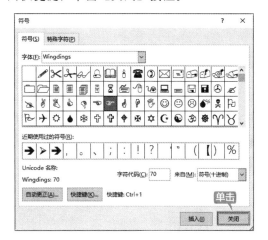

第 6 步 在 Word 文档中按【Ctrl+1】快捷键，即可输入☞符号。

1.6.5 禁用屏幕提示功能

在 Word 2016 中将鼠标光标放置在某个按钮上，将提示按钮的名称以及作用，可以通过设置禁用这些屏幕提示功能。具体操作步骤如下。

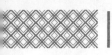
第1步 将鼠标光标放置在任意一个按钮上，例如，放在【开始】选项卡下【字体】组中的【加粗】按钮上，稍等片刻，将显示按钮的名称以及作用。

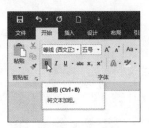

第2步 选择【文件】选项卡，选择【选项】选项，打开【Word 选项】对话框，选择【常规】选项，在右侧【用户界面选项】组中单击【屏幕提示样式】后的下拉按钮，在弹出的下拉列表中选择【不显示屏幕提示】选项，单击【确定】按钮。

第3步 即可禁用屏幕提示功能。

1.6.6 禁用粘贴选项按钮

默认情况下使用粘贴功能后，将会在文档显示粘贴选项按钮 ，方便用于选择粘贴选项，可以通过设置禁用粘贴选项按钮。具体操作步骤如下。

第1步 在 Word 文档中复制一段内容后，按【Ctrl+V】组合键，将在 Word 文档中显示粘贴选项按钮，如下图所示。

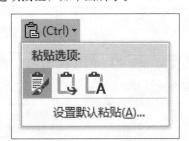

第2步 如果要禁用粘贴选项按钮，可以单击【文件】选项卡，选择【选项】选项，打开【Word 选项】对话框，选择【高级】选项，

在右侧【剪切、复制和粘贴】组中撤销选中【粘贴内容时显示粘贴选项按钮】复选框，单击【确定】按钮。即可禁用粘贴选项按钮。

1.6.7 更改文件的作者信息

使用 Word 2016 制作文档时，文档会自动记录作者的相关信息，可以根据需要更改文件的作者信息。具体操作步骤如下。

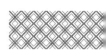

第1步 在打开的 Word 文档中选择【文件】选项卡，选择【信息】选项，即可在右侧【相关人员】区域显示作者信息。

第2步 在作者名称上单击鼠标右键，在弹出的快捷菜单中选择【编辑属性】选项。

第3步 弹出【编辑人员】对话框，在【输入姓名或电子邮件地址】文本框中输入要更改的作者名称，单击【确定】按钮。

第4步 返回至 Word 界面，即可看到已经更改了作者信息。

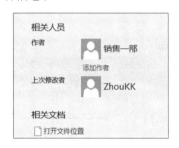

◇ Office 2016 自定义选择组件的安装方法

Office 2016 不仅不能自定义安装路径，而且还不能选择安装的组件，默认安装全部组件。但很多软件其实并不常用，下面就来介绍 Office 2016 自定义选择组件安装方法。具体操作步骤如下。

第1步 下载【Office 2016 Install】软件并解压，将解压得到的 Office 文件夹复制到 Office 2016 Install 中的"files"文件夹中。

第2步 双击【Office 2016 Install 】文件夹中的 Setup.exe 软件，打开【 Office 2016 Setup v3.0】对话框，单击选中需要安装组件前的复选框，单击【Install Office】按钮即可安装自定义选择的组件。

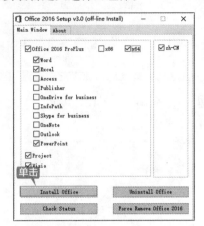

| 提示 |

32 位系统需要单击选中【x86】复选框，64 位系统需要单击选中【x64】复选框，软件不会自动判断。

◇ 设置 Word 默认打开的扩展名

用户可以根据需要设置 Word 默认打开的扩展名。具体操作步骤如下。

第1步 单击【开始】按钮，选择【设置】选项，打开【设置】窗口，单击【系统】链接。

第2步 打开【设置】界面，在左侧列表中选择【默认应用】选项，并在右侧单击【按应用设置默认值】选项。

第3步 打开【设置默认程序】对话框，在左侧列表框中选择【Word 2016】选项，在右侧单击【选择此程序的默认值】选项。

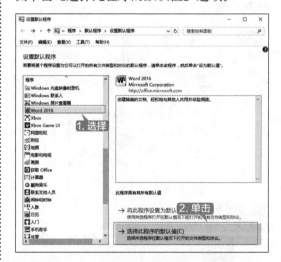

第4步 打开【设置程序的关联】对话框，在其中就可以设置 Word 默认打开的扩展名，设置完成，单击【保存】按钮即可。

第 2 章
Word 2016 的基本操作技巧

本章导读

掌握文档基本操作、输入文本、快速选择文本、编辑文本、视图操作及页面显示比例设置等基本操作技巧，是学习 Word 2016 制作专业文档的前提。本章就来介绍这些基本的操作技巧，为以后的学习打下坚实的基础。

思维导图

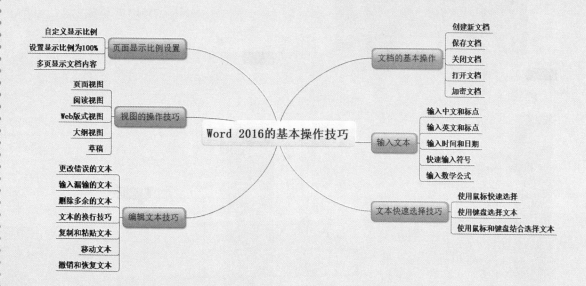

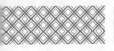
 文档的基本操作

在使用 Word 2016 处理文档之前，首先需要掌握创建新文档、保存文档、关闭文档、打开及加密文档的操作。

2.1.1 创建新文档

在 Word 2016 中有 4 种方法可以创建新文档。

1. 启动创建空白文档

创建空白文档的具体操作步骤如下。

第1步 单击【开始】→【所有应用】→【W】→【Word 2016】命令。

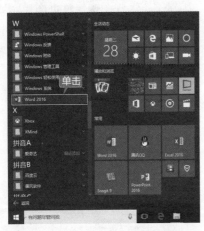

第2步 即可打开 Word 2016 的初始界面，单击【空白文档】图标。

第3步 即可创建一个名称为"文档1"的空白文档。

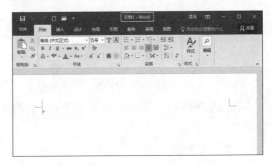

2. 使用新建命令创建新文档

如果已经启动了 Word 2016 软件，可以通过执行新建命令新建空白文档。具体操作步骤如下。

第1步 单击【文件】选项卡，在弹出的下拉列表中选择【新建】选项，在【新建】区域单击【空白文档】图标。

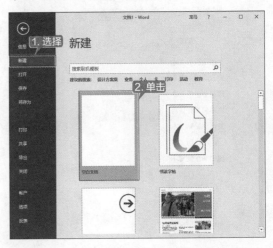

第2步 即可创建一个名称为"文档2"的空白新文档。

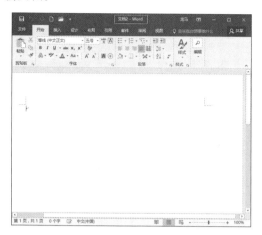

| 提示 | ⋮⋮⋮⋮⋮

　　单击【快速访问工具栏】中的【新建空白文档】按钮或者按【Ctrl+N】组合键，也可以快速创建空白文档。

3. 使用本机上的模板新建文档

　　Office 2016 系统中有已经预设好的模板文档，用户在使用的过程中，只需在指定位置填写相关的文字即可。例如，对于需要制作一个毛笔临摹字帖的用户来说，通过 Word 2016 就可以轻松实现。具体操作步骤如下。

第1步 打开 Word 文档，选择【文件】选项卡，在其列表中选择【新建】选项，在打开的【新建】区域单击【书法字帖】图标。

第2步 弹出【增减字符】对话框，在【可用字符】列表中选择需要的字符，单击【添加】按钮可将所选字符添加至【已用字符】列表。

| 提示 | ⋮⋮⋮⋮⋮

　　如果在【已用字符】列表中有不需要的字符，可以选择该字符单击【删除】按钮。

第3步 使用同样的方法，添加其他字符，添加完成后单击【关闭】按钮，完成书法字帖的创建。

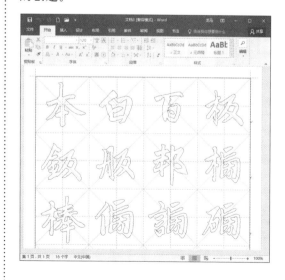

4. 使用联机模板新建文档

　　除了 Office 2016 软件自带的模板外，

微软公司还提供有很多精美的专业联机模板。可以在联网的情况下下载使用。使用联机模板新建文档的具体操作步骤如下。

第1步 单击【文件】选项卡，在弹出的下拉列表中选择【新建】选项，在搜索框中输入想要的模板类型，这里输入"卡片"，单击【开始搜索】按钮 🔍。

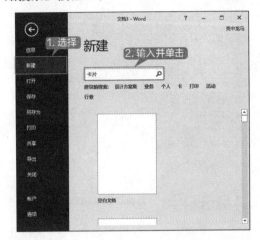

第2步 即可显示有关"卡片"的搜索结果，在搜索的结果中选择"字母教学卡片"选项。

第3步 在弹出的"情人节卡片"预览界面中单击【创建】按钮，即可下载该模板。下载完成后会自动打开该模板。

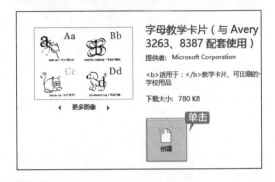

第4步 创建效果如图所示。

2.1.2 保存文档

文档创建或修改好后，如果不保存，就不能被再次使用，我们应养成随时保存文档的好习惯。在 Word 2016 中需要保存的文档有：未命名的新建文档，已保存过的文档，需要更改名称，格式或存放路径的文档，以及自动保存的文档等。

1. 保存新建文档

在第 1 次保存新建文档时，需要设置文档的文件名、保存位置和格式等，然后将其保存到电脑中。具体操作步骤如下。

第1步 单击【快速访问工具栏】上的【保存】按钮 💾，或单击【文件】选项卡，在打开的列表中选择【保存】选项。

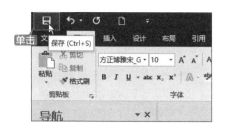

改后,单击【快速访问工具栏】上的【保存】
按钮■,或者按【Ctrl+S】组合键可快速保
存文档,且文件名、文件格式和存放路径不变。

3. 另存为文档

如果对已保存过的文档编辑后,希望修
改文档的名称、文件格式或存放路径等,则
可以使用【另存为】命令,对文件进行保存。
例如,将文档保存为 Office 2003 兼容的格式。

第1步 单击【文件】选项卡,在打开的列表
中选择【另存为】选项,或按【Ctrl+Shift+S】
组合键,进入【另存为】界面。

第2步 双击【这台电脑】选项,在弹出的【另
存为】对话框中,输入要保存的文件名,并
选择要保存的位置,然后在【保存类型】下
拉列表框中选择【Word 97-2003 文档】选项,
单击【保存】按钮,即可保存为 Office 2003
兼容的格式。

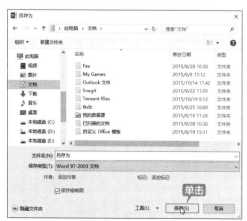

提示 ::::::::::

按组合键【Ctrl+S】可快速进入【另存为】
界面。

第2步 在右侧的【另存为】区域单击【浏览】
按钮。

第3步 在弹出的【另存为】对话框中设置保
存路径和保存类型并输入文件名称,然后单
击【保存】按钮,即可将文件另存。

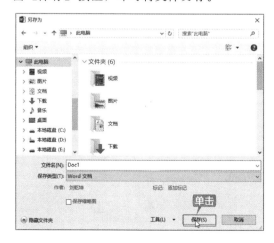

2. 保存已保存过的文档

对于已保存过的文档,如果对该文档修

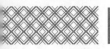
4. 自动保存文档

在编辑文档的时候，Office 2016 会自动保存文档，在用户非正常关闭 Word 的情况下，系统会根据设置的时间间隔，在指定时间对文档自动保存，用户可以恢复最近保存的文档状态。默认"保存自动恢复信息时间间隔"为 10 分钟，用户可以选择【文件】→【选项】→【保存】选项，在【保存文档】区域的【保存自动恢复信息时间间隔】微调框中设置时间间隔，如"8"分钟。

2.1.3 关闭文档

文档制作完成后可以关闭文档，关闭文档常用的有 5 种方法。下面分别介绍。

（1）单击标题栏右侧的【关闭】按钮。

（2）选择【文件】选项卡下的【关闭】选项。

（3）在标题栏中单击鼠标右键，在弹出的快捷菜单中选择【关闭】选项。

（4）按【Alt+F4】组合键快速关闭文档。

（5）在【快速访问工具栏】左侧位置单击鼠标左键，选择【关闭】选项，或者直接在该位置处双击鼠标左键，均可关闭文档。

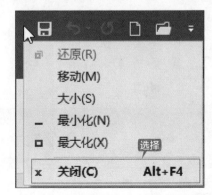

2.1.4 打开文档

Word 2016 提供了多种打开已有文档的方法，下面介绍几种常用的方法。

1. 双击已有文件打开文档

在要打开的文档图标上双击即可启动 Word 2016 并打开该文档。

2. 使用【打开】命令

如果已经启动了 Word 2016，可以使用【打开】命令打开文档。

第 1 步 单击【快速访问工具栏】中的【打开】按钮或者按【Ctrl+O】组合键；也可以单击【文件】选项卡下的【打开】选项，在右侧的【打开】区域选择【这台电脑】选项；单击【浏览】按钮；都可以打开【打开】对话框。

第 2 步 在【打开】对话框中选择文档存储的位置，并选择要打开的文档，单击【打开】按钮，即可打开选择的文档。

3. 打开最近使用过的文档

启动 Word 2016 后，单击【文件】选项卡，在其下拉列表中选择【打开】选项，在右侧的【最近】区域就列出了最近使用的文档名称，选择将要打开的文件名称，即可快速打开最近使用过的文档。

2.1.5 加密文档

使用 Word 2016 完成文档编辑后，其他用户也可以打开并查看文档内容，为了防止重要内容被泄露，可以为文档加密。加密文档的具体操作步骤如下。

第1步 打开随书光盘中的"素材 \ch02\ 工作报告 .docx"文件，单击【文件】→【信息】→【保护文档】→【用密码进行加密】命令。

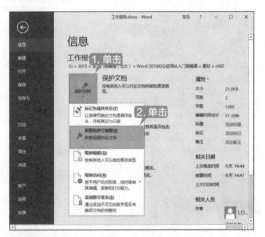

第2步 弹出【加密文档】对话框，在【密码】文本框中输入密码（这里设置密码为"123456"），单击【确定】按钮。

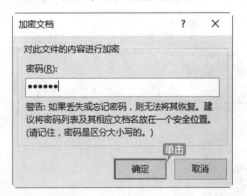

第3步 弹出【确认密码】对话框，在【重新输入密码】文本框中再次输入设置的密码，单击【确定】按钮。

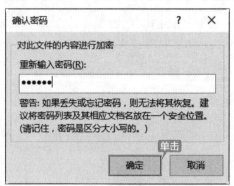

第4步 即可看到此时文档处于保护状态，需要提供密码才能打开此文档。

第5步 保存并关闭文档后，执行打开命令，将会弹出【密码】对话框，需要在文本框中输入设置的密码并单击【确定】按钮，才能打开该文档。

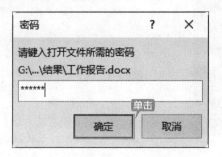

2.2 输入文本

文本的输入功能非常简便，输入的文本都是从插入点开始的，闪烁的垂直光标就是插入点。光标定位后，即可在光标位置处输入文本。输入过程中，光标不断向右移动。

2.2.1 输入中文和标点

由于 Windows 的默认语言是英语，语言栏显示的是英文键盘图标英，如果不进行中文切换就以汉语拼音的形式输入的话，那么在文档中输出的文本就是英文。

在 Word 文档中，输入数字时不需要切换中英文输入法，但输入中文时，需要先将英文输入法转变为中文输入法，再进行中文输入。输入中文和标点的具体操作步骤如下。

第1步 单击任务栏中的美式键盘图标M，在弹出的快捷菜单中选择中文输入法，如这里选择"搜狗拼音输入法"。

| 提示 |

在 Windows 10 系统中可以按【Ctrl+Shift】组合键切换输入法，也可以按住【Ctrl】键，然后使用【Shift】键切换。

第2步 此时在 Word 文档中，用户即可使用拼音拼写输入中文内容。

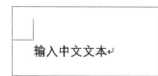

第3步 此时如果要输入中文标点，如输入句号，可以直接在键盘上按句号键即可。

第4步 在输入的过程中，当文字到达一行的最右端时，输入的文本将自动跳转到下一行。如果在未输入完一行时想要换行输入，则可按【Enter】键来结束一个段落，这样会产生一个段落标记"↵"，然后输入其他中文内容。

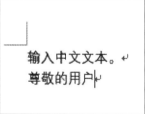

第5步 将鼠标光标放置在文档中第 2 行文字的句末，按键盘上的【Shift+；】组合键，即可在文档中输入一个中文的全角冒号"："。

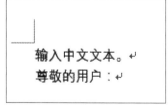

| 提示 |

单击【插入】选项卡下【符号】组中【符号】按钮的下拉按钮，在弹出的快捷菜单中选择【标点符号】，也可以将标点符号插入文档中。

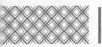

2.2.2 输入英文和标点

在编辑文档时，有时也需要输入英文和英文标点符号，按【Shift】键即可在中文和英文输入法之间切换。下面介绍输入英文和英文标点符号的方法，具体操作步骤如下。

第1步 在中文输入法的状态下，按【Shift】键，即可切换至英文输入法状态，然后在键盘上按相应的英文按键，即可输入英文。

第2步 输入英文标点和输入中文标点的方法相同，如按【Shift+1】组合键，即可在文档中输入一个英文的感叹号"!"。

2.2.3 快速输入时间和日期

在文档中可以快速插入日期和时间，具体操作步骤如下。

第1步 将鼠标光标定位至要插入时间和日期的位置，单击【插入】选项卡下【文本】选项组中【日期和时间】按钮。

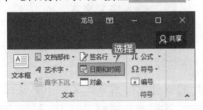

第2步 弹出【日期和时间】对话框，选择要插入的日期格式，并选中【自动更新】复选框，单击【确定】按钮。

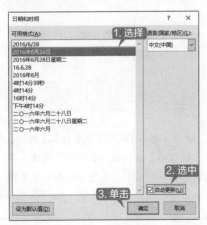

第3步 此时即可将日期插入文档中，且插入文档的日期会根据时间自动更新。

第4步 按【Enter】键换行，重复第1步，在弹出的【日期和时间】对话框中选择要插入的时间格式，单击【确定】按钮。

第 5 步 即可完成时间的插入。

2.2.4 快速输入符号

编辑 Word 文档时会使用到符号，例如一些常用的符号和特殊的符号等，这些可以直接通过键盘输入。如果键盘上没有，则可通过选择符号的方式插入。本节介绍如何在文档中插入键盘上没有的符号。

1. 符号

在文档中插入 ☞ 符号的具体操作步骤如下。

第 1 步 单击【插入】选项卡的【符号】组中【符号】按钮 Ω符号· 的下拉按钮。在弹出的下拉列表中会显示一些常用的符号，单击符号即可快速插入。如果列表中没有需要的符号，可以选择【其他符号】选项。

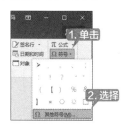

第 2 步 弹出【符号】对话框，在【符号】选项卡下【字体】下拉列表框中选择所需的字体，选择后的符号将全部显示在下方的符号列表框中。选择要插入的符号并单击【插入】按钮。

第 3 步 关闭【插入】对话框，可以看到符号已经插入文档中鼠标光标所在的位置。

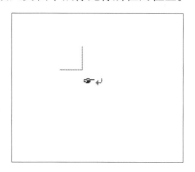

> **│提示│:::::::::**
>
> 单击【插入】按钮后【符号】对话框不会关闭。如果在文档编辑中经常要用到某些符号，可以单击【符号】对话框中的【快捷键】按钮为其定义快捷键。

2. 特殊符号

通常情况下，文档中除了包含一些汉字和标点符号外，为了美化版面还会包含一些特殊符号，如 ※、♀ 和 ♂ 等。插入特殊符号的具体操作步骤如下。

第 1 步 单击【插入】选项卡下【符号】组中【符号】按钮 Ω符号· 的下拉按钮。在弹出的下拉列表中选择【其他符号】选项。

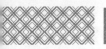

第2步 弹出【符号】对话框，选择【特殊符号】选项卡，在【字符】列表框中选中需要插入的符号，系统还为某些特殊符号定义了快捷键，用户直接按这些快捷键即可插入该符号。这里选择"版权所有"符号，单击【插入】按钮。

第3步 关闭【插入】对话框，可以看到"版权所有"符号已经插入到文档中的光标所在的位置。

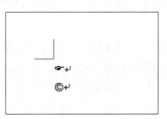

2.2.5 输入数学公式

数学公式在编辑数学方面的文档时使用非常广泛。如果直接输入公式，比较烦琐、浪费时间且容易输错。在 Word 2016 中，内置了多个公式样式，可以直接使用【公式】按钮来输入数学公式。具体操作步骤如下。

第1步 新建一个空白文档，单击【插入】选项卡，在【符号】选项组中单击【公式】按钮π公式▼右侧的下拉按钮，在弹出的下拉列表中选择【二项式定理】选项。

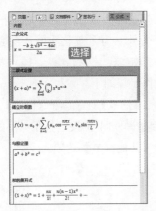

第2步 返回 Word 文档即可看到插入的公式。

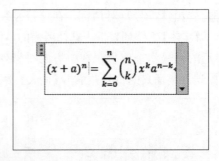

第3步 插入公式后，单击【公式工具】→【设计】选项卡下的【符号】选项组中的【其他】按钮，在弹出的【基础数学】下拉列表中可以选择更多的符号类型；在【结构】选项组包含了多种公式。

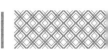

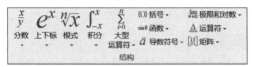

第4步 在插入的公式中选择需要修改的公式部分，在【公式工具】→【设计】选项卡下【符号】和【结构】选项组中选择将要用到的运算符号和公式，即可应用到插入的公式当中。这里选中公式中的"n/k"，单击【结构】选项组中的【分数】按钮，在其下拉列表中选择【dy/dx】选项。

第5步 即可改变文档中的公式，结果如图

所示。

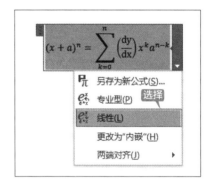

第6步 在文档中单击公式左侧的图标，即可选中此公式，单击公式右侧的下拉按钮，在弹出的列表中选择【线性】选项，即可完成公式的改变。用户也可根据自己的需要进行其他操作。

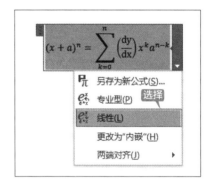

第7步 最终效果如下图所示。

$$(x + a)^\wedge n = \sum\_(k = 0)^\wedge n \llbracket (dy/dx)\ x^\wedge k\ a^\wedge(n-k) \rrbracket$$

2.3 文本快速选择技巧

选定文本时既可以选择单个字符，也可以选择部分或整篇文档。下面介绍文本快速选择的方法。

2.3.1 使用鼠标快速选择

选定文本最常用的方法就是拖曳鼠标选取。采用这种方法可以选择文档中的任意文字，该方法是最基本和最灵活的选取方法。

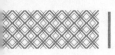

第1步 打开随书光盘中的"素材 \ch02\ 工作报告 .docx"文件，将鼠标光标放在要选择的文本的开始位置，如放置在第 2 段第 1 行的中间位置。

第2步 按住鼠标左键并拖曳，这时，选中的文本会以阴影的形式显示。选择完成，释放鼠标左键，鼠标光标经过的文字就被选定了。单击文档的空白区域，即可取消文本的选择。

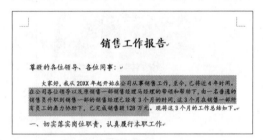

第3步 通常情况下，在 Word 文档中的文字上双击鼠标左键，可选中鼠标光标所在位置处的词语，如果在单个文字上双击鼠标左键，如"的""嗯"等，则只能选中一个文字。

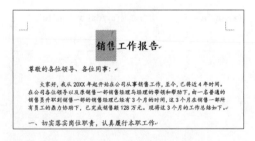

第4步 将鼠标光标放置在段落前的空白位置，

单击鼠标左键，可选择整行。如果将鼠标光标放置在段落内，双击鼠标左键，可选择鼠标光标所在位置后的词组。

第5步 将鼠标光标放置在段落前的空白位置，双击鼠标左键，可选择整个段落。

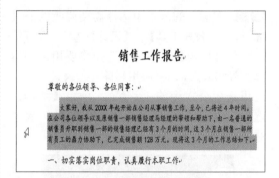

第6步 将鼠标光标放置在段落前的空白位置，连续三次单击鼠标左键，可选择整篇文档。

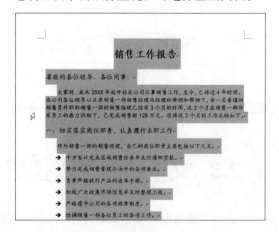

2.3.2 使用键盘选择文本

　　在不使用鼠标情况下，我们可以利用键盘组合键来选择文本。使用键盘选定文本时，需先将插入点移动到将选文本的开始位置，然后按相关的组合键即可。

组 合 键	功 能
【Shift+ ←】	选择光标左边的一个字符
【Shift+ →】	选择光标右边的一个字符
【Shift+ ↑】	选择至光标上一行同一位置之间的所有字符
【Shift+ ↓】	选择至光标上一行同一位置之间的所有字符
【Shift + Home】	选择至当前行的开始位置
【Shift + End】	选择至当前行的结束位置
【Ctrl+A】/【Ctrl+5】	选择全部文档
【Ctrl+Shift+ ↑】	选择至当前段落的开始位置
【Ctrl+Shift+ ↓】	选择至当前段落的结束位置
【Ctrl+Shift+Home】	选择至文档的开始位置
【Ctrl+Shift+End】	选择至稳当的结束位置

2.3.3 使用鼠标和键盘结合选择文本

除了使用上面介绍的方法实现快速选择文本的操作外，还可以使用使用鼠标和键盘结合的方式选择文本。

第1步 用鼠标在起始位置单击，然后在按住【Shift】键的同时单击文本的终止位置，此时可以看到起始位置和终止位置之间的文本已被选中。

第2步 取消之前的文本选择，然后在按住【Ctrl】键的同时拖曳鼠标，可以选择多个不连续的文本。

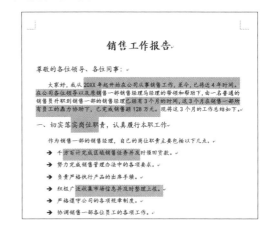

2.4 编辑文本技巧

文本的编辑方法包括更改错误文本、输入漏输文本、删除多余文本、替换文本、复制和粘贴文本、移动文本以及撤销和回复文本等。

2.4.1 更改错误的文本

如果输入的文本有误，可以先选择错误的文本内容，再输入正确的文本内容，也可以切换至改写模式，直接输入正确内容。

第1步 打开随书光盘中的"素材\ch02\工作报告.docx"文件,选择输入错误的文本内容"销售员"。

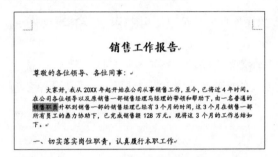

第2步 直接输入正确的文本内容"销售职员",即可完成更改错误文本的操作。

第3步 此外,还可以按【Insert】键,切换至改写模式,然后将鼠标光标放置在错误文本前,例如,定位至"升职"文本前。

第4步 直接输入正确的文本内容"晋升",即可自动替换错误的文本。

| 提示 |

在改写模式下,每输入一个字符,Word 2016会删除一个字符,因此,要避免输入的正确内容字数多于错误文本字数,以免将正确内容替换掉,再次按【Insert】键,即可切换至正常模式。

2.4.2 输入漏输的文本

编辑文本时,如果发现有漏输的文本内容,可以直接将鼠标光标定位至漏输文本的位置,直接输入漏掉的内容即可。

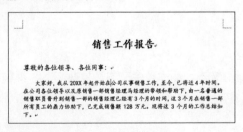

2.4.3 删除多余的文本

删除错误或多余的文本,是文档编辑过程中常用的操作。删除多余文本的方法有以下几种。

(1)使用【Delete】键删除文本。

选定错误的文本，然后按键盘上的【Delete】键即可。

（2）使用【Backspace】键删除文本。

将鼠标光标定位在想要删除字符的后面，按键盘上的【Backspace】键。

2.4.4 文本的换行技巧

输入文本内容时，当到达一行最右端后，继续输入文本内容，新输入的内容将会在下一行显示。如果需要在任意位置执行换行操作，可以按【Enter】键，将会在产生一个新段落，并且上一个段落后方将会显示一个段落标记"↵"，上一行和下一行属于两个段落。

如果希望不结束上一个段落，仅执行换行操作，可以按【Shift+Enter】组合键，此时将产生一个手动换行标记"↓"。不仅达到了换行的目的，上一行和下一行仍然属于同一个段落。

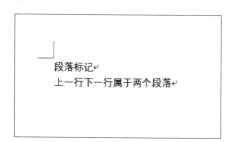

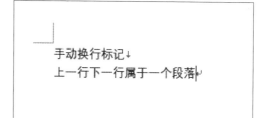

2.4.5 复制和粘贴文本

当需要多次输入同样的文本时，可以使用复制文本节约时间，提高效率。复制文本的具体操作步骤如下。

第1步 选择文档中需要复制的文字，单击鼠标右键，在弹出的快捷菜单中选择【复制】选项。也可以单击【开始】选项卡下【剪贴板】组中的【复制】按钮 。

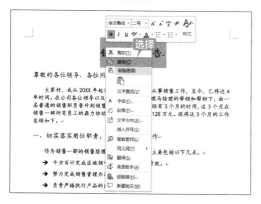

第2步 此时所选内容已被放入剪贴板，将鼠标光标定位至要粘贴到的位置，单击【开始】选项卡下【剪贴板】组中的【剪贴板】按钮

，在打开的【剪贴板】窗口中单击复制的内容，即可将复制内容插入到文档中光标所在位置。

第3步 此时文档中已被插入刚复制的内容，且原来的位置仍有文本信息。

2.4.6 移动文本

如果用户需要修改文本的位置，可以使用剪切文本的方法来完成。具体操作步骤如下。

第1步 选择文档中需要修改的文字，单击鼠标右键，在弹出的快捷菜单中选择【剪切】选项。也可以单击【开始】选项卡下【剪贴板】组中的【剪切】按钮。

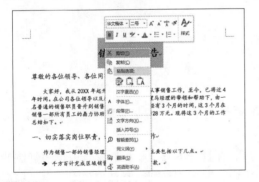

第2步 即可看到选择的文本内容已经被剪切掉。

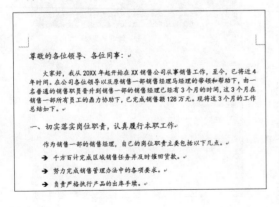

第3步 将鼠标光标放置在要粘贴到的位置，单击【开始】选项卡下【剪贴板】组中的【粘贴】按钮，即可完成剪切并粘贴文本的操作。

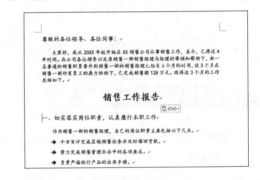

2.4.7 撤销和恢复文本

撤销和恢复是 Word 2016 中常用的操作，主要用于撤销或回复输入的文本或者操作。

（1）撤销命令。

当执行的命令有错误时，可以单击快速访问工具栏中的【撤销】按钮，或按【Ctrl+Z】组合键撤销上一步的操作。

（2）恢复命令。

执行撤销命令后，可以单击快速访问工具栏中的【恢复】按钮，或按【Ctrl+Y】组合键恢复撤销的操作。

2.5 视图的操作技巧

视图是指文档的显示方式。在编辑的过程中用户常常因不同的编辑目的而需要突出文档中的某一部分内容，以便能更有效地编辑文档。

1. 页面视图——分页查看文档

在进行文本输入和编辑时通常采用页面视图，该视图的页面布局简单，是一种常用的文档视图，它按照文档的打印效果显示文档，使文档在屏幕上看上去就像在纸上一样。

单击【视图】选项卡【视图】组中的【页面视图】按钮，文档即转换为页面视图。

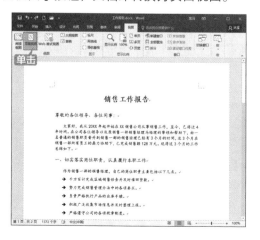

2. 阅读视图——让阅读更方便

阅读版式视图主要用于以阅读视图方式查看文档。它最大的优点是利用最大的空间来阅读或批注文档。在阅读视图下，Word 会隐藏许多工具栏，从而使窗口工作区中显示最多的内容，仅留有部分工具栏用于文档的简单修改。

单击【视图】选项卡【文档视图】组中的【阅读视图】按钮后，文档即转换为阅读版式视图。

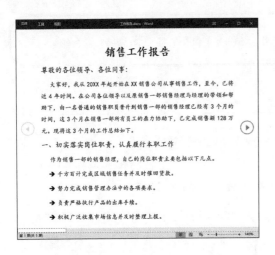

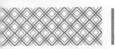

提示

单击状态栏中的【阅读视图】按钮 ▦ 也可进入阅读视图。

要关闭阅读视图方式，按【Esc】键可切换到页面视图。

3. Web 版式视图——联机阅读更方便

Web 版式视图主要用于查看网页形式的文档外观。当选择显示 Web 版式视图时，编辑窗口将显示得更大，并自动换行以适应窗口。此外，还可以在 Web 版式视图下设置文档背景以及浏览和制作网页等。

单击【视图】选项卡【视图】组中的【Web 版式视图】按钮，文档即转换为 Web 版式视图。

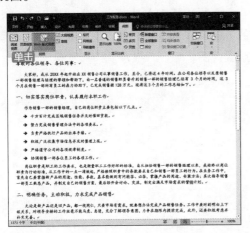

4. 大纲视图——让文档的框架一目了然

大纲视图是显示文档结构和大纲工具的视图，它将所有的标题分级显示出来，层次分明，特别适合较多层次的文档，如报告文体和章节排版等。在大纲视图方式下，用户可以方便地移动和重组长文档。

单击【视图】选项卡【文档视图】组中的【大纲视图】按钮，即转换为大纲视图。

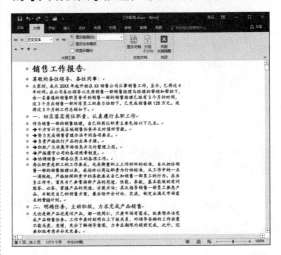

提示

在【大纲】选项卡【大纲工具】组单击【降级】按钮 ➡，所选标题的级别就会降低一级。用户也可以单击【降级为正文】按钮 ⇒ 将标题直接变为正文文本。同样，单击【升级】按钮 ⇐ 和【提升至标题 1】按钮 ⇐ 则可将标题的级别升高。

5. 草稿——最简洁的方式

草稿主要用于查看草稿形式的文档，便于快速编辑文本。在草稿视图中不会显示页眉、页脚等文档元素。

单击【视图】选项卡【文档视图】组中的【草稿】按钮，文档即转换为草稿视图。

2.6 页面显示比例设置技巧

在 Word 中查看文档内容，可以放大或缩小页面的显示比例，以便于查看部分或者全部内容。下面介绍几种设置页面显示比例的方法。

1. 自定义显示比例

第1步 单击【视图】选项卡下【显示比例】组中的【显示比例】按钮 。

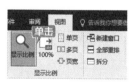

第2步 弹出【显示比例】窗格，可以直接在【显示比例】组下选择比例，也可以在【百分比】微调框中自定义显示比例，这里设置【百分比】为"120%"。单击【确定】按钮。

第3步 即可完成自定义页面显示比例的操作。

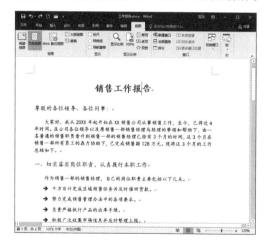

> **│提示│**
>
> 也可以在拖曳状态栏中的缩放级别滑块增大或减小页面显示比例。

2. 快速设置显示比例为100%

自定义页面显示比例后，直接单击【视图】选项卡下【显示比例】组中的【100%】按钮

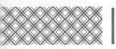

，即可以 100% 的比例显示页面。

3. 多页显示文档内容

默认情况下，在 Word 2016 窗口中仅显示一张页面，如果要查看文档的整体效果，可以设置在一个窗口中显示多个页面。单击【视图】选项卡下【显示比例】组中的【多页】按钮，即可显示多个页面。

｜提示｜:::::::

单击状态栏的【缩小】按钮，可以继续缩小显示比例以便显示更多页面。

◇ 快速重复输入内容

【F4】键具有重复上一步操作的作用。如果在文档中输入"文档"，然后按【F4】键，即可重复输入"文档"，连续按【F4】键，即可得到很多"文档"。

设置文本的颜色为红色，然后选择其他文字按【F4】键，即可将最后一次的设置文本颜色为红色的操作应用至其他文本中。

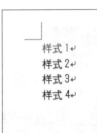

◇ 使用 Word 轻松输入生僻字

在输入文字时，遇到生僻字，可以通过插入符号的方式轻松输入。

第1步 单击【插入】选项卡【符号】组中的【符号】按钮。在弹出的下拉列表中选择【其他符号】选项。

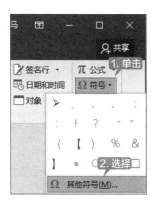

一汉字扩充】选项，选择要输入的生僻字并单击【插入】按钮。最后单击【关闭】按钮。

第2步 弹出【符号】对话框，在【符号】选项卡下单击【字体】按钮的下拉按钮，在弹出的下拉列表中选择一种字体样式，单击【子集】后的下拉按钮，选择子集类型，这里选择【汉字字根】选项。

第5步 即可看到输入的汉字字根及生僻字。

◇ 从文件中导入文本

在 Word 2016 中可以将其他文件中的文本内容导入到正在编辑的文本中，从而节约时间。

第3步 即可在下方显示汉字的字根。选择要插入到文档的字根并单击【插入】按钮，即可完成输入。

第1步 新建空白 Word 文档，单击【插入】选项卡下【文本】组中【对象】按钮的下拉按钮，在弹出的下拉列表中选择【文件中的文字】选项。

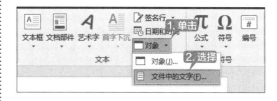

第4步 再次在子集下拉列表中选择【CJK 统

第2步 打开【插入文件】对话框，选择要导入的文件，单击【插入】按钮。

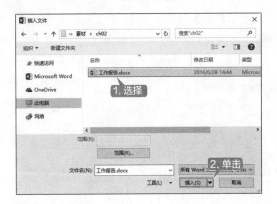

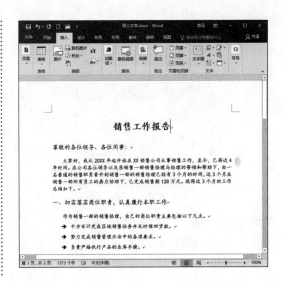

第3步 即可将选择文件中的文本内容导入到正在编辑的文档中。

第**2**篇

文档美化篇

　　本篇主要介绍文档美化的各种操作。通过本篇的学习，读者可以学习字符和段落格式的基本操作、表格的编辑与处理、使用图表和图文混排等操作。

第 3 章
字符和段落格式的基本操作

本章导读

使用 Word 可以方便地记录文本内容，并能够根据需要设置文字的样式，从而制作总结报告、租赁协议、请假条、邀请函、思想汇报等各类说明性文档。本章主要介绍设置字体格式、段落格式、使用项目符号和编号等内容。

思维导图

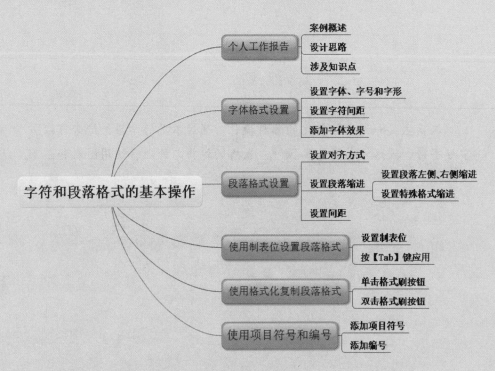

3.1 个人工作报告

在制作个人工作报告的时候要清楚地总结好工作成果以及工作经验。

实例名称: 字符和段落格式的基本操作	
实例目的: 使用 Word 可以方便地记录文本内容并设置	
素材	素材 \ch03\ 个人工作报告 .docx
结果	结果 \ch03\ 个人工作报告 .docx
录像	视频教学录像 \03 第 3 章

3.1.1 案例概述

工作报告是对一定时期内的工作加以总结、分析和研究，肯定成绩，找出问题，得出经验教训。在制作工作报告时应注意以下几点。

1. 对工作内容的概述

详细描述一段时期内自己所接收的工作任务及工作任务完成情况，并做好内容总结。

2. 岗位职责的描述

回顾本部门、本单位某一阶段或某一方面的工作，既要肯定成绩，也要承认缺点，并从中得出应有的经验、教训。

3. 未来工作的设想

提出目前对所属部门工作的前景分析，进而提出下一步工作的指导方针、任务和措施。

3.1.2 设计思路

制作个人工作报告可以按照以下思路进行。

（1）输入文档内容，包含题目、工作内容、成绩与总结等。

（2）为设置正文字体格式、字体效果等。

（3）设置段落格式、添加项目符号和编号等。

（4）保存文档。

3.1.3 涉及知识点

本案例主要涉及以下知识点。

（1）设置字体格式、添加字体效果等。

（2）设置段落对齐、段落缩进、段落间距等。

（3）使用项目和编号等。

3.2 字体格式设置

在输入所有内容之后，用户即可设置文档中的字体格式，并给字体添加效果，从而使文档看起来层次分明、结构工整。

3.2.1 设置字体、字号和字形

将文档内容的字体和大小格式统一，具体操作步骤如下。

第1步 打开随书光盘中的"素材 \ch03\ 个人工作报告 .docx"文档，并选中文档中第 1 行的标题文本，单击【开始】选项卡【字体】组中的【字体】按钮。

第2步 在弹出的【字体】对话框中选择【字体】选项卡，单击【中文字体】文本框后的下拉按钮，在弹出的下拉列表中选择【华文楷体】选项，单击【字形】列表框中的【常规】选项，在【字号】列表框中选择【二号】选项，单击【确定】按钮。

第3步 选择"尊敬的各位领导、各位同事："文本，单击【开始】选项卡【字体】组中的【字体】按钮 。

第4步 在弹出的【字体】对话框中设置【字体】为"华文楷体"，【字形】为"常规"，【字号】为"四号"。设置完成后单击【确定】按钮。

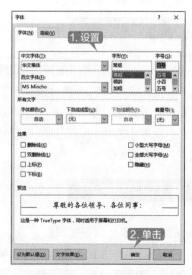

第5步 根据需要设置其他标题和正文的字体、字号及字形，设置完成后效果如下图所示。

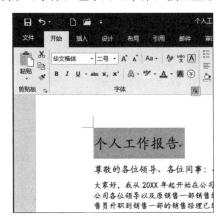

提示

单击【开始】选项卡【字体】组中字体框的下拉按钮，也可以设置字体格式，单击【字号】框的下拉按钮，在弹出的字号列表中也可以选择字号大小。

3.2.2 设置字符间距

字符间距主要指每个字符之间的距离，包括设置缩放、间距以及位置等。设置字符间距的具体操作步骤如下。

第1步 选中文档中的标题文本，单击【开始】选项卡【字体】组中的【字体】按钮 ⌐。

第3步 即可看到设置字符间距后的效果。

第2步 打开【字体】对话框，选择【高级】选项卡，在【字符间距】组下设置【缩放】为 "110%"，【间距】为 "加宽"，【磅值】为 "3.5 磅"，【位置】为 "标准"，单击【确定】按钮。

3.2.3 添加字体效果

有时为了突出文档标题，用户也可以给字体添加文本效果。具体操作步骤如下。

第1步 选中文档中的标题，单击【开始】选项卡下【字体】组中【文字效果和版式】按钮 A· 后的下拉按钮，在弹出的下拉列表中选择一种字体效果样式。

第2步 即可看到添加字体效果后的效果。

第3步 再次选择标题内容，在【文字效果和版式】下拉列表中选择【映像】→【映像变体】组中的【半映像，4pt 偏移量】选项。

第4步 即可看到为选择的文本添加映像后的效果。

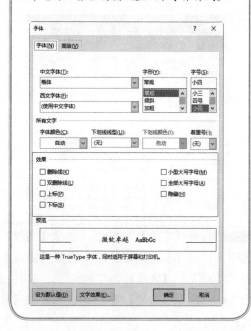

|提示|::::::::::::

选择要添加字体效果的文本，打开【字体】对话框，在【字体】选项卡下【效果】组中也可以根据需要设置文本字体样式。

3.3 段落格式设置

段落指的是两个段落之间的文本内容，是独立的信息单位，具有自身的格式特征。段落格式是指以段落为单位的格式设置。设置段落格式主要包括设置段落的对齐方式、段落缩进以及段落间距等。

3.3.1 设置对齐方式

Word 2016 的段落格式命令适用于整个段落，将光标置于任意位置都可以选定段落并设置段落格式。设置段落对齐的具体操作步骤如下。

第1步 将鼠标放置在要设置对齐方式段落中的任意位置，单击【开始】选项卡下【段落】组中的【段落设置】按钮。

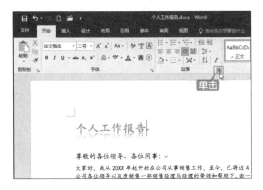

第2步 在弹出的【段落】对话框中选择【缩进和间距】选项卡，在【常规】组中单击【对齐方式】右侧的下拉按钮，在弹出的列表中选择【居中】选项，单击【确定】按钮。

第3步 即可将文档中第1段内容设置为居中对齐方式，效果如下图所示。

第4步 将鼠标光标放置在文档末尾处的时间日期后，重复第1步，在【段落】对话框【缩进和间距】选项卡下【常规】组中单击【对齐方式】右侧的下拉按钮，在弹出的列表中选择【右对齐】选项，单击【确定】按钮。

第5步 利用同样的方法，将"报告人：张××"设置为"右对齐"，效果如下图所示。

3.3.2 设置段落缩进

段落缩进是指段落到左右页边距的距离。根据中文的书写形式，通常情况下，正文中的每个段落都会首行缩进两个字符。

1. 设置段落左右侧缩进

设置段落左侧或右侧缩进也就是设置段落到左右边界的距离。

第1步 选择文档中正文第1段内容，单击【开始】选项卡下【段落】组中的【段落设置】按钮 。

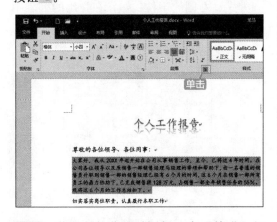

第2步 弹出【段落】对话框，在【缩进】组中设置【左侧】为"4字符"，【右侧】为"3字符"，单击【确定】按钮。

第3步 即可看到设置段落【左侧】缩进"4字符"、【右侧】缩进"3字符"后的效果。

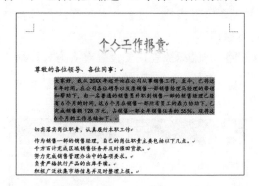

2. 设置特殊格式缩进

特殊格式缩进包括首行缩进和悬挂缩进两种。设置段落特殊格式缩进为首行缩进的具体操作步骤如下。

第1步 选择文档中正文第1段内容，单击【开始】选项卡下【段落】组中的【段落设置】按钮 。

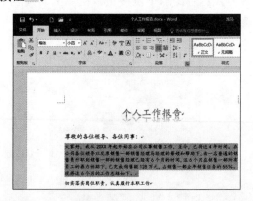

第2步 弹出【段落】对话框，单击【特殊格式】文本框后的下拉按钮，在弹出的列表中选择【首行缩进】选项，并设置【缩进值】为"2字符"，可以单击其后的微调按钮设置，也可以直接输入，设置完成，单击【确定】按钮。

第 3 步 即可看到为所选段落设置段落缩进后的效果。

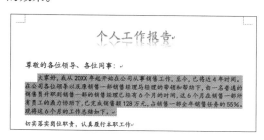

第 4 步 使用同样的方法为工作报告中其他正文段落设置首行缩进。

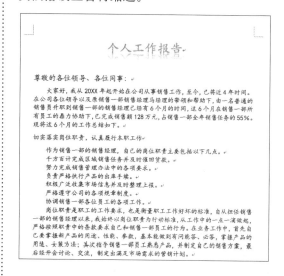

|提示|

在【段落】对话框中除了设置首行缩进外，还可以设置文本的悬挂缩进。

3.3.3 设置间距

设置间距指的是设置段落间距和行距，段落间距是指文档中段落与段落之间的距离，行距是指行与行之间的距离。设置段落间距和行距的具体操作步骤如下。

第 1 步 选中文档中第 1 段正文内容，单击【开始】选项卡下【段落】组中的【段落设置】按钮。

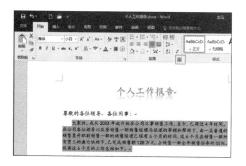

第 2 步 在弹出的【段落】对话框中选择【缩进和间距】选项卡，在【间距】组中分别设置【段前】和【段后】为"0.5 行"，在【行距】下拉列表中选择【多倍行距】选项，【设置值】为"1.1"，单击【确定】按钮。

第3步 即可完成第1段文本内容间距的设置，效果如下图所示。

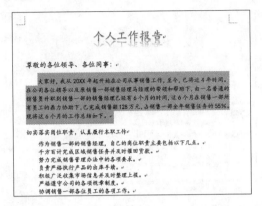

第4步 使用同样的方法设置文档中正文段落

的间距，最终效果如下图所示。

3.4 使用制表位设置段落格式

制表位是指水平标尺上的位置，它指定文字缩进的距离或一栏文字开始的位置。制表位可以让文本向左、向右或居中对齐；或者将文本与小数字符或竖线字符对齐。使用制表位设置段落格式的具体操作步骤如下。

第1步 将鼠标光标放置在正文第5段文本中。单击【开始】选项卡下【段落】组中的【段落设置】按钮 。

切实落实岗位职责，认真履行本职工作

　　作为销售一部的销售经理，自己的岗位职责主要包括以下几点。
　　千方百计完成区域销售任务并及时催回货款。
　　努力完成销售管理办法中的各项要求。
　　负责严格执行产品的出库手续。
　　积极广泛收集市场信息并及时整理上报。
　　协调销售一部各位员工的各项工作。

第2步 打开【段落】对话框，单击左下角的【制表位】按钮。

第3步 打开【制表位】对话框，在【制表位位置】文本框中输入"6字符"，选中【对齐方式】组中的【左对齐】单选按钮，在【前导符】组中选中【1无】单选按钮，单击【设置】按钮，最后单击【确定】按钮。

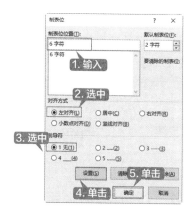

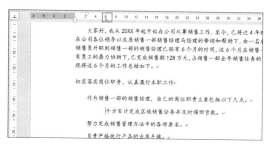

第 5 步 使用同样的方法为其他段落根据需要设置段落格式。

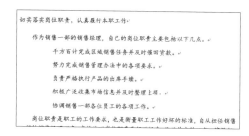

第 4 步 将鼠标光标放置在要使用制表位设置段落格式的位置，这里放置在第 5 段最前的位置，按【Tab】键，即可看到文本将向后缩进到 6 字符位置。

3.5 使用格式化复制段落格式

使用格式刷工具可以快速复制段落样式，并将其应用至其他段落中。使用格式刷复制段落格式的具体操作步骤如下。

第 1 步 将鼠标光标定位于"竞争对手及价格分析"下方表格第 1 行第 2 列的单元格内。

第 2 步 单击【布局】选项卡下【对齐方式】组中的【水平居中】按钮。

第 4 步 单击【开始】选项卡下【剪贴板】组中的【格式刷】按钮 ，即可复制设置的段落格式，此时鼠标指针变为 样式。

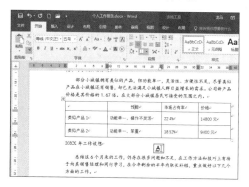

第 3 步 即可将单元格中的文本设置为"水平居中"对齐。

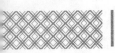

第5步 在第1行第3列的单元格内单击，即可将复制的段落格式应用至该单元格文本中。单击后即会结束使用格式刷工具。

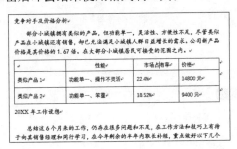

第6步 如果要重复使用格式刷工具，可以双击格式刷按钮，即可多次复制段落格式，复制完成后按【Esc】键即可取消格式刷工具。

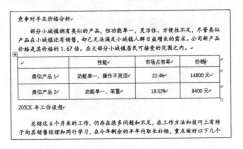

3.6 使用项目符号和编号

在文档中使用项目符号和编号，可以使文档中类似的内容条理清晰，不仅美观，还便于读者阅读，并且还具有突出显示重点内容的作用。

3.6.1 添加项目符号

项目符号就是在一些段落的前面加上完全相同的符号。添加项目符号的具体操作步骤如下。

第1步 选中需要添加项目符号的内容，单击【开始】选项卡下【段落】组中【项目符号】按钮 三· 的下拉按钮，在弹出的项目符号列表中选择一种样式。

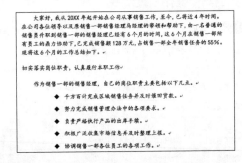

第2步 即可看到添加项目符号后的效果。

第3步 此外，用户还可以自定义项目符号，在项目符号列表中选择【定义新项目符号】选项。

第4步 弹出【定义新项目符号】对话框，单击【项目符号字符】组中的【符号】按钮。

第5步 弹出【符号】窗口，在【符号】下拉列表框中选择一种符号样式，单击【确定】按钮。

第6步 返回【定义新项目符号】对话框，再次单击【确定】按钮，添加自定义项目符号的效果如下图所示。

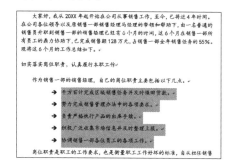

3.6.2 添加编号

文档编号是按照大小顺序为文档中的行或段落添加编号。在文档中添加编号的具体操作步骤如下。

第1步 选中文档中需要添加项目编号的段落，单击【开始】选项卡下【段落】组中【编号】按钮 ≡ ▾ 的下拉按钮，在弹出的下拉列表中选择一种编号样式。

第2步 即可看到为所选段落添加编号后的效果。

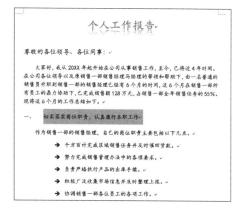

第3步 选择其他要添加该编号的段落，重复第1步的操作，即可为其他段落添加相同的编号样式。

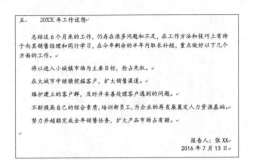

五、　20XX年工作设想

总结这6个月来的工作，仍存在很多问题和不足，在工作方法和技巧上有待于向其销售经理和同行学习，在今年剩余的半年内取长补短，重点做好以下几个方面的工作。

将以进入小城镇市场为主要目标，抢占先机。

在大城市中继续挖掘客户，扩大销售渠道。

维护建立的客户群，及时并妥善处理客户遇到的问题。

不断提高自己的综合素质，培训新员工，为企业的再发展奠定人力资源基础。

努力并超额完成全年销售任务，扩大产品市场占有额。

　　　　　　　　报告人：张XX
　　　　　　　　2016年7月13日

第4步 使用同样的方法，为文档中其他需要添加编号的段落添加编号样式，效果如下图所示。

至此，就完成了个人工作报告的制作，最后只需要按【Ctrl+S】组合键保存制作完成的文档即可。

制作房屋租赁协议书

与制作个人工作总结类似的文档还有制作房屋租赁协议书、制作公司合同、制作产品转让协议等。制作这类文档时，除了要求内容准确，无有歧义的内容外，还要求条理清晰，最好能以列表的形式表明双方应承担的义务及享有的权利，方便查看。下面就以制作房屋租赁协议书为例进行介绍，操作步骤如下。

1. 创建并保存文档

新建空白文档，并将其保存为"房屋租赁协议书.docx"文档。

2. 输入内容并编辑文本

根据需求输入房屋租赁协议的内容，并根据需要修改文本内容。

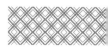

3. 设置字体及段落格式

设置字体的样式，并根据需要设置段落格式。

> **房屋租赁协议书**
>
> **出租方（以下简称甲方）：** ＿＿＿＿＿＿＿
> **承租方（以下简称乙方）：** ＿＿＿＿＿＿＿
> **甲、乙双方就下列房屋的租赁达成如下协议：**
> **第一条 房屋基本情况**
> 　甲方房屋（以下简称该房屋）位置：＿＿市＿＿小区＿＿房间。
> **第二条 房屋用途**
> 　该房屋用途为租赁住房。
> 　除双方另有约定外，乙方不得任意改变房屋用途。
> **第三条 租赁期限**
> 　租赁期限自＿＿年＿＿月＿＿日至＿＿年＿＿月
> **第四条 租金**
> 　月租金额为（人民币大写）＿＿千＿＿百＿＿拾元整。
> 　租赁期间，如遇到国家有关欢乐调整，附按新法算听字调整租金标准；除此之外，出租方不得以任何理由擅意调整租金。
> **第五条 付款方式**
> 　乙方按＿＿支付租金给甲方。
> **第六条 支付房屋期限**
> 　甲方应于本协议生效之日起＿＿日内，将该房屋支付给乙方。
> **第七条 甲方对房屋产权的承诺**

4. 添加编号或项目符号

最后根据需要为租赁协议书文档添加项目符号和编号，使其条理清晰明朗，最后保存文档。

◇ 巧用【Esc】键提高你的办公效率

在使用 Word 办公的过程中，巧妙地使用【Esc】键，可以提高办公效率。

1. 取消粘贴时出现的粘贴选项智能标记

在进行粘贴操作时，会出现粘贴选项智能标记，不仅难以取消，有时还会影响编辑文档的操作，按【Esc】键，即可取消智能标记的显示。

> 取消粘贴时出现的粘贴选项等智能标记
> 🗐 (Ctrl)▾

> 取消粘贴时出现的粘贴选项等智能标记↵

2. 拼写有误时可以清除错误的选字框

输入文本时，如果还没有按空格键确认输入，发现输入的内容有误，可以按【Esc】键取消选字框。

3. 退出无限格式刷的状态

双击格式刷后，会进入无限使用格式刷状态，按【Esc】键即可退出。

4. 取消不小心按【Alt】键产生的大量快捷字符

编辑文档时，按【Alt】键后 Word 2016 界面中会显示大量的快捷字符，可以方便用户按快捷键执行相应的命令。但是，如果不需要显示这些快捷字符，可以按【Esc】键取消。

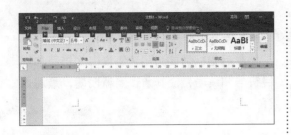

5. 终止卡住的操作

如果遇到错误的操作，或者是粘贴大量文本时，导致 Word 2016 处于卡死的状态，可以按【Esc】键结束这些操作。

◇ **输入上标和下标**

在编辑文档的过程中，输入一些公式定理、单位或者数学符号时，经常需要输入上标或下标。下面具体讲述输入上标和下标的方法。

1. 输入上标

输入上标的具体操作步骤如下。

第1步 在文档中输入一段文字，例如，这里输入"A2+B=C"，选择字符中的数字"2"，单击【开始】选项卡下【字体】组中的【上标】按钮 x^2。

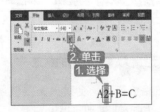

第2步 即可将数字 2 变成上标格式。

$$A^2+B=C$$

2. 输入下标

输入下标的方法与输入上标的方法类似，具体操作步骤如下。

第1步 在文档中输入"H2O"，选择字符中的数字"2"，单击【开始】选项卡下【字体】组中的【下标】按钮 x_2。

第2步 即可将数字 2 变成下标格式。

$$H_2O$$

◇ **批量删除文档中的空白行**

如果 Word 文档中包含大量不连续的空白行，手动删除既麻烦又浪费时间。下面介绍一个批量删除空白行的方法。具体操作步骤如下。

第1步 单击【开始】选项卡下【编辑】组中的【替换】按钮 。

第2步 在弹出的【查找和替换】对话框中选择【替换】选项卡，在【查找内容】选项中输入"^p^p"字符，在【替换为】选项中输入"^p"字符，单击【全部替换】按钮即可。

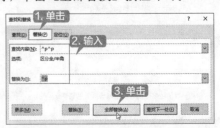

第4章
表格的编辑与处理

本章导读

在 Word 中可以插入简单的表格，不仅可以丰富表格的内容，还可以更准确地展示数据。在 Word 中可以通过插入表格、设置表格格式等完成表格的制作，本章就以制作产品销售业绩表为例介绍表格的编辑与处理。

思维导图

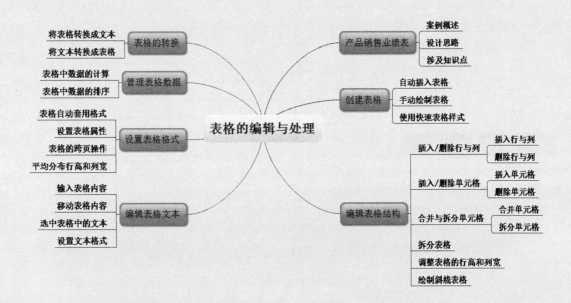

4.1 产品销售业绩表

产品销售业绩表是指在一个时间段或者阶段开展销售业务总结，并根据开展销售业务后实现销售净收入的结果而建立的数据表格。

实例名称：表格的编辑与处理	
实例目的：丰富表格的内容，更准确地展示数据	
素材	素材 \ch04\ 产品类型 .docx
结果	结果 \ch04\ 产品类型 .docx
录像	视频教学录像 \04 第 4 章

4.1.1 案例概述

产品销售业绩表是企业在某一段时间内销售额或者营业额的统计表。对于销售人员来说，销售业绩就是某一工作阶段实现的销售额。产品销售业绩表，应包含以下几个方面。

（1）产品的名称。

（2）工作阶段，如 6 月、7 月、8 月、9 月、10 月、11 月、12 月。

（3）计划销售业绩与销售实绩。

（4）销售合计。

4.1.2 设计思路

制作产品销售业绩表可以按照以下思路进行。

（1）创建表格、插入与删除表格的行与列。

（2）合并单元格、调整表格的行高与列宽。

（3）输入表格内容、并设置文本格式。

（4）为表格套用表格格式、设置表格属性、平均分布行高和列宽。

（5）计算表格中的数据、为表格数据进行排序。

（6）将表格转换成文本、将文本转换成表格。

4.1.3 涉及知识点

本案例主要涉及以下知识点。

（1）创建表格、绘制斜线表格。

（2）插入 / 删除行与列、插入 / 删除单元格。

（3）合并与拆分单元格、调整表格的行高与列宽。

（4）输入并移动表格内容、选中表格内容、设置文本格式。

（5）计算与排序表格中的数据。

（6）表格内容与文本的相互转换。

4.2 创建表格

表格是由多个行或列的单元格组成,用来展示数据或对比情况,用户可以在表格中添加文字。Word 2016 中有多种创建表格的方法,在制作产品销售业绩表时,用户可以自主选择。

4.2.1 自动插入表格

使用表格菜单可以自动插入表格,但一般只适合创建规则的、行数和列数较少的表格。最多可以创建 8 行 10 列的表格。

将鼠标光标定位在需要插入表格的地方。单击【插入】选项卡下【表格】选项组中的【表格】按钮,在【插入表格】区域内选择要插入表格的行数和列数,即可在指定位置插入表格。选中的单元格将以橙色显示,并在名称区域显示选中的行数和列数。

4.2.2 手动绘制表格

当用户需要创建不规则的表格时,可以使用表格绘制工具来手动绘制表格,具体操作步骤如下。

第1步 单击【插入】选项卡下【表格】选项组中的【表格】按钮,在其下拉菜单中选择【绘制表格】选项。

第2步 鼠标指针变为铅笔形状时,在需要绘制表格的地方单击并拖曳鼠标绘制出表格的外边界,形状为矩形。

第3步 在该矩形中绘制行线、列线和斜线,直至满意为止。按【Esc】键退出表格绘制模式。

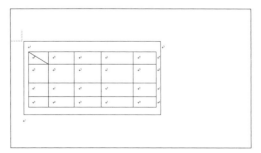

| 提示 | ::::::

单击【表格工具】→【布局】选项卡下【绘图】选项组中的【擦除】按钮，鼠标光标变为橡皮擦形状时可擦除多余的线条。

4.2.3 使用快速表格样式

可以利用 Word 2016 提供的内置表格模型来快速创建表格，但提供的表格类型有限，只适用于建立特定格式的表格。

第1步 将鼠标光标定位至需要插入表格的地方。单击【插入】选项卡下【表格】选项组中的【表格】按钮，在弹出的下拉列表中选择【快速表格】选项，在弹出的子菜单中选择需要表格类型，这里选择"带副标题 1"。

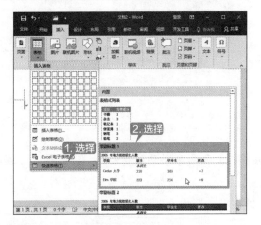

第2步 即可插入选择的表格类型，并可以根据需要替换模板中的数据。

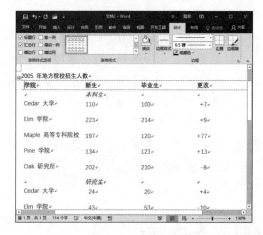

| 提示 | ::::::

插入表格后，单击表格左上角的按钮，选择所有表格并单击鼠标右键，在弹出的快捷菜单中选择【删除表格】选项，即可将表格删除。

4.3 编辑表格结构

在制作产品销售业绩表后，可以对表格结构进行编辑，如插入 / 删除行与列、插入 / 删除单元格、合并与拆分单元格、设置表格的对齐方式及设置行高和列宽合绘制斜线表格等。

4.3.1 插入 / 删除行与列

使用表格时，经常会出现行数、列数或单元格不够用或多余的情况，制作产品销售业绩表时，首先插入一个 13 行 11 列的表格。

1. 插入行与列

插入行与列有多种方法，下面介绍三种常用的方法。

（1）指定插入行或列的位置，然后单击【表格工具】→【布局】选项卡下【行和列】组中的相应插入方式按钮即可。

在上方插入：在选中单元格所在行的上方插入一行表格。

在下方插入：在选中单元格所在行的下方插入一行表格。

在左侧插入：在选中单元格所在列的左侧插入一列表格。

在右侧插入：在选中单元格所在列的右侧插入一列表格。

（2）在插入的单元格中指定插入行或列的位置单击鼠标右键，在弹出的快捷菜单中选择【插入】选项，在其子菜单中选择插入方式即可。

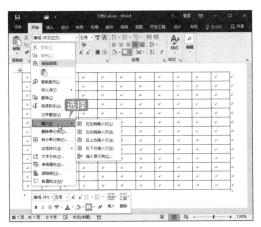

（3）将鼠标移动至想要插入行或列的位置处，此时在表格的行与行（或列与列）之间会出现⊕按钮，单击此按钮即可在该位置处插入一行（或一列）。

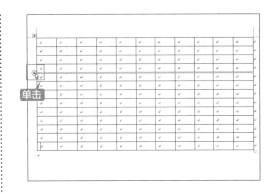

2. 删除行与列

删除行与列两种常用的方法。

（1）选择需要删除的行或列，按【Backspace】键，即可删除选定的行或列。在使用该方法时，应选中整行或整列，然后按【Backspace】键方可删除，否则会弹出【删除单元格】对话框，提示删除哪些单元格。

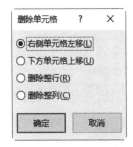

（2）选择需要删除的行或列，单击【表格工具】→【布局】选项卡下【行和列】组中的【删除】按钮，在弹出的下拉菜单中选择【删除行】或【删除列】选项即可。

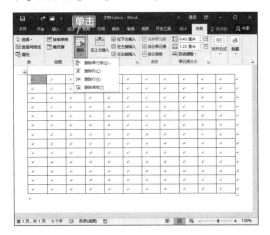

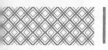

4.3.2 插入 / 删除单元格

在产品销售业绩表中，可以单独插入或删除单元格。

1. 插入单元格

在产品销售业绩表中插入单元格的具体操作步骤如下。

第1步 在插入的表格中把鼠标光标放置在一个单元格内，单击鼠标右键，在弹出的快捷菜单中选择【插入】→【插入单元格】选项。

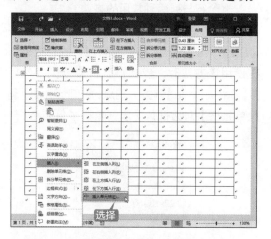

第2步 弹出【插入单元格】对话框，选中【活动单元格右移】单选按钮，然后单击【确定】按钮。

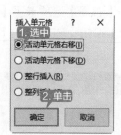

第3步 即可在表格中插入活动单元格。

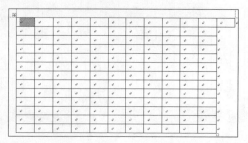

2. 删除单元格

在产品销售业绩表中，用户可以删除活动单元格，而不影响整体表格。

第1步 把鼠标放在要删除的单元格内，单击鼠标右键，在弹出的快捷菜单中选择【删除单元格】选项。

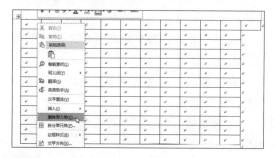

第2步 弹出【删除单元格】对话框，单击选中【右侧单元格左移】单选按钮，然后单击【确定】按钮。

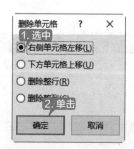

第3步 即可删除选择的活动单元格。

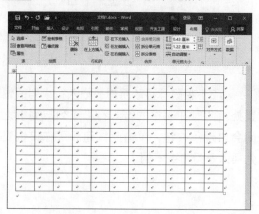

4.3.3 合并与拆分单元格

在产品销售业绩表中,擦除单元格之间的边框线,即可将单元格合并为一个单元格,在一个单元格中添加框线,即可拆分该单元格。

1. 合并单元格

用户可以根据制作的表格,把多余的单元格进行合并,使多个单元格合并成一个整体。具体操作步骤如下。

第1步 选择要合并的单元格,单击【表格工具】→【布局】选项卡下【合并】组中的【合并单元格】按钮 合并单元格 。

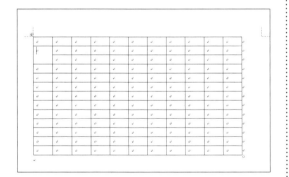

第2步 即可把选中的单元格合并为一个。

第3步 使用上述方法,合并表格中需要合并的单元格。

> | 提示 | ::::::::::
>
> 可以选中多个区域的单元格同时进行单元格的合并。

2. 拆分单元格

拆分单元格就是将选中的单个单元格,拆分成多个,也可以对多个单元格进行拆分。

第1步 将鼠标光标移动到要拆分的单元格中,单击【表格工具】→【布局】选项卡下【合并单元格】组中的【拆分单元格】按钮 拆分单元格 。

第2步 弹出【拆分单元格】对话框,单击【列数】和【行数】微调框右侧的上下按钮,分别调节单元格要拆分成的列数和行数,还可以直接在微调框中输入数值。这里设置【列数】为"2",【行数】为"1",单击【确定】按钮。

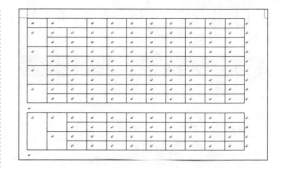

第3步 即可将单元格拆分1行2列的单元格。

4.3.4 拆分表格

在产品销售业绩表中，可根据需要把一个表格拆分成两个或多个。具体操作步骤如下。

第1步 把鼠标光标放在要进行拆分的单元格上，单击【表格工具】→【布局】选项卡下【合并单元格】组中的【拆分表格】按钮拆分表格 。

第2步 即可从放置鼠标的单元格处，把表格拆分为两个表格。

> **提示**
>
> 本案例不进行表格的拆分，按【Ctrl+Z】组合键可以撤销拆分表格的操作。

4.3.5 调整表格的行高和列宽

在产品销售业绩表中可以调整表格的行高和列宽，一般情况下，向表格中输入文本时，Word 2016会自动调整行高以适应输入的内容。不同行的单元格可以有不同的高度，但一行中的所有单元格必须具有相同的高度。调整表格的行高和列宽的方法有以下几种。

（1）自动调整行高和列宽。

在 Word 2016 中，可以使用自动调整行高和列宽的方法调整表格，单击【表格工具】→【布局】选项卡下【单元格大小】组中的【自动调整】按钮 自动调整 ，在弹出的下拉列表中选择【根据内容自动调整表格】选项即可。

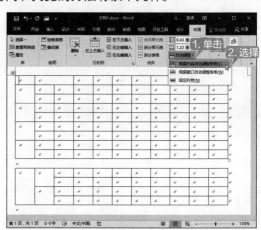

（2）利用鼠标光标调整表格的行高与列宽。

用户可以使用拖曳鼠标的方法来调整表格的行高与列宽，使用这种方法调整表格的行高与列宽比较直观，但是不够精确，这里以表格的行高为例。

第1步 将鼠标指针移动到要调整的表格的行线上，鼠标指针会变为 ÷ 形状，单击鼠标左键并向下或向上拖曳，在移动的方向上会显示一条虚线来指示新的行高。

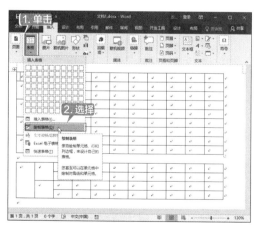

第2步 移动指针到合适的位置，松开鼠标左键，即可完成对所选行的行高的调整。

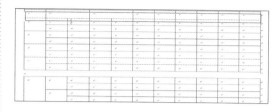

（3）使用【表格属性】命令调整行高与列宽。

使用【表格属性】命令可以精确的调整表格的行高与列宽，将鼠标光标放在要调整行高与列宽的单元格内，在【表格工具】→【布局】选项卡下【单元格大小】组中的【表格列宽】和【表格行高】微调框中设置单元格的大小，即可精确调整表格的行高与列宽。

4.3.6 绘制斜线表格

当用户需要创建不规则的表格时，可以使用表格绘制工具来创建表格。具体操作步骤如下。

第1步 单击【插入】选项卡下【表格】选项组中的【表格】按钮，在其下拉菜单中选择【绘制表格】选项。

第2步 鼠标指针变为铅笔形状 ⬧ 时，在需要绘制表格的地方单击并拖曳鼠标绘制出表格的外边界，形状为矩形。

第3步 在该矩形中绘制行线、列线和斜线，直至满意为止。按【Esc】键退出表格绘制模式。

提示

本节案例不需要绘制斜线，绘制完成后可把斜线删除。

4.4 编辑表格文本

创建并编辑产品销售业绩表后，需要对表格内的文本进行编辑，包括输入表格的内容、移动表格内容、选中表格中的文本、设置文本格式等。

4.4.1 输入表格内容

用户需要在创建的产品销售业绩表中输入表格内容，完成表格的制作。具体操作步骤如下。

第1步 将鼠标光标放在左上角第1个单元格内，并根据需要输入第1个文本内容，如这里输入"产品"文本。

第2步 按【方向】键，即可移动鼠标光标的位置，重复操作，输入表格内容。

第3步 根据表格内容调整表格的行高与列宽，效果如下图所示。

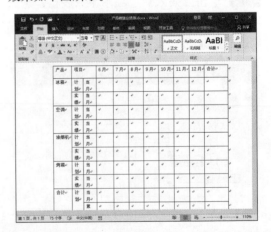

4.4.2 移动表格内容

用户在产品销售业绩表中的错误的单元格中输入内容后，可以移动表格内容，避免重新输入内容的重复操作。

第1步 选择需要移动的单元格内容，然后拖曳鼠标，鼠标指针即可变为 形状。

第3步 也可以使用剪切、粘贴的方式移动表格内容。选择要移动的文本，按【Ctrl+X】组合键，剪切选择的文本。把鼠标光标放在目标单元格内，按【Ctrl+V】组合键，把剪切的内容粘贴到目标单元格内。

第2步 移动到合适的位置，松开鼠标左键，即可移动表格的内容。

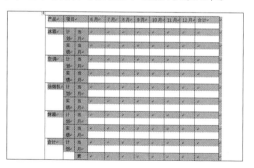

4.4.3 选中表格中的文本

用户在为文本设置格式之前，要先选中文本，下面介绍三种选中文本的方式。

（1）全部选中。

单击表格左上角的【全选】按钮，即可选中整个表格，同时选中表格内的文本。

（2）使用【Shift】键选中连续的文本。

使用【Shift】键与鼠标配合，可以快速的选择连续单元格中的文本。具体操作步骤如下。

第1步 选择一个需要选中的单元格。

> **提示**
>
> 首先选中的单元格要位于要选择的连续区域的开头或结尾处。

第2步 按住【Shift】键的同时单击另一个单元格，即可选中两个单元格中间的连续区域。

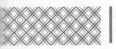

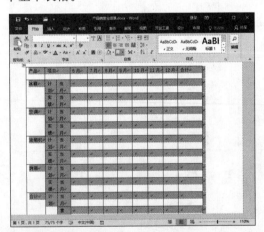

有时用户需要对不连续的单元格文本进行操作，这时需要键盘与鼠标配合使用。

接 4.4.3 小节的操作，在选中一个单元格区域后，按键盘上的【Ctrl】键，然后选择另一个单元格，即可同时选中两个不联系的单元格区域。

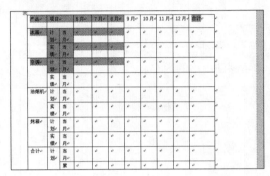

提示

使用鼠标拖曳法也可以选择连续的单元格区域。

（3）使用【Ctrl】键选中不连续的文本。

4.4.4 设置文本格式

在产品销售业绩表中填充文本内容后，可以设置文本的格式，如字体、字号、字体颜色等，让表格丰富起来。

第1步 单击表格左上角的【全选】按钮，选中整个表格。

第2步 单击【开始】选项卡下【字体】组中的【字体】按钮 。

第3步 弹出【字体】对话框，在【字体】选项卡下设置【中文字体】为"华文楷体"，【字形】为"常规"，【字号】为"五号"，单击【确定】按钮。

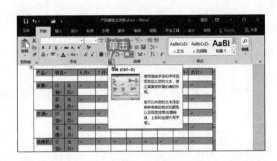

第4步 即可看到设置文字后的效果。

选项卡下【字体】组中设置【字体】为"华文楷体"，【字号】为"三号"，单击【加粗】按钮。

第5步 重复上述操作步骤，设置首行与首列文字的【字体】为"华文新魏"，【字号】为"小四"，效果如下图所示。

第7步 单击【开始】选项卡下【段落】组中的【居中】按钮，把文本设置为居中显示。

第6步 单击【全选】按钮，向下移动表格，在表格上方会出现一个文字符，输入表格的名称"产品销售业绩表"文本，并在【开始】

4.5 设置表格格式

在产品销售业绩表中制作表格后，可以设置表格的格式，包括自动套用表格格式、设置表格属性、表格的跨页操作以及平均分布行和列等。

4.5.1 表格自动套用格式

Word 2016 中内置了多种表格样式，用户可以根据需要选择要设置的表格样式，即可将其应用到产品销售业绩表中。

第1步 接4.4.4小节的操作，将鼠标光标置于要设置样式的表格的任意单元格内。

第2步 单击【表格工具】→【设计】选项卡下【表格样式】选项组中的【其他】按钮，在弹出的下拉列表中选择一种表格样式。

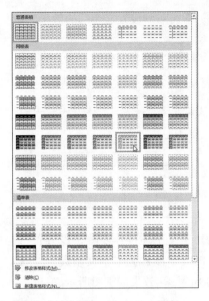

第3步 即可将选择的表格样式应用到表格中。

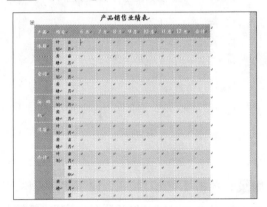

4.5.2 设置表格属性

在产品销售业绩表中，用户可以通过表格属性对话框对行、列、单元格、可选文字等进行更精确的设置。具体操作步骤如下。

第1步 单击表格左上角的【全选】按钮，单击鼠标右键，在弹出的快捷菜单中选择【表格属性】选项。

第2步 弹出【表格属性】对话框，在【表格】选项卡下【对齐方式】选项组中单击【居中】按钮，把表格设置为居中对齐。

第3步 切换至【单元格】选项卡，在【垂直对齐方式】区域中单击【居中】按钮，设置单元格对齐方式为居中对齐，然后单击【确定】按钮。

第4步 设置表格属性的效果如下图所示。

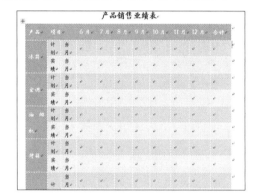

4.5.3 表格的跨页操作

如果产品销售业绩表内容较多，会自动在下一个 Word 页面显示表格内容，但是表头却不会在下一页显示。可以通过设置，当表格跨页时，自动在下一页添加表头。具体操作步骤如下。

第1步 选择表格，单击【表格工具】→【布局】选项卡下【表】组中的【属性】按钮 。

第2步 在弹出的【表格属性】对话框中，单击选中【行】选项卡下【选项】组中的【在各页顶端以标题形式重复出现】复选框，然后单击【确定】按钮，即可完成对表格的跨页操作。

4.5.4 平均分布行高和列宽

在产品销售业绩表中，可以平均分布选中单元格区域的行高和列宽，使表格的分布更整齐。具体操作步骤如下。

第1步 选中如图所示的单元格区域。

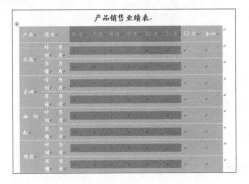

第2步 单击【表格工具】→【布局】选项卡下【单元格大小】组中的【分布列】按钮田。

第3步 即可平均分布选中的列的宽度。

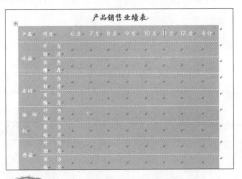

第4步 单击表格左上角的【全选】按钮，选中整个表格，单击【表格工具】→【布局】选项卡下【单元格大小】组中的【分布行】按钮田。

第5步 即可平均分布表格的行的高度。

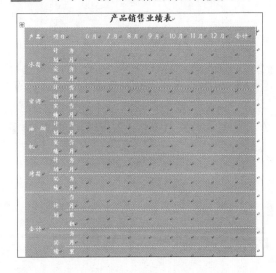

4.6 管理表格数据

在产品销售业绩表中创建的表格，还可以对表格中的数据进行计算、排序。

4.6.1 表格中数据的计算

应用产品销售业绩表中提供的表格计算功能，可以对表格中的数据执行一些简单的运算，例如求和运算，可方便、快捷地得到计算的结果具体操作步骤如下。

第1步 在表格中补充数据内容，如下图所示。

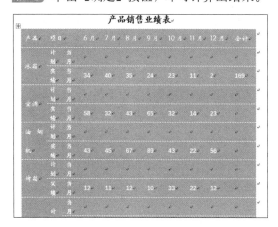

第2步 将光标置于要放置计算结果的单元格中，这里选择第3行最后一个单元格，单击【布局】选项卡的【数据】组中的【公式】按钮 fx公式。

第3步 弹出【公式】对话框，在【公式】文本框中输入"=SUM(LEFT)"，SUM函数可在【粘贴函数】下拉列表框中选择。在【编号格式】下拉列表框中选择【0】选项。

提示

【公式】文本框：显示输入的公式，公式"=SUM(LEFT)"，表示对表格中所选单元格左侧的数据求和。

【编号格式】下拉列表框用于设置计算结果的数字格式。

【粘贴函数】下拉列表中可以根据需要选择函数类型。

第4步 单击【确定】按钮，即可计算出结果。

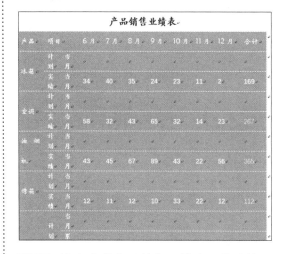

第5步 使用同样的方法计算出最后一列的销售合计。

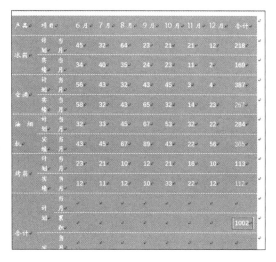

第6步 补充完整产品销售业绩表，并计算补充的数据。

4.6.2 表格中数据的排序

在产品销售业绩表中，可以按照递增或递减的顺序把表格中的内容按照笔画、数字、拼音及日期等进行排序。由于对表格的排序可能使表格发生巨大的变化，所以在排序之前最好对文档进行保存。对重要的文档则应考虑用备份进行排序。

第1步 在表格的下方新建一个表格，填充下半年的销售实绩，将光标移动到表格中的任意位置或者选中要排序的行或列，这里选择最后一列。

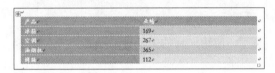

| 提示 | ::::::::::

　　对表格中的数据进行排序时，表格中不能有合并过的单元格。

第2步 单击【布局】选项卡的【数据】组中的【排序】按钮，弹出【排序】对话框。

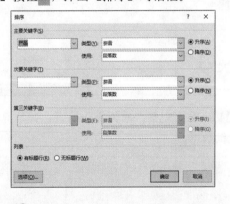

第3步 【排序】对话框中的【主要关键字】下拉列表框用于选择排序依据，一般是标题行中某个单元格的内容，如这里选择"列2"；
【类型】下拉列表框用于指定排序依据的值的类型，如选择"数字"；【升序】和【降序】两个单选项用于选择排序的顺序，这里单击选中【降序】单选按钮。

第4步 单击【确定】按钮，表格中的数据就会按照设置的排序依据重新排列。

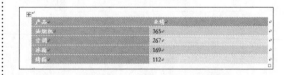

4.7 表格的转换

完成产品销售业绩表后，还可以进行表格与文本之间的互相转换，方便用户操作。

4.7.1 将表格转换成文本

完成产品销售业绩表制作后，还可以把表格转换成文本，方便用户对文本进行保存操作等。具体操作步骤如下。

第1步 选择要转换成文本的表格，在【表格工具】→【布局】选项卡下【数据】分组中单击【转换为文本】按钮。

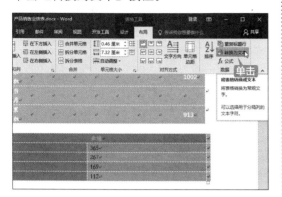

第2步 在弹出的【表格转换成文本】对话框中【文字分隔符】区域单击选中【制表符】单选按钮。

第3步 单击【确定】按钮，即可把选中的表格转换为文本。

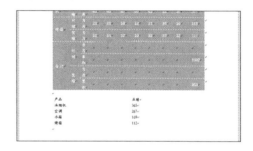

4.7.2 将文本转换成表格

接 4.7.1 小节的操作，在产品销售业绩表中可以把排列好的文本转换为表格。具体操作步骤如下。

第1步 选择要转换成表格的文本，单击【插入】选项卡下【表格】组中的【表格】下拉按钮，在弹出的下拉列表中选择【文本转换成表格】选项。

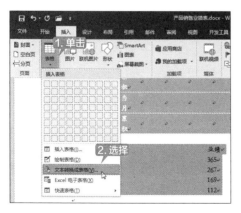

第2步 弹出【将文字转换成表格】对话框，在【表格尺寸】区域设置【列数】为"2"，

在【文字分隔位置】区域单击选中【制表符】单选按钮。

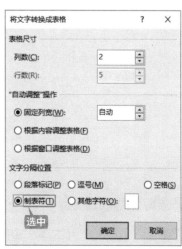

第3步 单击【确定】按钮，即可把选中的文本转换为表格。

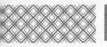
产品	业绩	
油烟机	365	
空调	267	
冰箱	169	
烤箱	112	

制作个人简历

与企业宣传单类似的文档还有制作个人简历、培训资料、产品说明书等。排版这类文档时，都要做到色彩统一、图文结合、编排简洁，使读者能把握重点并快速获取需要的信息。下面就以制作个人简历为例进行介绍。具体操作步骤如下。

1. 设置页面

新建空白文档，设置流程图页面边距、页面大小、插入背景等。

2. 添加个人简历标题

选择【插入】选项卡下【文本】组中的【艺

术字】选项，在流程图中插入艺术字标题"个人简历"并设置文字效果。

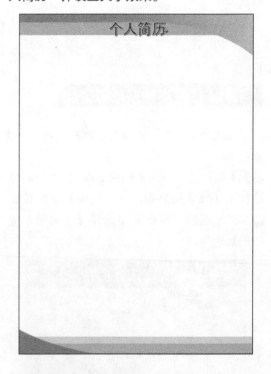

3. 插入活动表格

根据个人简历制作的需要，在文档中插入表格，并对表格进行编辑。

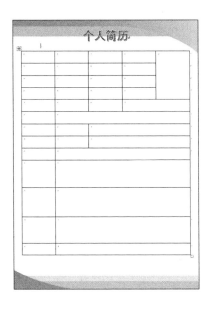

文本内容，并对文字与形状的样式进行调整。

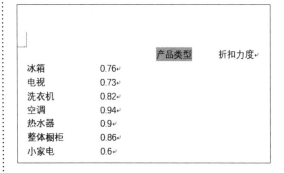

4. 添加文字

在插入的表格中，添加个人简历需要的

◇ 使用【Enter】键增加表格行

在 Word 2016 中可以使用【Enter】键来快速增加表格行。

第1步 将鼠标光标定位至要增加行位置的前一行右侧，如在下图中需要在【业绩】为"112"的行前添加一行，可将鼠标光标定位至【业绩】为"169"所在行的最右端。

产品	业绩
油烟机	365
空调	267
冰箱	169
烤箱	112

第2步 按【Enter】键，即可在【业绩】为"112"的行前快速增加新的行。

产品	业绩
油烟机	365
空调	267
冰箱	169
烤箱	112

◇ 巧用【F4】键进行表格布局

在 Word 2016 中，【F4】键可以重复上次的操作，可以代替格式刷的作用。

第1步 打开随书光盘中的"素材 \ch04\ 产品类型 .docx"，选择"产品类型"文本，单击【开始】选项卡下【段落】组中的【居中】按钮，设置文本为"居中"显示。

	产品类型	折扣力度
冰箱	0.76	
电视	0.73	
洗衣机	0.82	
空调	0.94	
热水器	0.9	
整体橱柜	0.86	
小家电	0.6	

第2步 选择另一个文本，按键盘上的【F4】键，即可重复进行刚才的操作。

的排版布局。

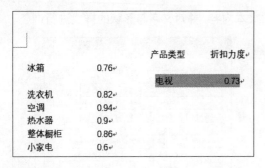

产品类型	折扣力度
冰箱	0.76
电视	0.73
洗衣机	0.82
空调	0.94
热水器	0.9
整体橱柜	0.86
小家电	0.6

第3步 重复上述操作，即可完成对整篇文档

第 5 章

使用图表

本章导读

如果能根据数据表格绘制一幅统计图，会使数据的展示更加直观，分析也更为方便。在 Word 2016 中，既可以使用插入对象的方法插入图表，也可以创建 Word 图表。本章就以制作公司销售报告为例介绍在 Word 2016 中使用图表的操作。

思维导图

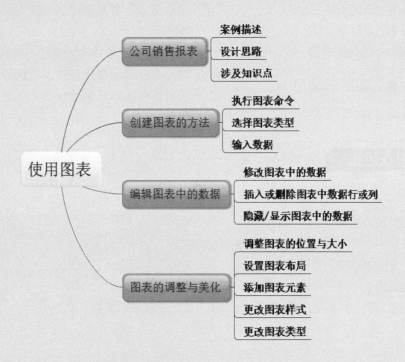

5.1 公司销售报告

制作公司销售报告时，表格内的数据类型要格式一致，选取的图表类型要能恰当地反映数据的变化趋势。

实例名称：使用图表	
实例目的：介绍 Word 2016 中使用图表的操作	
素材	素材 \ch05\ 公司销售报告 .docx
结果	结果 \ch05\ 公司销售报告 .docx
录像	视频教学录像 \05 第 5 章

5.1.1 案例概述

通过对收集来的大量数据进行分析，并提取有用信息、形成结论，从而对数据加以详细研究和概括总结，这是分析数据的常用方法。Word 2016 提供了插入图表的功能，可以对数据进行简单的分析，从而清楚地表达数据的变化关系，分析数据的规律，进而进行预测。本节就以在 Word 2016 中制作公司销售报告为例，介绍在 Word 2016 中使用图表的方法。

制作公司销售报告时，需要注意以下几点。

1. 表格的设计要合理

（1）要有明确的表格名称。

（2）表格的设计要合理。

（3）表格中的数据格式、单位要统一。

2. 选择合适的图表类型

（1）Word 2016 提供了柱形图、折线图、饼图、条形图、面积图、XY 散点图、股价图、曲面图、雷达图、树状图、旭日图、直方图、箱形图、瀑布图等 14 种图表类型以及组合图表类型，每一类图表所反映的数据主题不同，用户可以根据要表达的主题选择合适的图表类型。

（2）图表中可以添加合适的图表元素，如图表标题、数据标签、数据表、图例等，通过这些图表元素可以更直观地反映出图表信息。

5.1.2 设计思路

制作公司销售报告的思路如下。

（1）创建图表并编辑图表中的数据。

（2）调整图表的位置与大小，便于在 Word 中展示。

（3）添加图表元素，便于读者通过图表获取更多报表信息。

（4）设置图表布局及样式，达到美化图表和文档的目的。

（5）根据需要也可以更改图表的类型，便于更形象地展示数据。

5.1.3 涉及知识点

本案例主要涉及以下知识点。

（1）创建图表。

（2）编辑图表中的数据。

（3）图表的调整。

（4）图表的美化。

5.2 创建图表的方法

在 Word 2016 用户可以按照执行插入图表命令、选择图表类型、输入数据的方式创建图表。下面就介绍在公司销售报告文档中创建图表的方法。

第1步 打开随书光盘中"素材 \ch05\ 公司销售报告 .docx"素材文件。然后将鼠标光标定位至要插入图表的位置。

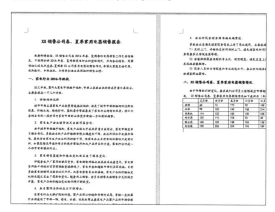

第2步 单击【插入】选项卡下【插图】组中的【图表】按钮 。

第3步 弹出【插入图表】对话框，选择要创建的图表类型，这里选择【柱形图】下的【簇状柱形图】选项，单击【确定】按钮。

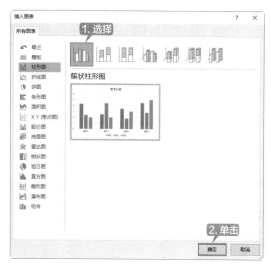

第4步 弹出【Microsoft Word 中的图表】工作表。

第5步 根据素材中的表格内容输入到【Microsoft Word 中的图表】工作表中，然后关闭【Microsoft Word 中的图表】工作表。

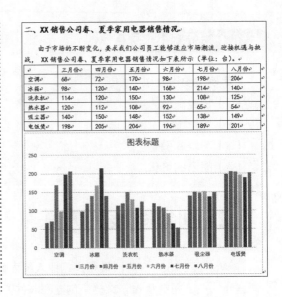

第6步 即可完成创建图表的操作,图表效果如下图所示。

5.3 编辑图表中的数据

创建图表后,如果发现数据输入有误或者需要修改数据,只要对数据进行修改,图表的显示就会自动发生变化。

1. 修改图表中的数据

将七月份冰箱的销量由"214"更改为"245"的具体操作步骤如下。

第1步 在素材文件的表格中选择第3行第6列的单元格。

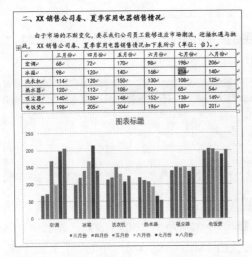

第2步 删除选择的数据"214",输入"245"。

第3步 在下方创建的图表上单击鼠标右键,在弹出的快捷菜单中选择【编辑数据】→【编辑数据】选项。

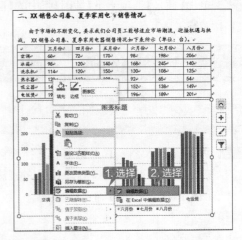

第4步 弹出【Microsoft Word 中的图表】工

作表，将 F3 单元格的数据由"214"更改为"245"。并关闭【Microsoft Word 中的图表】工作表。

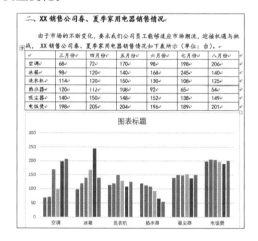

第 5 步 即可看到图表中显示的数据也会随之发生变化。

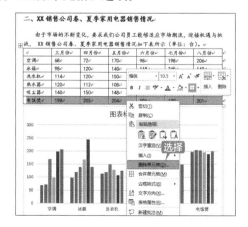

2. 插入或删除图表中数据行或列

下面以删除数据行为例介绍编辑图表数据的操作。具体操作操作步骤如下。

第 1 步 在素材文件的表格中选择最后一行数据并单击鼠标右键，在弹出的快捷菜单中选择【删除单元格】选项。

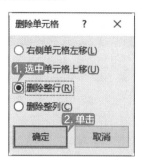

第 2 步 弹出【删除单元格】对话框，选中【删

除整行】单选按钮，并单击【确定】按钮，将最后一行数据删除。

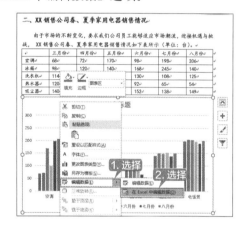

第 3 步 在下方创建的图表上单击鼠标右键，在弹出的快捷菜单中选择【编辑数据】→【在 Excel 中编辑数据】选项。

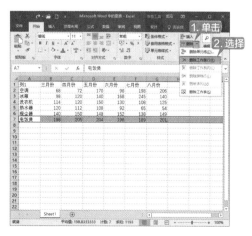

第 4 步 弹出【Microsoft Word 中的图表】工作表，选择第 7 行数据，单击【插入】选项卡下【单元格】组中【删除】按钮的下拉按钮，在弹出的下拉列表中选择【删除工作表行】选项。

第5步 即可将不需要的行删除，保存后单击右上角的【关闭】按钮关闭工作表。

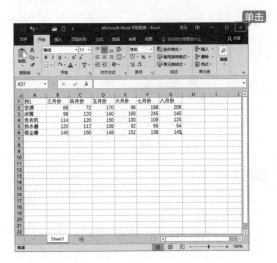

第6步 可看到图表中的数据随之发生变化。

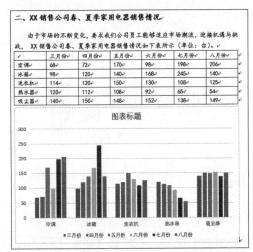

3. 隐藏 / 显示图表中的数据

如果在图表中不需要显示某一行或者某一列的数据内容，但又不能删除该行或列时，可以将数据隐藏起来，需要显示时再显示该数据。具体操作步骤如下。

第1步 在下方创建的图表上单击鼠标右键，在弹出的快捷菜单中选择【编辑数据】→【在 Excel 中编辑数据】选项。

二、XX 销售公司春、夏季家用电器销售情况

由于市场的不断变化，要求我们公司员工能够迎接应市场潮流，迎接机遇与挑战，XX 销售公司春、夏季家用电器销售情况如下表所示（单位：台）。

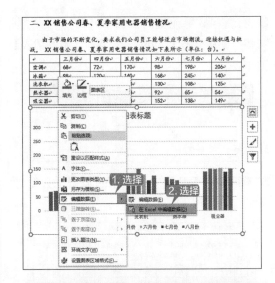

第2步 如果要隐藏"洗衣机"的相关数据，选择第 4 行数据，单击鼠标右键，在弹出的快捷菜单中选择【隐藏】选项，即可将该行隐藏。然后关闭工作表。

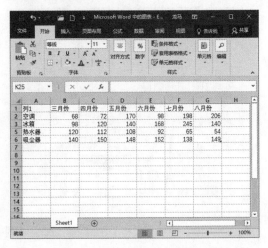

第3步 即可看到图表中已经将有关"洗衣机"的数据隐藏起来了。

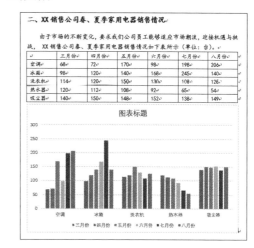

二、XX 销售公司春、夏季家用电器销售情况

由于市场的不断变化，要求我们公司员工能够适应市场潮流，迎接机遇与挑战，XX 销售公司春、夏季家用电器销售情况如下表所示（单位：台）。

	三月份	四月份	五月份	六月份	七月份	八月份
空调	68	72	170	98	198	206
冰箱	98	120	140	168	245	140
洗衣机	114	120	150	130	108	125
热水器	120	112	108	92	65	54
吸尘器	140	150	148	152	138	149

第4步 如果要重新显示有关"洗衣机"的数据，重复**第1步**～**第3步**，将第4行数据显示出来，并关闭工作表。

第5步 即可在图表中重新显示有关"洗衣机"的数据。

5.4 图表的调整与美化

完成数据表的编辑后，用户就可以通过设置图表的大小、添加图表元素、设置布局等调整与美化图表了。下面分别介绍图表的调整与美化的相关操作。

5.4.1 调整图表的位置与大小

插入图表后，如果对图表的位置和大小不满意，可以根据需要调整图表。

1. 调整图表的位置

第1步 选择创建的图表，单击【图表工具】→【格式】选项卡下【排列】组中【位置】按钮的下拉按钮，在弹出的下拉列表中选择【中间居中】选项。

第2步 即可看到调整图片位置后的效果。

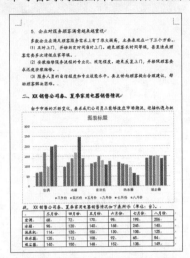

第3步 选择图表，单击【格式】选项卡下【排列】组中【环绕文字】按钮的下拉按钮，在弹出的下拉列表中选择【浮于文字上方】选项。

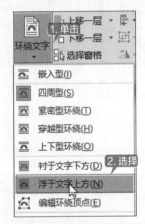

第4步 即可将图表显示在文本上方。

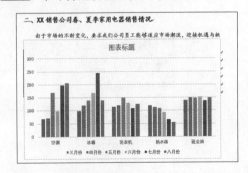

第5步 将鼠标指针放置在图表上，当鼠标指针变为 形状时，按住鼠标左键并拖曳鼠标，即可改变图表的位置。

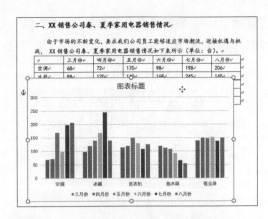

第6步 改变图表位置后的效果如下图所示。

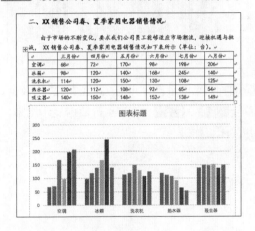

2. 调整图表的大小

用户根据需要可以手动调整图表的大小，也可以精确调整。

（1）手动调整。

第1步 选择图表，将鼠标指针放置在四个角的控制点上，当鼠标指针变为 形状时，按住鼠标左键并拖曳鼠标，即可完成手动调整图表大小的操作。

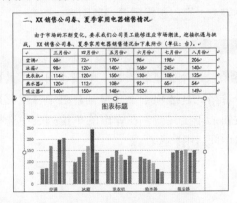

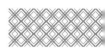
第2步 手动调整图表大小后的效果如下图所示。

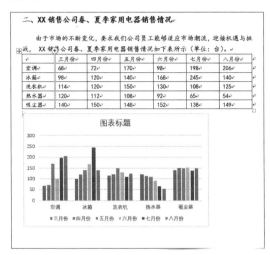

（2）精确调整。

第1步 选择图表，单击【格式】选项卡下【大小】组中【形状高度】和【形状宽度】后的微调按钮，这里设置【形状高度】为"8.5厘米"。

第2步 设置形状高度后的效果如下图所示。

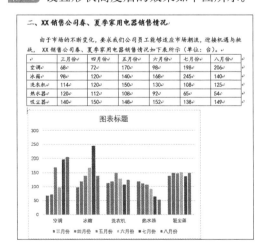

第3步 在【格式】选项卡下【大小】组中设置【形状宽度】为"13.5厘米"。

第4步 设置形状宽度后的效果如下图所示。

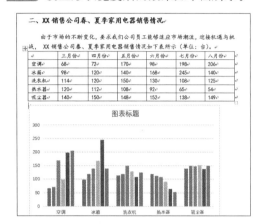

此时，用户可以根据需要分别精确地调整形状高度和形状宽度。如果需要同时等比例调整形状高度和形状宽度，可以通过锁定纵横比的方法调整。具体操作步骤如下。

第1步 选择图表后，单击【格式】选项卡下【大小】组中的 按钮。

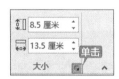

第2步 弹出【布局】对话框，在【大小】选项卡下【缩放】组中选中【锁定纵横比】复选框，单击【确定】按钮。

第3步 在【格式】选项卡下【大小】组中设置【形状宽度】为"14.6厘米",按【Enter】键。

第4步 即可看到【形状高度】值也会随之发生改变。

第5步 精确设置图表大小后的效果如下图所示。

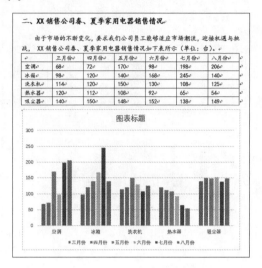

5.4.2 设置图表布局

插入图表之后,用户可以根据需要调整图表布局。具体操作操作步骤如下。

第1步 选择插入的图表,单击【图表工具】→【设计】选项卡下【图表布局】组中【快速布局】按钮的下拉按钮,在弹出的下拉列表中选择【布局11】选项。

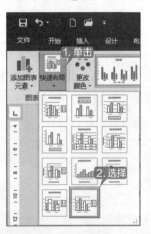

第2步 即可完成设置图表布局的操作,效果如下图所示。

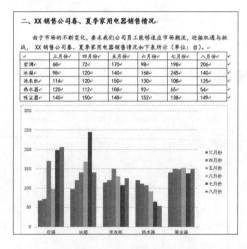

5.4.3 添加图表元素

更改图表布局后,可以将图表标题、数据标签、数据表、图例、趋势线等图表元素添加至图表中,以便能更直观地查看、分析数据。

第1步 选择图表，单击【图表工具】→【设计】选项卡下【图表布局】组中【添加图表元素】按钮的下拉按钮，在弹出的下拉列表中选择【图表标题】→【图表上方】选项。

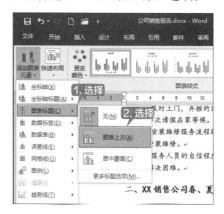

第2步 即可在图表上方显示【图表标题】文本框。

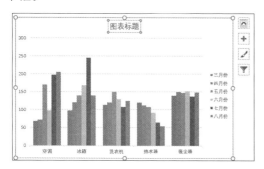

第3步 删除【图表标题】文本框中的内容，并输入"销售情况表"文本，就完成了添加图表标题的操作，效果如下图所示。

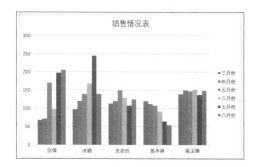

第4步 再次选择图表，单击【图表工具】→【设计】选项卡下【图表布局】组中【添加图表元素】按钮的下拉按钮，在弹出的下拉列表中选择【数据标签】→【数据标签外】选项。

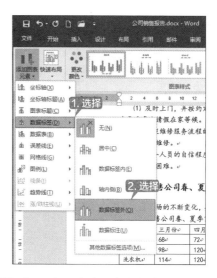

第5步 即可在图表中添加数据标签图表元素，效果如下图所示。

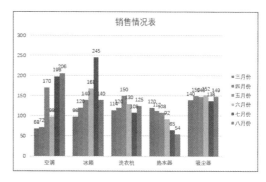

第6步 选择图表，单击【图表工具】→【设计】选项卡下【图表布局】组中【添加图表元素】按钮的下拉按钮，在弹出的下拉列表中选择【数据表】→【显示图例项标示】选项。

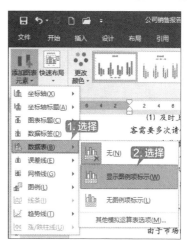

第7步 即可在图表中显示数据表图表元素。效果如下图所示。

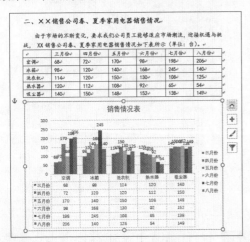

第8步 使用同样的方法还可以添加其他图表元素，这里不再赘述，最后根据需要调整图表的大小，即可完成添加图表元素的操作。

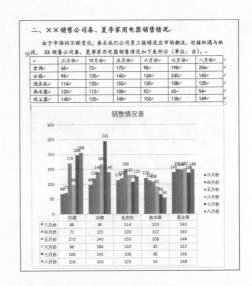

提示

如果不需要等比例缩放图表，则取消选中【锁定纵横比】复选框。

5.4.4 更改图表样式

添加图表元素之后，就完成了使用创建并编辑图表的操作，如果对图表的样式不满意，还可以更改图表的样式，美化图表。

1. 更改图表样式及颜色

第1步 选择创建的图表，单击【图表工具】→【设计】选项卡下【图表样式】组中【其他】按钮，在弹出的下拉列表中选择一种图表样式。

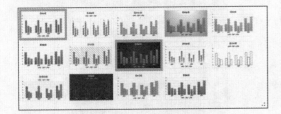

第2步 即可看到更改图表样式后的效果。

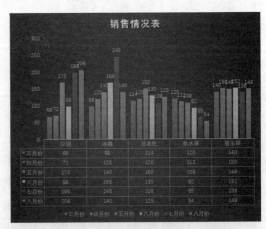

第3步 此外，还可以根据需要更改图表的颜色。选择图表，单击【图表工具】→【设计】选项卡下【图表样式】组中【更改颜色】按钮的下拉按钮，在弹出下拉列表中选择一种颜色样式。

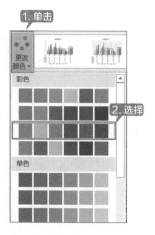

第4步 更改颜色后的效果如下图所示。

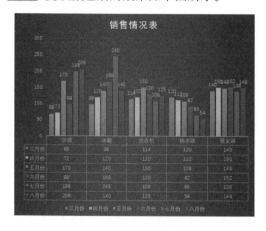

2. 更改图表标题样式

第1步 选择图表中的标题文本。

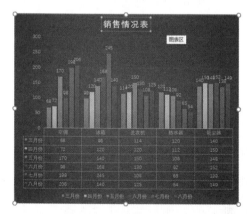

第2步 单击【格式】选项卡下【艺术字样式】组中的【快速样式】按钮，在弹出的下拉列表中选择一种艺术字样式。

第3步 即可看到设置图表标题样式后的效果。

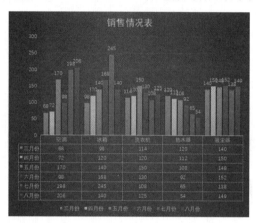

3. 设置图表区格式

第1步 选择图表的图表区并单击鼠标右键，在弹出的快捷菜单中选择【设置图表区域格式】选项。

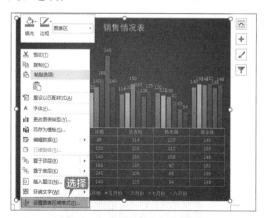

第2步 弹出【设置图表区格式】窗格，在【填充与线条】选项卡下【填充】组中选中【渐变填充】单选按钮，并根据需要进行类型、方向、渐变光圈等相关的设置。

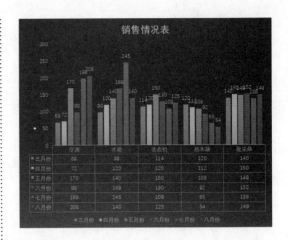

第3步 更改图表区格式后的效果如下图所示。

5.4.5 更改图表类型

　　选择合适的图表类型，能够更直观形象地展示数据，如果对创建的图表类型不满意，可以使用 Word 2016 提供的更改图表类型的操作更改图表的类型。具体操作步骤如下。

第1步 选择创建的图表，单击【设计】选项卡下【类型】组中【更改图表类型】按钮。

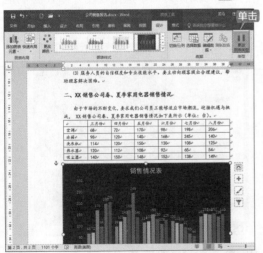

第2步 弹出【更改图表类型】对话框，选择要更改的图表类型，这里选择【折线图】下

的【折线图】选项，单击【确定】按钮。

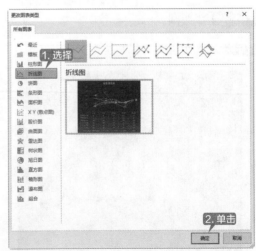

第3步 即可完成更改图表类型的操作，效果如下图所示。

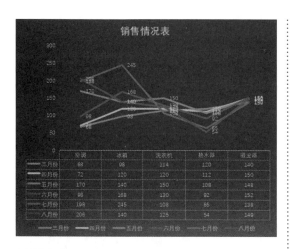

最终效果如下图所示。

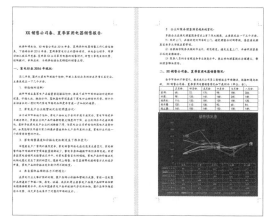

第4步 至此，就完成了公司销售报告的制作，

制作产品价格对比图表

与公司销售图表类似的文件还有价格走势统计表、产品价格对比图表、项目预算分析图表、产量统计图表、货物库存分析图表、成绩统计分析图表等。制作这类文档时，要做到数据格式的统一，并且要选择合适的图表类型，以便准确表达要传递的信息。下面就以制作产品价格对比图表为例进行介绍，具体操作步骤如下。

1. 创建图表

打开随书光盘中的"素材 \ch05\ 产品价格对比图表 .xlsx"文件，根据表格内容创建簇状柱形图图表。

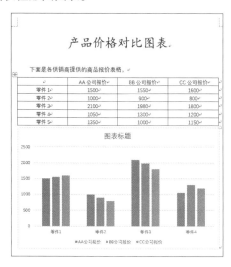

2. 根据需要添加图表元素

根据需要更改图表标题、添加数据标签、数据表以及调整图例的位置等。

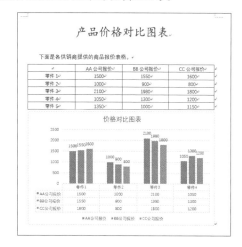

3. 设置图表样式

更改图表的样式及颜色等，使图表更加

美观。

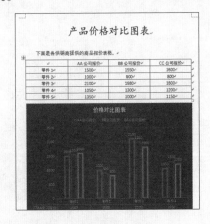

4. 更改图表样式

根据需要更改图表的样式，如更改图表

◇ 为图表设置图片背景

用户可以将图片设置为图表的背景，具体操作如下。

第1步 选择图表并单击鼠标右键，在弹出的快捷菜单中选择【设置图表区域格式】选项。

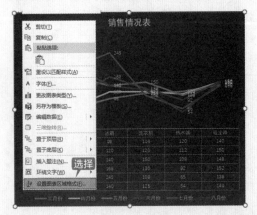

第2步 弹出【设置图表区格式】窗格，选中【图片或纹理填充】单选按钮，并单击【插入图片来自】下的【文件】按钮。

为折线图或者组合图等，这里将图表更改为组合图样式，最终效果如下图所示。

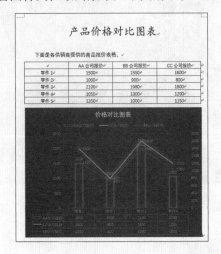

第3步 弹出【插入图片】对话框，选择要设置为背景的图片，单击【插入】按钮。

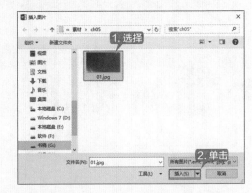

第4步 即可看到将图表设置为背景图片后的效果。

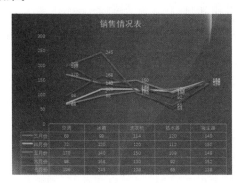

◇ **将图表存为模板**

更改图表样式之后，可以将图表另存为模板样式，之后在创建图表时，即可直接使用设置完成的样式。具体操作步骤如下。

第1步 选择更改样式后的图表并单击鼠标右键，在弹出的快捷菜单中选择【另存为模板】选项。

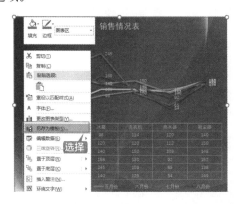

第2步 弹出【保存图表模板】对话框，根据需要设置文件名，并选择模板存储的位置，单击【保存】按钮另存模板。

第3步 新建空白 Word 文档，执行插入图表命令，在弹出的【插入图表】对话框中选择【模板】选项，并单击【管理模板】按钮。

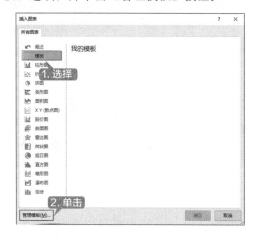

第4步 弹出【Charts】对话框，将另存的图表模板复制到该文件夹中，并关闭该文件夹。

第5步 返回【插入图表】对话框后即可看到设置的图表模板，单击【确定】按钮。

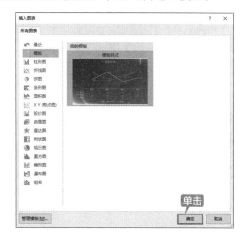

第6步 重复创建图表的操作，即可看到使用模板创建的图表。

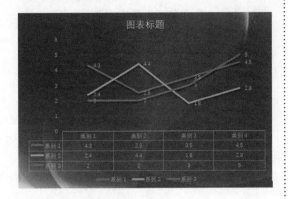

◇ **制作组合图表**

使用组合图表可以将多个图表类型集中显示在一个图表中，集合各类图表的优点，更直观形象地显示数据。

第1步 选择创建的图表，并单击【设计】选项卡下【类型】组中【更改图表类型】按钮，弹出【更改图表类型】对话框，选择【组合】选项。

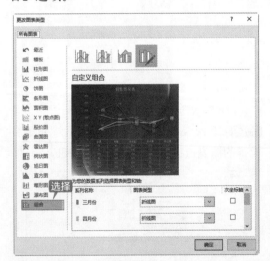

第2步 在右侧单击【三月份】后【图表类型】的下拉按钮，选择【簇状柱形图】选项。

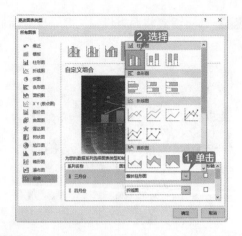

第3步 根据需要设置其他月份的图表类型，单击【确定】按钮。

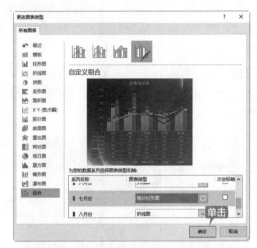

第4步 即可完成制作组合图表的操作，效果如下图所示。

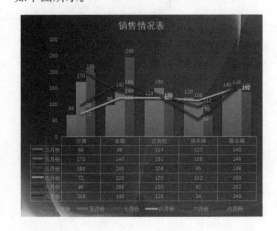

第6章

图文混排

🔋 本章导读

　　一篇图文并茂的文档，不仅看起来生动形象、充满活力，还可以使文档更加美观。在 Word 中可以通过插入艺术字、图片、组织结构图以及自选图形等展示文本或数据内容。本章就以制作店庆活动宣传单为例，介绍在 Word 文档中图文混排的操作。

🔘 思维导图

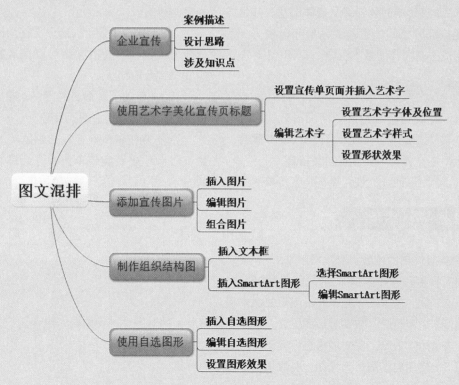

6.1 企业宣传单

排版企业宣传单要力求主题鲜明、形式活泼、形象立体、色彩亮丽，便于公众快速地接收传单展示的信息。

实例名称：图文混排		
实例目的：使文档更加美观		
	素材	素材 \ch06\ 企业资料 .txt
	结果	结果 \ch06\ 企业资料 .txt
	录像	视频教学录像 \06 第 6 章

6.1.1 案例描述

排版企业宣传单时，需要注意以下几点。

1. 色彩

（1）色彩可以渲染气氛，并且加强版面的冲击力，用以烘托主题，容易引起公众的注意。

（2）宣传单的色彩要从整体出发，并且各个组成部分之间的色彩关系要和谐统一，从而形成主题内容的基本色调。

2. 图文结合

（1）现在已经进入"读图时代"，图形是人类通用的视觉符号，它可以吸引读者的注意，在宣传单中要注重图文结合。

（2）图形图片的使用要符合宣传单的主题，可以进行加工提炼来体现形式美，并产生强烈鲜明的视觉效果。

3. 编排简洁

（1）确定宣传单的开本大小，是进行编排的前提。

（2）宣传单设计时版面要简洁醒目，色彩鲜艳突出，主要的文字可以适当放大，词语文字宜分段排版。

（3）版面要有适当的留白，避免内容过多拥挤，使读者失去阅读兴趣。

企业宣传单气氛应以热烈鲜艳为主。本章就以制作企业宣传单为例介绍排版宣传单的方法。

6.1.2 设计思路

企业宣传单的排版，可以按以下的思路进行。

（1）制作宣传单页面，并插入背景图片。

（2）插入艺术字标题，并插入正文文本框。

（3）插入图片，放在合适的位置，调整图片布局，并对图片进行编辑、组合。

（4）添加表格，对表格进行美化。

（5）使用自选图形为标题，并添加自选图形为背景。

6.1.3 涉及知识点

本案例主要涉及以下知识点。

（1）设置页边距、页面大小。

（2）使用艺术字。

（3）使用图片。

（4）制作组织结构图。

（5）使用自选图形。

6.2 使用艺术字美化宣传页标题

使用 Word 2016 提供的艺术字功能，可以制作出精美的艺术字，丰富宣传单的内容，使企业宣传单更加鲜明醒目。

6.2.1 设置宣传单页面并插入艺术字

Word 2016 提供了 15 种艺术字样式，用户只需要选择要插入的艺术字样式，并输入艺术字文本就完成了插入艺术字的操作。

1. 设置页边距页面大小

页边距及页面大小的设置可以使企业宣传单更加美观。设置页边距，包括上、下、左、右边距以及页眉和页脚距页边界的距离，设置页面大小和纸张方向，可以使页面设置满足企业宣传单的纸张大小要求。

第 1 步 打开 Word 2016 软件，新建一个 Word 空白文档。

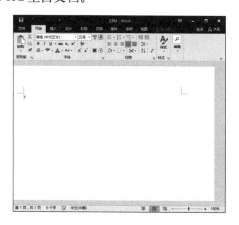

第 2 步 单击【文件】按钮，在弹出的下拉列表中，选择【另存为】选项，在弹出的【另存为】对话框中选择文件要保存的位置，并在【文件名】文本框中输入"企业宣传单"，并单击【保存】按钮。

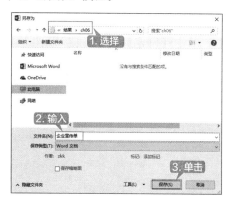

第 3 步 单击【布局】选项卡下【页面设置】组中的【页边距】按钮，在弹出的下拉列表中选择【自定义边距】选项。

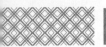

第4步 弹出【页面设置】对话框，在【页边距】选项卡下【页边距】组中可以自定义设置"上""下""左""右"页边距，将【上】【下】页边距均设为"1.2 厘米"，【左】【右】页边距均设为"1.8 厘米"，在【预览】区域可以查看设置后的效果。

第6步 单击【布局】选项卡下【页面设置】组中的【纸张方向】按钮，在弹出的下拉列表中可以设置纸张方向为"横向"或"纵向"，如选择【横向】选项。

第7步 单击【布局】选项卡【页面设置】选项组中的【纸张大小】按钮，在弹出的下拉列表中选择【其他纸张大小】选项。

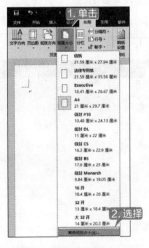

第5步 单击【确定】按钮，在 Word 文档中可以看到设置页边距后的效果。

第8步 在弹出的【页面设置】对话框中，在【纸张大小】选项组中设置【宽度】为"29 厘米"，

第 6 章
图文混排

【高度】为"21 厘米"，在【预览】区域可以查看设置后的效果。

第9步 单击【确定】按钮，在 Word 文档中可以看到设置页边距后的效果。

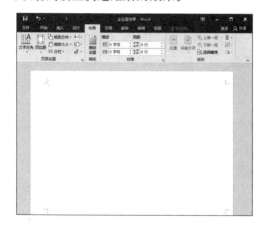

2. 插入艺术字

制作宣传页标题，插入艺术字的具体操

作步骤如下。

第1步 单击【插入】选项卡下【文本】组中的【艺术字】按钮 艺术字▾，在弹出的下拉列表中选择一种艺术字样式。

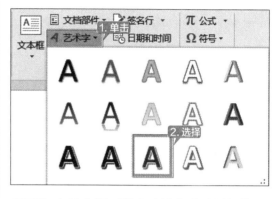

第2步 文档中即可弹出【请在此放置您的文字】文本框。

第3步 单击文本框内的文字，输入宣传单的标题内容"热烈庆祝 ×× 电器销售公司开业 5 周年"，就完成了插入艺术字标题的操作，效果如下图所示。

6.2.2 编辑艺术字

插入艺术字后，用户还可以根据需要编辑插入的艺术字，如设置艺术字的大小、颜色。位置以及艺术字样式。形状样式等。

1. 设置艺术字字体及位置

下面介绍艺术字字体大小、颜色及位置的设置，具体操作步骤如下。

· 119 ·

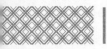

第1步 选择插入的艺术字,单击【开始】选项卡下【字体】组中的【字体】按钮 。

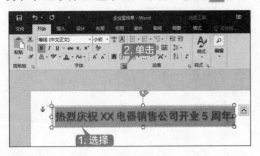

第2步 打开【字体】对话框,设置【中文字体】为"华文楷体"、【字形】为"加粗"、【字号】为"小初",【字体颜色】为"红色",单击【确定】按钮。

第3步 即可看到设置艺术字字体后的效果。

第4步 将鼠标指针放置在艺术字文本框上,当鼠标指针变为 形状时,按住鼠标左键并拖曳鼠标,即可调整艺术字文本框的位置。

第5步 调整艺术字位置后,效果如下图所示。

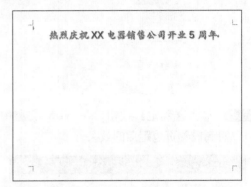

第6步 将鼠标光标放置在艺术字文本框四周的控制柄上,按住鼠标左键并拖曳鼠标,可以改变艺术字文本框的大小。放在四角的控制点上,可以同时调整艺术字文本框的宽度和高度。放在左右边的控制点上,可以调整艺术字文本框的宽度。放在上下边的控制点上,可以调整艺术字文本框的高度。效果如下图所示。

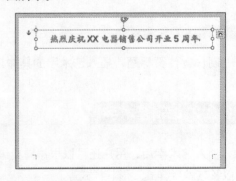

2. 设置艺术字样式

设置艺术字样式包括更改艺术字样式、

设置文本填充、文本轮廓及文本效果等。具体操作步骤如下。

第1步 选中艺术字,单击【绘图工具】→【格式】选项卡下【艺术字样式】组中的【快速样式】按钮 ，在弹出的下拉列表中选择要更改的艺术字样式。

第2步 更改艺术字样式后的效果如下图所示。

第3步 选中艺术字文本,单击【绘图工具】→【格式】选项卡下【艺术字样式】组中的【文本填充】按钮 ，在弹出的下拉列表中选择"紫色"选项。

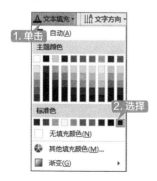

第4步 更改【文本填充】颜色为"紫色"后的效果如下图所示。

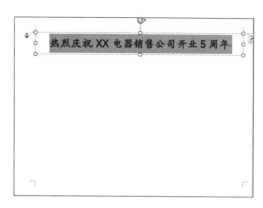

第5步 选中艺术字文本,单击【绘图工具】→【格式】选项卡下【艺术字样式】组中的【文本轮廓】按钮 ，在弹出的下拉列表中选择"红色"选项。

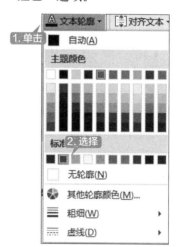

第6步 更改【文本轮廓】颜色为"红色"后的效果如下图所示。

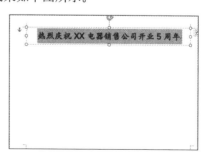

第7步 选中艺术字,单击【绘图工具】→【格式】选项卡下【艺术字样式】组中的【文本效果】按钮 ，在弹出的下拉列表中选择【阴影】→【透视】选项组中的【右上对角透视】选项。

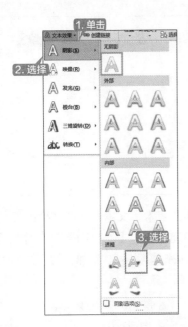

第8步 单击【绘图工具】→【格式】选项卡下【艺术字样式】组中的【本文效果】按钮 文本效果，在弹出的下拉列表中选择【映像】→【映像变体】选项组中的【紧密映像，4pt偏移量】选项。

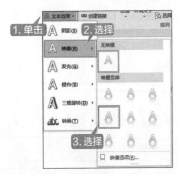

第9步 设置文本效果后的效果如下图所示。

3. 设置形状效果

第1步 单击【绘图工具】→【格式】选项卡下【形状样式】组中的【其他】按钮 。在弹出的下拉列表中选择一种主题样式。

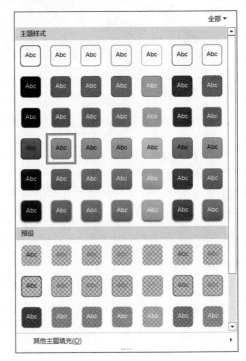

第2步 设置主题样式后的效果如图所示。

第3步 单击【绘图工具】→【格式】选项卡下【形状样式】组中的【形状填充】按钮 形状填充，在弹出的下拉列表中选择【纹理】→【白色大理石】选项。

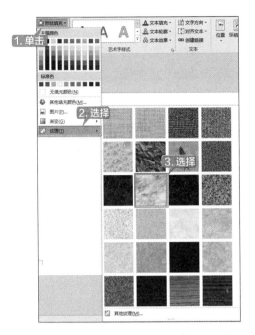

第4步 单击【绘图工具】→【格式】选项卡下【形状样式】组中的【形状轮廓】按钮 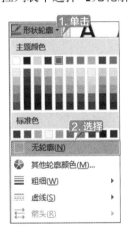 在弹出的下拉列表中选择【无轮廓】选项。

第5步 设置后效果如下图所示。

第6步 单击【绘图工具】→【格式】选项卡下【形状样式】组中的【形状效果】按钮 右侧的下拉按钮，在弹出的下拉列表中选择【映像】→【映像变体】组中的【紧密映像，接触】选项。

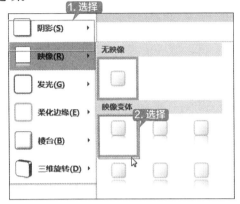

第7步 单击【绘图工具】→【格式】选项卡下【形状样式】组中的【形状效果】按钮 右侧的下拉按钮，在弹出的下拉列表中选择【柔滑边缘】→【10 磅】选项。

第8步 单击【绘图工具】→【格式】选项卡下【形状样式】组中的【形状效果】按钮 右侧的下拉按钮，在弹出的下拉列表中选择【三维旋转】→【透视】组中的【右透视】选项。

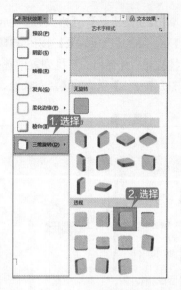

第9步 至此，就完成了艺术字的编辑操作，然后根据需要调整艺术字文本框的大小，在【绘图工具】→【格式】选项卡下【大小】组中设置【形状宽度】为"29.5厘米"。

第10步 最终制作的宣传页标题效果如下图所示。

6.3 添加宣传图片

在文档中添加图片元素，可以使宣传单看起来更加生动、形象、充满活力。在 Word 2016 中可以对图片进行编辑处理，并且可以把图片组合起来避免图片变动。

6.3.1 插入图片

插入图片，可以使宣传单更加多彩，Word 2016 中，不仅可以插入文档图片，还可以插入背景图片。Word 2016 支持更多的图片格式，如 ".jpg" ".jpeg" ".jfif" ".jpe" ".png" ".bmp" ".dib" 和 ".rle" 等。在宣传单中添加图片的具体步骤如下。

第1步 单击【设计】选项卡【插入】选项组中的【图片】按钮。

第2步 在弹出的【插入图片】对话框中选择"素材 \ch06\01.jpg"文件，单击【插入】按钮。

第3步 插入图片后的效果如下图所示。

第4步 单击【布局】选项卡【排列】选项组中的【环绕文字】按钮，在弹出的下拉列表中选择【衬于文字下方】选项。

第5步 将鼠标指针放置在图片上方，当鼠标指针变为形状时，按住鼠标左键并拖曳鼠标，即可调整图片的位置，使图片左上角与文档页面左上角对齐，效果如下图所示。

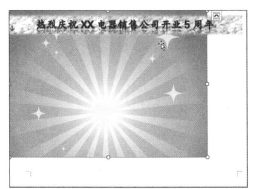

第6步 选择图片，将鼠标指针放在图片右下角的控制点上，当鼠标指针变为形状时，按住鼠标左键并拖曳鼠标，调整图片的大小，效果如下图所示。

提示

选择图片后，在【图片工具】→【格式】选项卡下【大小】组中可以精确设置图片的大小。

第7步 将光标定位于文档中，然后单击【插入】选项卡下【插图】组中的【图片】按钮。在弹出的【插入图片】对话框中选择"素材 \ch06\02.png"图片，单击【插入】按钮，即可插入该图片。

第8步 选择插入的图片，单击【布局选项】按钮，在弹出的【布局选项】列表中选择【衬于文字下方】选项。

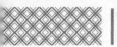
第9步 根据需要调整图片的大小和位置，效果如下图所示。

第10步 重复上述步骤，插入图片"素材\ch06\03.png"，然后根据需要调整插入图片的大小和位置，效果如下图所示。

6.3.2 编辑图片

对插入的图片进行更正、调整、添加艺术效果等编辑，可以使图片更好地融入宣传单的氛围中。具体操作步骤如下。

第1步 选择要编辑的图片，单击【图片工具】→【格式】选项卡下【调整】组中【更正】按钮 更正▾ 右侧的下拉按钮，在弹出的下拉列表中选择任一选项。

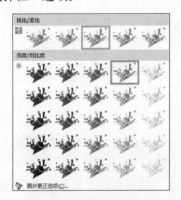

第2步 即可改变图片的锐化／柔化以及亮度／对比度。

第3步 选择插入的图片，单击【图片工具】→【格式】选项卡下【调整】选项组中【颜色】按钮 颜色▾ 右侧的下拉按钮，在弹出的下拉列表中选择任一选项。

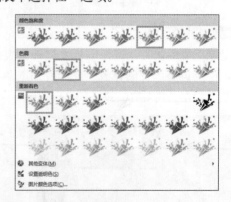

第4步 即可改变图片的色调色温。

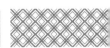

第5步 单击【图片工具】→【格式】选项卡下【调整】选项组中【艺术效果】按钮 ^{艺术效果▾} 右侧的下拉按钮，在弹出的下拉列表中选择任一选项。

第6步 即可改变图片的艺术效果。

第7步 单击【图片工具】→【格式】选项卡下【图片样式】选项组中的【其他】按钮 ▾，在弹出的下拉列表中选择【复杂框架，黑色】选项。

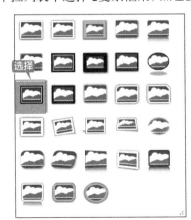

第8步 即可在宣传单上看到图片样式更改后的效果。

第9步 单击【图片工具】→【格式】选项卡下【图片样式】选项组中【图片边框】按钮 ^{图片边框▾} 右侧的下拉按钮，在弹出的下拉列表中选择【无轮廓】选项。

第10步 即可在宣传单上看到图片边框设置后效果。

第11步 单击【图片工具】→【格式】选项卡下【图片样式】选项组中的【图片效果】按钮 ^{图片效果▾} 右侧的下拉按钮，在弹出的下拉列表中选择【预设】→【预设】组中的【预设3】选项。

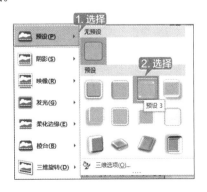

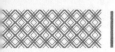

第12步 即可在宣传单上看到图片预设后的效果。

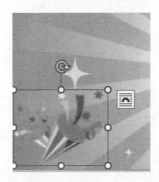

第13步 单击【图片工具】→【格式】选项卡下【图片样式】选项组中的【图片效果】按钮 图片效果 右侧的下拉按钮，在弹出的下拉列表中选择【阴影】→【外部】组中的【左下斜偏移】选项。

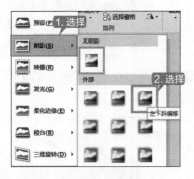

第14步 即可在宣传单上看到图片添加阴影后的效果。

第15步 单击【图片工具】→【格式】选项卡下【图片样式】选项组中的【图片效果】按钮 图片效果 右侧的下拉按钮，在弹出的下拉列表中选择【映像】→【映像变体】组中的【紧密映像，4pt偏移量】选项。

第16步 调整图片的位置，即可在宣传单上看到图片添加映像后的效果。

第17步 单击【图片工具】→【格式】选项卡下【图片样式】选项组中的【图片效果】按钮 图片效果 右侧的下拉按钮，在弹出的下拉列表中选择【发光】→【发光变体】组中的【金色，5 pt 发光，个性色4】选项。

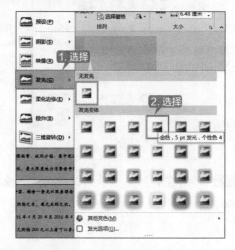

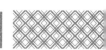

第18步 即可在宣传单上看到图片添加发光后的效果。

第19步 按照上述步骤设置 "03.png" 图片，即可看到编辑图片后的效果。

6.3.3 组合图片

编辑完添加的图片后，还可以把图片进行组合，避免宣传单中的图片移动变形。具体操作步骤如下。

第1步 按住【Ctrl】键，依次选择宣传单中要组合的两张图片，即可同时选中这两张图片。

第2步 单击【图片工具】→【格式】选项卡下【排列】组中的【组合】按钮 组合· 右侧的下拉按钮，在弹出的下拉列表中选择【组合】选项。

第3步 即可查看图片组合后的效果。

 6.4 制作组织结构图

插入 SmartArt 图形不仅能美化宣传单，还能够用图形展示文字，便于阅读。

6.4.1 插入文本框

在宣传单中可以使用文本框来存放文本内容，不仅便于设置文本的显示效果，还能方便地调整文本的位置。

第1步 单击【插入】选项卡下【文本】组中的【文本框】按钮，在弹出的下拉列表中选择【绘制文本框】选项。

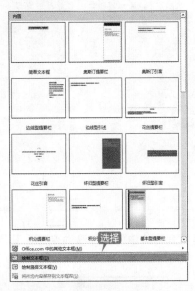

第2步 将鼠标指针放在文档上，按住鼠标左键并拖曳鼠标，即可完成文本框的绘制。

第3步 打开随书光盘中的"素材 \ch06\ 企业资料 .txt"文件。选择第 1 段的文本内容，并按【Ctrl+C】组合键，复制选中的内容，将复制的内容粘贴在文本框内。

第4步 根据需要调整文本框内文本的字体样式，并调整文本框的大小及位置。

提示
调整文本框大小及位置的方法与调整艺术字文本框的方法相同，这里不再赘述。

第5步 选择文本框，单击【格式】选项卡下【形状样式】组中的【形状填充】按钮，在弹出的下拉列表中选择【橙色】选项。

第6步 设置后的效果如下图所示。

第7步 选择文本框,单击【格式】选项卡下【形状样式】组中的【形状轮廓】按钮 形状轮廓，在弹出的下拉列表中选择【无轮廓】选项。

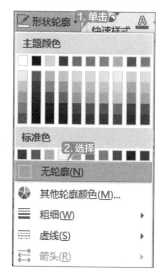

第9步 重复上面的步骤,绘制新文本框,将其余的段落内容复制、粘贴到文本框中,设置文本框样式,然后根据需要调整文本框,最终效果如下图所示。

第8步 设置形状轮廓后的效果如下图所示。

6.4.2 插入 SmartArt 图形

在宣传单中可以使用 SmartArt 图形形象直观地展示重要的文本信息,吸引用户的眼球,下面就来介绍插入并编辑 SmartArt 图形的方法。

1. 插入 SmartArt 图形

Word 2016 提供了列表、流程、循环、层次结构、关系、矩阵、棱锥图、图片等多种 SmartArt 图形样式,方便用户根据需要选择。插入 SmartArt 图形的具体操作步骤如下。

第1步 单击【插入】选项卡下【插图】组中的【SmartArt】按钮 SmartArt 。

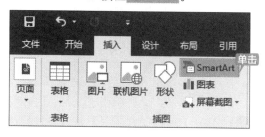

第2步 弹出【选择 SmartArt 图形】对话框,选择【流程】选项,在右侧列表框中选择【圆箭头流程】类型,单击【确定】按钮。

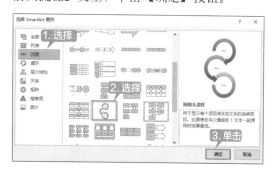

第3步 即可完成图形的插入,设置其【文字环绕】为"浮于文字上方",并根据需要调整其位置,效果如下图所示。

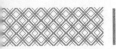

| 提示 |

　　设置文字环绕及位置的方法与设置图片类似，这里不再赘述。

第4步 在图形中根据需要输入文字，效果如下图所示。至此，就完成了插入 AmartArt 图形的操作。

2. 编辑 SmartArt 图形

　　编辑 SmartArt 图形包括更改文字样式、创建新图形、改变图形级别、更改版式、设置 AmartArt 样式等，下面介绍编辑 SmartArt 图形的具体操作步骤。

第1步 选择 SmartArt 图形中的文字，在【开始】选项卡下【字体】组中根据需要设置文字的效果。

第2步 效果如下图所示。

第3步 选择 SmartArt 图形，按照调整图片大小的方法调整 SmartArt 图形的大小，效果如下图所示。

第4步 选择要插入新图形的位置。这里选择中间的图形。

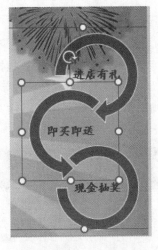

第5步 单击【SmartArt 工具】→【设计】选

项卡下【创建图形】组中【添加形状】按钮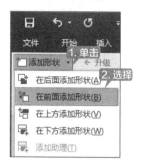的下拉按钮，在弹出的下拉列表中选择【在前面添加形状】选项。

第6步 即可在选择图形的前方添加新的形状。

第7步 如果不需要该形状，可以将其删除，选择新添加的形状，按【Delete】键，即可将其删除，

第8步 选择要移动位置的图形。这里选择中间图形的文字，单击【SmartArt 工具】→【设计】选项卡下【创建图形】组中的【上移】按钮 上移 。

第9步 即可将选择的图形上移，效果如下图所示。

第10步 选择要移动位置的图形。单击【SmartArt 工具】→【设计】选项卡下【创建图形】组中的【下移】按钮 下移 ，即可将图形向下移动。

第11步 选择 SmartArt 图形，单击【SmartArt 工具】→【设计】选项卡下【SmartArt】样式组中的【更改颜色】按钮，在弹出的下拉列表中选择一种彩色样式。

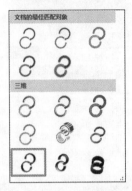

第12步 更改颜色后的效果如下图所示。

第13步 选择 SmartArt 图形，单击【SmartArt 工具】→【设计】选项卡下【SmartArt 样式】组中的【其他】按钮，在弹出的下拉列表中选择一种 SmartArt 样式。

第14步 更改 SmartArt 样式后，图形中文字的样式会随之发生改变，用户需要重新设置文字的样式，制作完成 SmartArt 图形效果如下图所示。

6.5 使用自选图形

Word 2016 提供了线条、矩形、基本形状、箭头总汇、公式形状、流程图、星与旗帜和标注等多种自选图形，用户可以根据需要从中选择适当的图形美化文档。

6.5.1 插入自选图形

插入自选图形的具体操作步骤如下。

第1步 单击【插入】选项卡下【插图】选项组中的【形状】按钮下方的下拉按钮，在弹出的【形状】下拉列表中，选择"矩形"形状。

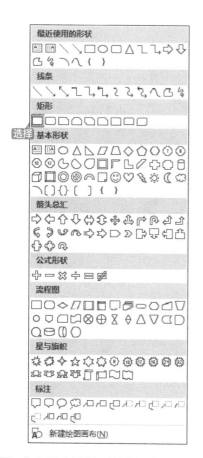

按住鼠标左键并拖曳至合适位置，松开鼠标左键，即可完成形状的绘制。

第3步 使用同样的方法，绘制其他自选图形，效果如下图所示。

第2步 在文档中选择要绘制形状的起始位置，

6.5.2 编辑自选图形

插入自选图形后，就可以根据需要编辑自选图形，如设置自选图形的大小、位置以及在图形中添加文字等。具体操作步骤如下。

第1步 选中插入的矩形形状，将鼠标指针放在【形状】边框的四个角上，当鼠标指针变为 形状时，按住鼠标左键并拖曳鼠标即可改变【形状】的大小。

第2步 选中插入的矩形形状，将鼠标指针放在【形状】边框上，当鼠标指针变为 形状时，按住鼠标左键并拖曳鼠标，即可调整【形状】的位置。

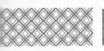

第3步 单击【绘图工具】→【格式】选项卡下【排列】组中的【环绕文字】按钮，在弹出的下拉列表中选择【衬于文字下方】选项。

第4步 在矩形形状上单击鼠标右键，在弹出的快捷菜单中选择【添加文字】选项。

第5步 即可在图形中显示鼠标光标，输入"期待您的光临、选购与指导"文本，并根据需要设置文字的样式，效果如下图所示。

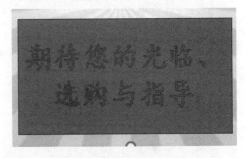

第6步 使用同样的方法调整其他自选图形的位置及大小，并在图形中添加文本内容，效果如下图所示。

6.5.3 设置图形效果

插入自选图形时，Word 2016 为其应用了默认的图形效果，用户可以根据需要设置图形的显示效果，使其更美观。具体操作步骤如下。

第1步 选择矩形形状，单击【绘图工具】→【格式】选项卡下【形状样式】组中的【其他】按钮，在弹出的下拉列表中选择【中等效果－绿色，强调颜色 6】样式。

第2步 即可将选择的表格样式应用到形状中，效果如下图所示。

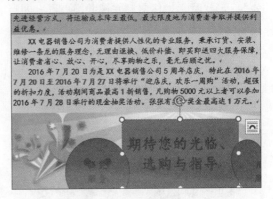

第3步 选择矩形形状，单击【绘图工具】→【格式】选项卡下【形状样式】组中的【形状轮廓】按钮 形状轮廓 的下拉按钮，在弹出的下拉列表中选择【无轮廓】选项。

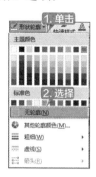

第4步 单击【绘图工具】→【格式】选项卡下【形状样式】组中的【形状效果】按钮 形状效果 的下拉按钮，在弹出的下拉列表中选择【三维旋转】→【平行】组下的【离轴1右】选项。

第5步 即可看到设置矩形图形效果后效果，如下图所示。

第6步 使用同样的方法设置其他自选图形的效果，最终效果如下图所示，

至此，就完成了企业宣传单的制作。

制作公司简报

　　与企业宣传单类似的文档还有公司简报、招聘启事、广告宣传等。排版这类文档时，都要做到色彩统一、图文结合、编排简洁，使读者能把握重点并快速获取需要的信息。下面就以制作公司简报为例进行介绍。具体操作步骤如下。

1. 设置页面

　　新建空白文档，并将其另存为"公司简报.docx"，然后设置流程图页面边距、页面大小等。

2. 设置背景图片并插入标题

插入图片并设置其"衬于文字下方"，根据需要调整图片的大小，使其占满整个页面。然后添加艺术字并设置艺术字样式。

3. 输入简报内容

根据需要输入公司简报的相关内容（可以打开随书光盘中的"素材\ch06\公司简报.txt"文件，复制其中的内容），并设置文字样式。

4. 使用 SmartArt 图形、自选图形

根据简报内容插入 SmartArt 图形展示重要内容，并使用自选图形美化文档，最终效果如下图所示。

◇ **快速导出文档中的所有图片**

Word 中的图片可以单独导出保存到电脑中，也可以快速将所有图片导出。

1. 导出单张图片

导出单张图片的操作比较简单，具体操作步骤如下。

第1步 打开随书光盘中的"素材 \ch06\ 导出图片 .docx"文件，单击选中文档中的图片。并鼠标右键单击，在弹出的快捷菜单中，选择【另存为图片】选项。

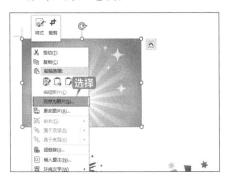

第2步 在弹出的【保存文件】对话框中，【文件名】命名为"导出单张图片"，【保存类型】为"JPEG"格式，选择【保存】按钮，即可保存单张图片。

2. 导出所有图片

可以使用另存的方法，将文档中的所有图片导出。具体操作步骤如下。

第1步 打开随书光盘中的"素材 \ch06\ 导出图片 .docx"文件，选择【文件】选项卡，单击【另存为】选项，选择保存位置为"这台电脑"，并单击【浏览】按钮。

第2步 弹出【另存为】对话框，选择存储位置，并设置【保存类型】为"网页（*.htm；*.html)"，【文件名】为"导出所有图片"，单击【保存】按钮。

第3步 在存储位置打开"导出所有图片 .files"文件夹，即可看到其中包含了文档中的所有

图片。

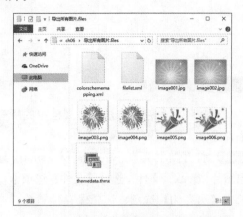

◇ 使用【Shift】键绘制标准图形

在绘制自选图形时,如果要绘制圆或者正方形形状,或者要绘制的形状比例要求标准,此时就可以使用【Shift】键辅助绘制。

第1步 单击【插入】选项卡下【插图】选项组中的【形状】按钮下方的下拉按钮,在弹出的【最近使用的形状】下拉列表中选择"矩形"形状。

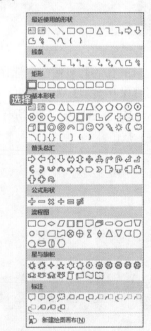

第2步 按住【Shift】键时绘制矩形,即可绘制出正方形形状。

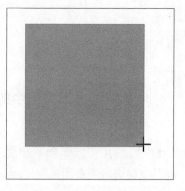

第3步 使用同样的方法,选择【椭圆】形状,按住【Shift】键时绘制椭圆形状,即可绘制出圆形形状。

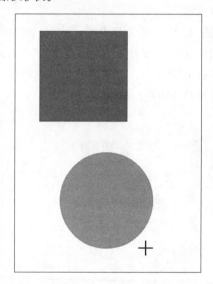

第4步 如果要绘制垂直或水平的直线,也可以在选择【直线】形状后,按住【Shift】键时绘制垂直或水平的直线。

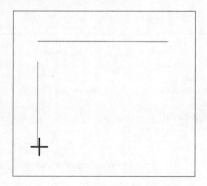

第**3**篇

高级排版篇

本篇主要介绍高级排版的各种操作。通过本篇的学习，读者可以学习使用模板和样式、文档页面的设置及长文档的排版技巧等操作。

第 7 章
使用模板和样式

本章导读

　　在办公与学习中，经常会遇到包含文字的短文档，如劳务合同书、个人合同、公司合同、企业管理制度、公司培训资料、产品说明书等，使用 Word 提供的应用模板、使用系统自带的样式、创建新样式等功能，可以方便地对这些短文档进行排版。本章就以制作劳务合同书为例，介绍短文档的排版技巧。

思维导图

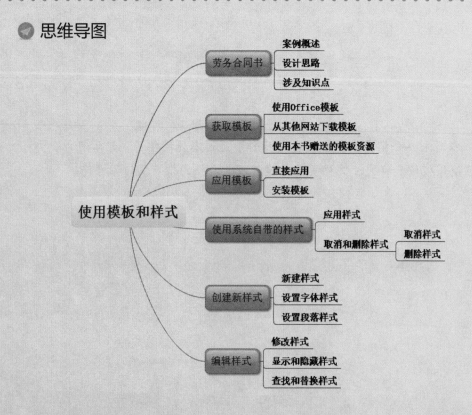

7.1 劳务合同书

劳务合同是指以劳动形式提供给社会的服务民事合同，是当事人各方在平等协商的情况下达成的，就某一项劳务以及劳务成果所达成的协议。一般是在独立经济实体的单位之间、公民之间以及它们相互之间产生。

实例名称：使用模板和样式	
实例目的：创建和更改模板、应用模板	
素材	素材 \ch07\ 模板 .docx
结果	结果 \ch07\ 模板 .docx
录像	视频教学录像 \07 第 7 章

7.1.1 案例概述

劳务合同不属于劳动合同，在实践中劳务合同书中应包含以下内容：劳务人员基本情况（性别、出生年月、籍贯、住址、联系电话等），雇主的义务和责任，劳务人员的义务和责任，劳务人员从事的工种和工作实践，工资待遇、津贴、补助，劳动保护，劳工人身保险，工作、疾病或死亡处理规定等。

劳务合同有以下特征。

（1）主体的广泛性与平等性。

（2）合同标的的特殊性。

（3）内容的任意性。

（4）合同是双务合同、非要式合同。

7.1.2 设计思路

制作劳务合同书可以按照以下思路进行。

（1）获取模板，使用多种方式获取劳务合同书的模板。

（2）为文档的标题应用系统自带的样式，并删除多余的样式。

（3）为文档创建新样式。

（4）编辑创建的样式，对创建的样式进行修改、显示、隐藏、查找和替换。

7.1.3 涉及知识点

本案例主要涉及以下知识点。

获取模板的三种方法。

（1）模板的应用。

（2）应用样式。

（3）取消和删除样式。

（4）修改样式、显示和隐藏样式。

7.2 获取模板

在 Word 2016 中，一些经常用到的文档格式被预定义为模板，称为常用模板。我们可以获取这些模板来进行文档的编辑。

7.2.1 使用 Office 模板

如果用户对系统提供的普通模板的格式不满意，可以使用 Office 模板创建新的文档。具体的操作步骤如下。

第1步 创建一个新文档，然后单击【文件】选项卡，在左侧的列表中选择【新建】选项。

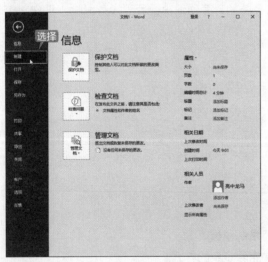

第2步 在【模板】列表中，单击【个人简历】模板。

第3步 单击该模板后进入其创建页面，单击【创建】按钮，即可创建基于该模板的新文档。

第4步 用户可以根据提示在新文档中输入需要的信息。根据需要在新建的模板中进行一些修改。

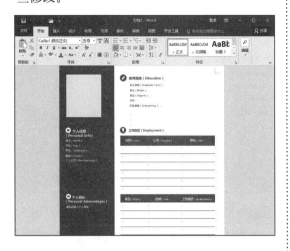

第5步 单击【保存】按钮，弹出【另存为】对话框，选择保存的位置，单击【保存】按钮，即可保存 Office 模板。

7.2.2 从其他网站下载模板

当 Word 自带的 Office 模板不能满足用户的需要时，可以从网站上搜索并下载需要的模板。

第1步 打开浏览器，进入"百度一下"浏览器界面，在【搜索】文本框中输入"word 模板免费下载"文本。

第2步 即可进入搜索页面，单击【百度一下】按钮，在页面中出现搜索结果。

第3步 单击任一网站进入网站界面，选择并单击任一 Word 论文模板。

第4步 进入该 Word 模板下载界面，单击【免费下载】按钮。

第5步 进入【下载】页面，登录账户后，单击【50kb/s下载】按钮，即可下载该模板。

第6步 下载完成后，鼠标右键单击下载好的压缩文件，在弹出的快捷菜单中选择【解压到570deb3680c86】选项。

第7步 解压该文件后，打开解压后的文件夹。

第8步 双击该文件，即可打开下载后的模板。

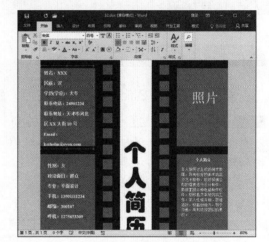

7.2.3 使用本书赠送的模板资源

此外，用户也可以在本书的赠送资源中，获取自己需要的模板，具体操作步骤如下。

第1步 打开本书的赠送资源文件夹。

第2步 双击打开【1000个Office常用模板】文件夹。

第3步 在打开的文件夹窗口中双击【1.Word模板】，打开该文件夹，选择【常用合同协议模板】文件夹。

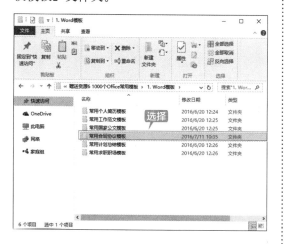

第4步 打开选择的文件夹，在打开的文件列表中选择任一模板，如这里选择"劳动合同书"模板，双击打开该模板，即可在模板中进行编辑保存等操作。

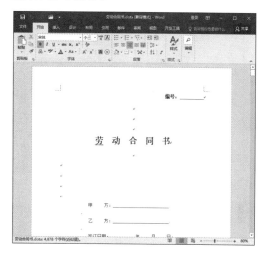

7.3 应用模板

在文档中定制模板是为了将同一模板应用到需要使用同一格式的文本或段落，这样不仅能够加快排版的速度，而且可以保持文档格式的一致性。

7.3.1 直接应用

假设现在已经制作好了一个模板，在文档中使用该模板的具体步骤如下。

第1步 打开随书光盘中的"素材 \ch07\ 模板 .docx"文档。

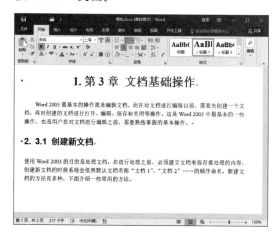

第2步 单击【文件】选项卡下左侧列表中的【选项】按钮，弹出【Word 选项】对话框。

第3步 在【Word 选项】对话框左侧列表中单击【加载项】选项卡，在【管理】下拉列表框中选择【模板】选项，单击【转到】按钮。

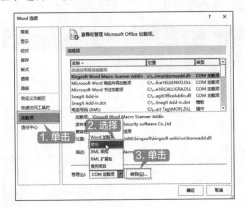

第4步 打开【模板和加载项】对话框。

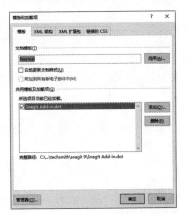

第5步 单击【选用】按钮，在弹出的【选用模板】对话框中选择【中式新年贺卡—富贵满堂 .dotx】模板，然后单击【打开】按钮。

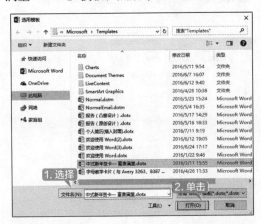

第6步 返回【模板和加载项】对话框。此时

在【文档模板】文本框中将会显示添加的模板文件名和路径。

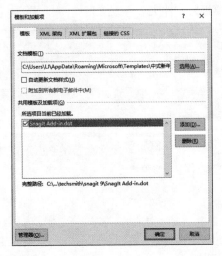

第7步 选中【自动更新文档样式】复选框，单击【确定】按钮。

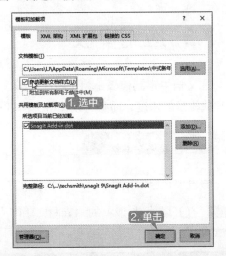

第8步 即可将此模板中的样式应用到文档中。

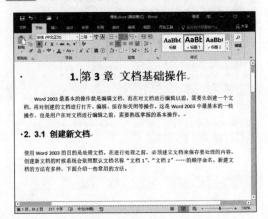

7.3.2 安装模板

把设置好的模板安装在 Office 中，可以方便地取用模板。具体操作步骤如下。

第1步 打开随书光盘中的"素材 \ch07\ 模板 .docx"文档

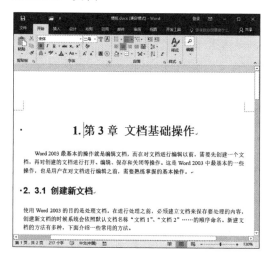

第2步 单击【文件】按钮，在弹出的菜单列表中选择【另存为】选项，在右侧的【另存为】区域单击【浏览】按钮。

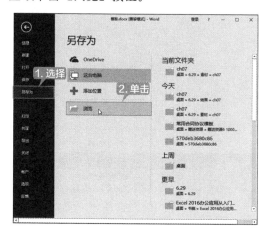

第3步 弹出【另存为】对话框，单击【保存类型】右侧的下拉按钮，在弹出的下拉列表中选择"Word 模板（*.docx）"。

第4步 选择文件保存类型后，文档会自动跳到自定义 Office 模板文件夹，单击【保存】按钮。

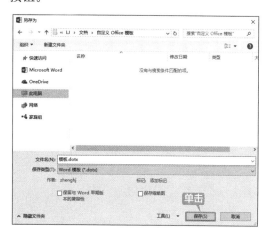

第5步 返回 Word 文档，单击【文件】按钮，在弹出的菜单列表中选择【新建】选项，在【新建】区域选择【个人】模板，即可看到刚才安装的模板。

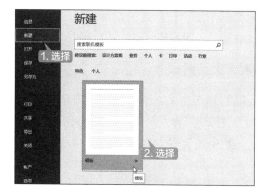

7.4 使用系统自带的样式

样式是字体格式和段落格式的集合。在对长文本的排版中，可以对相同性质的文本重复套用特定样式，提高排版效率。

7.4.1 应用样式

使用【样式】功能区下拉列表框显示文本样式的具体操作步骤如下。

第1步 打开随书光盘中的"素材\ch07\劳务合同书.docx"文档，单击【开始】选项卡的【样式】组中的【其他】按钮 。

第3步 单击选中的样式，在文档中即可看到设置样式的效果。

第2步 在弹出的下拉列表中选择【标题】样式选项。

7.4.2 取消和删除样式

当文档中不再需要某个自定义样式时，可以从【样式】下拉列表框中删除它，而原来文档中使用该样式的段落将用"正文"样式替换。取消和删除样式的步骤如下。

1. 取消样式

第1步 接7.4.1小节的操作，将光标定位在设置"标题"样式的文本后，即可在【样式】选项组中查看该文本的样式。

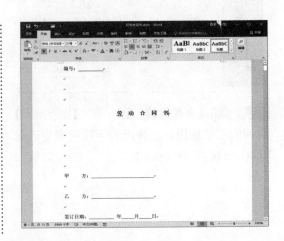

第2步 单击【样式】选项组中的【其他】按钮，在弹出的下拉列表中选择【清除格式】选项。

第3步 返回 Word 文档，即可看到取消样式后的效果。

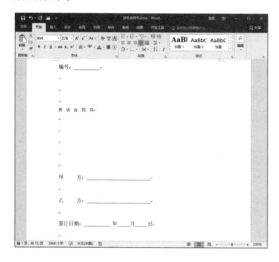

2. 删除样式

第1步 接 7.4.1 小节的操作，选中"标题内容"样式，单击【开始】选项卡【样式】组中的【样式】按钮 ，弹出【样式】任务窗格。

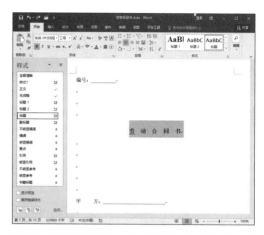

第2步 将鼠标指针移至要删除的样式上，单击【标题】右侧的下拉按钮，在弹出的下拉菜单中选择【删除"标题"】选项。

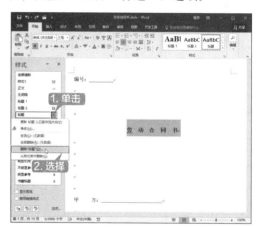

第3步 在弹出的确认删除窗口中单击【是】按钮即可将该样式删除。

第4步 如图所示，该样式即被从样式列表中删除。

第5步 相应的使用该样式的文本样式也发生了变化。

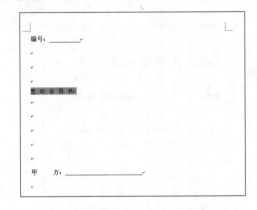

7.5 创建新样式

Word 2016 为用户提供的标准样式能够满足一般文档格式化的需要，但用户在实际工作中常常会遇到一些特殊格式的文档，这时就需要新建段落样式或者字符样式。具体操作步骤如下。

第1步 接 7.4.1 小节操作，选中"工作内容"文本，单击【开始】选项卡下【样式】组中的【样式】按钮 。

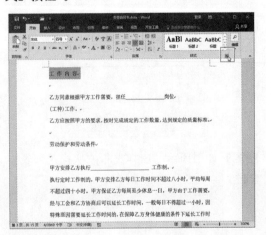

第2步 弹出【样式】窗格，单击【新建样式】按钮 。

第3步 弹出【根据格式设置创建新样式】对话框，在【属性】选项组中设置【名称】为

"一级标题",在【格式】选项组中设置【字体】为"华文楷体",【字号】为"三号",并设置"加粗"效果。

第4步 单击左下角【格式】按钮,在弹出的下拉列表中选择【段落】选项。

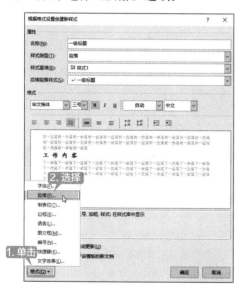

第5步 弹出【段落】对话框,在【缩进和间距】选项卡下【常规】选项组内设置【对齐方式】为"两端对齐",【大纲级别】为"1级",在【间距】选项组内设置【段前】为"0.5行",【段后】为"0.5行",然后单击【确定】按钮。

第6步 返回【根据格式设置创建新样式】对话框,在预览窗口可以看到设置的效果。单击【确定】按钮即可。

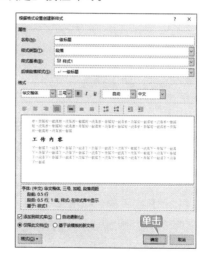

第7步 即可创建名称为"一级标题"的样式,所选文字将会自动应用自定义的样式。

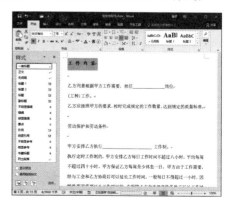

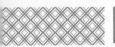

第8步 重复上述操作步骤，选择"六、劳动纪律"文本并设置【字体】为"华文行楷"，【字号】为"四号"，【对齐方式】为"两端对齐"且用二级标题样式。

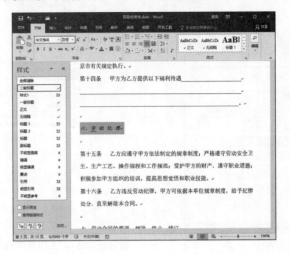

7.6 编辑样式

创建样式后，用户也可以对样式进行编辑，如样式的修改、显示和隐藏样式、查找和替换样式。

7.6.1 修改样式

如果排版的要求在原来样式的基础上发生了一些变化，可以对样式进行修改，相应的，应用该样式的文本的样式也会对应发生改变。具体操作步骤如下。

第1步 单击【开始】选项卡下【样式】选项组内的【样式】按钮，弹出【样式】窗格。

第2步 选中要修改的样式，如"标题"样式，单击【标题】样式右侧的下拉按钮，在弹出

的下拉列表中选择【修改】选项。

第3步 弹出【修改样式】对话框，将【格式】选项组内的【字体】改为"华文隶书"【字体】改为"小一"，单击左下角【格式】按钮，

在弹出的下拉列表中选择【段落】选项。

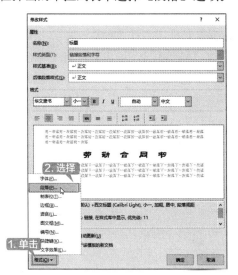

第4步 弹出【段落】对话框，将【间距】选项组内的【段前】改为"1.5 行"，【段后】改为"1.5 行"，单击【确定】按钮。

第5步 返回【修改样式】对话框，在预览窗口查看设置效果，单击【确定】按钮。

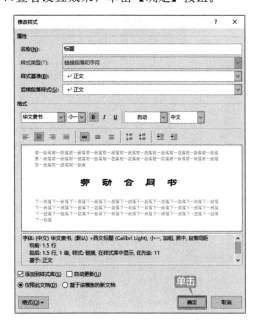

第6步 修改完成后，所有应用该样式的文本样式也相应的发生了变化，效果如下图所示。

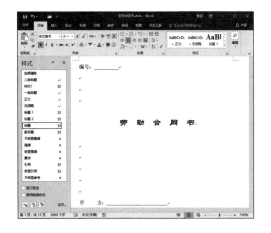

7.6.2 显示和隐藏样式

用户可以通过在 Word 2016 中设置特定样式的显示和隐藏属性，以确定该样式是否出现在样式列表中。具体操作步骤如下。

第1步 单击【开始】选项卡下【样式】选项组内的【样式】按钮□，弹出【样式】窗格。

第2步 在打开的【样式】窗格中单击【管理样式】按钮□。

第3步 弹出【管理样式】对话框，切换到【推荐】选项卡，在样式列表中选择一种样式，然后在【设置查看推荐的样式时是否显示该样式】区域单击【显示】或【隐藏】按钮。"显示"会使样式一直出现在 Word 文档样式列表中；"使用前隐藏"会使样式一直出现在应用了该样式的 Word 文档样式列表中；"隐藏"按钮则可在文档中隐藏选择的样式。

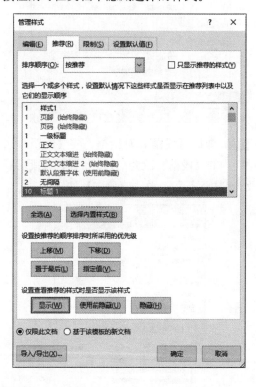

7.6.3 查找和替换样式

在劳务合同书中，如果没有给标题设置样式格式，我们可以在文档完成后统一对样式进行查找和替换。

第1步 接 7.6.2 小节的操作，单击【开始】选项卡下【编辑】组中的【替换】按钮。

第2步 弹出【查找和替换】对话框，在【查找内容】文本框中输入"第五条"，单击【更多】按钮，在【替换】区域单击【格式】按钮，在弹出的下拉列表中选择【样式】选项。

第5步 在文档中即可看到查找的结果。

第3步 弹出【查找样式】对话框,在【查找样式】区域选择一种样式,如这里选择"正文",在【说明】区域可以看到该样式的描述,单击【确定】按钮。

第4步 返回【查找和替换】对话框,单击【查找下一处】按钮。

第6步 在【查找和替换】对话框中,单击【替换为】文本框右侧的下拉按钮,在弹出的下拉列表中选择【只设格式】选项。

第7步 把鼠标光标放在【替换为】文本框中,单击【格式】按钮,在弹出的下拉列表中选择【样式】选项,弹出【替换样式】对话框,在【用样式替换】文本框中选择【标题4】选项,然后单击【确定】按钮。

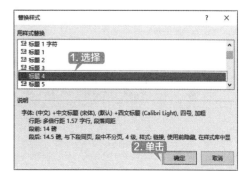

第8步 返回【查找和替换】对话框，单击【全部替换】按钮，即可为选择的文本替换样式。

第五条　甲方安排乙方加班的，应安排乙方同等时间补休或依法支付加班工资；加点的，甲方应支付加点工资。

第六条　甲方为乙方提供必要的劳动条件和劳动工具，建立健全生产工艺流程，制定操作规程、工作规范和劳动安全卫生制度及其标准。
甲方应照国家或北京市有关部门的规定组织安排乙方进行健康检查。
第七条　甲方负责对乙方进行政治思想、职业道德、业务技术、劳动安全卫生及有关规章制度的教育和培训。

制作公司材料管理制度

制作公司材料管理制度的具体操作步骤如下。

1. 设置文本格式

打开公司材料管理制度文档，根据需要，设置文本格式。

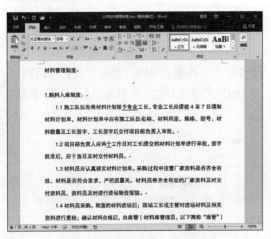

2. 应用样式

为文档标题设置"标题"样式。

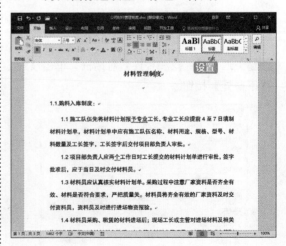

3. 新建样式

选择"领料放料制度："文本，并为文本新建二级标题样式。

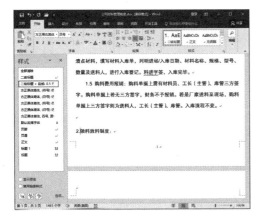

4. 为整篇文档设置样式

根据前两步的内容，为文档中的标题应用样式。

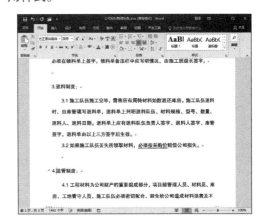

◇ Word 模板的加密

第1步 打开需要加密的模板，然后单击【文件】选项卡，在左侧的列表中单击【另存为】按钮，在右侧的【另存为】区域单击【浏览】按钮，弹出【另存为】对话框，在【另存为】对话框中单击【工具】按钮，在弹出的快捷菜单中选择【常规选项】选项。

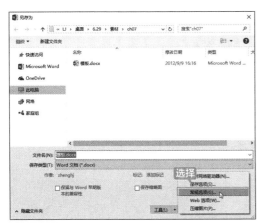

第2步 在弹出的【常规选项】对话框中设置打开文件时的密码和修改文件时的密码，单击【确定】按钮，即可为模板文件加密。再

次启动 Word 时，系统就会提示用户输入密码。

◇ 为样式添加快捷键

第1步 单击【开始】选项卡【样式】组中的【其他】按钮。

第2步 在弹出的下拉列表中选择【创建样式】选项。

第3步 在弹出的【根据格式设置创建新样式】对话框中设置样式名称，然后单击【修改】按钮。

第4步 在弹出的【根据格式设置创建新样式】对话框中设置需要用到的格式和样式，然后单击【格式】按钮，选择【快捷键】选项。

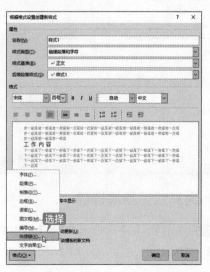

第5步 在弹出的【自定义键盘】对话框中的【请按新快捷键】中设置需要使用的组合键，如这里设置为"Alt＋1"，设置好后单击左下角的【指定】按钮，然后单击【关闭】按钮。

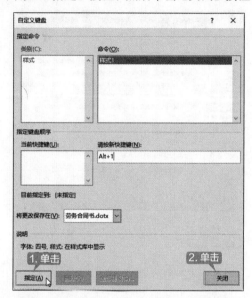

第6步 在【根据格式设置创建新样式】窗口中选中【添加到样式库】复选框，最后单击【确定】按钮，以后无论是修改或创建任何文档时都可以使用快捷键"Alt＋1"应用该样式。

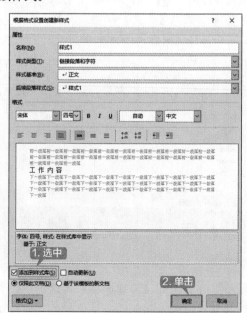

第8章

文档页面的设置

本章导读

在办公与学习中，经常会遇到一些错乱文档，通过设置页面、页面背景、页眉和页脚、分页和分节及插入封面等操作，可以对这些文档进行美化。本章就以制作企业文化管理手册为例，介绍一下文档页面的设置。

思维导图

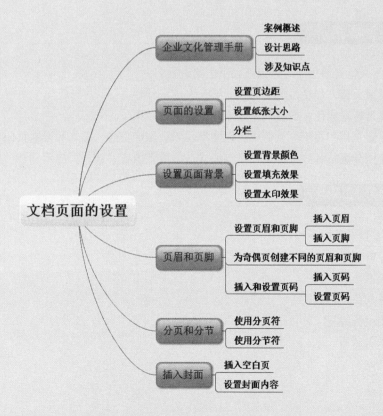

8.1 企业文化管理手册

本章就以制作企业文化管理手册为例，介绍一下文档页面的设置。

实例名称：文档页面的设置	
实例目的：使文档页面效果更明了好看	
素材	素材 \ch08\ 企业文化管理手册 .docx
结果	结果 \ch08\ 企业文化管理手册 .docx
录像	视频教学录像 \08 第 8 章

8.1.1 案例概述

企业文化管理手册是在企业文化的引领下，匹配公司战略、人力资源、生产、经营、营销等管理条线、管理模块的。它涵盖了企业文化建设。优秀的企业文化，能够带动员工树立与组织一致的目标，并在个人奋斗的过程中与企业目标保持步调一致，能为员工营造一种积极的工作氛围、共享的价值观念和管理机制，从而产生鼓励积极创造的工作环境，也会对企业的绩效产生强大的推动作用。

8.1.2 设计思路

制作企业文化管理手册时可以按以下思路进行。
（1）设置页面，包括设置页边距，纸张大小与分栏。
（2）设置背景颜色、设置填充效果、设置水印效果。
（3）设置页眉和页脚，为奇偶页创建不同的页眉和页脚、插入和设置页码。
（4）使用分隔符和分页符设置文本格式，将重要内容另起一页显示。

8.1.3 涉及知识点

本案例主要涉及以下知识点。
（1）设置页边距、纸张大小、分栏。
（2）设置页面背景
（3）插入页眉和页脚
（4）使用分隔符、分页符。
（5）插入封面。

8.2 页面的设置

在排版企业文化管理手册时，首先要设置手册的页边距和页面大小，并设置分栏，从而确定管理手册的页面。

8.2.1 设置页边距

页边距的设置可以使企业文化管理手册更加美观。设置页边距，包括上、下、左、右边距以及页眉和页脚距页边界的距离，使用该功能来设置页边距十分精确。

第1步 打开随书光盘中的"素材 \ch08\ 企业文化管理手册 .docx"文件。

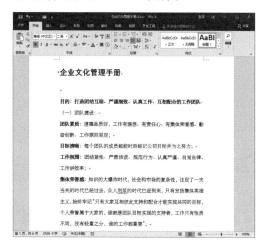

第2步 单击【布局】选项卡下【页面设置】组中的【页边距】按钮，在弹出的下拉列表中选择【自定义边距（A）】选项。

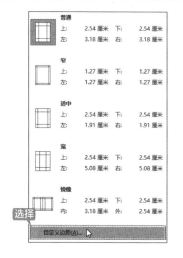

第3步 弹出【页面设置】对话框，在【页边距】选项卡下【页边距】组中可以自定义设置"上""下""左""右"页边距，将【上】【下】页边距均设为"1.2 厘米"，【左】【右】页边距均设为"1.8 厘米"，在【预览】区域可以查看设置后的效果。

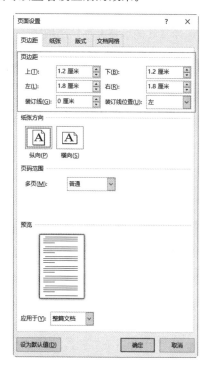

第4步 单击【确定】按钮，在 Word 文档中可以看到设置页边距后的效果。

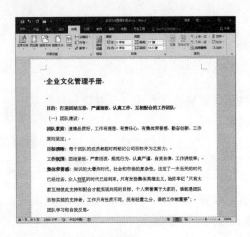

8.2.2 设置纸张大小

　　设置好页边距后，还可以根据需要设置纸张大小，使页面设置满足企业文化管理手册的格式要求。具体操作步骤如下。

第1步 单击【布局】选项卡【页面设置】选项组中的【纸张大小】按钮，在弹出的下拉列表中选择【其他纸张大小】选项。

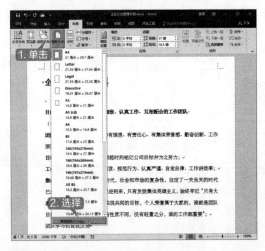

第2步 在弹出的【页面设置】对话框中，在【纸张大小】选项组中设置【宽度】为"30 厘米"，【高度】为"21.6 厘米"，在【预览】区域可以查看设置后的效果。

第3步 单击【确定】按钮，在 Word 文档中可以看到设置页边距后的效果。

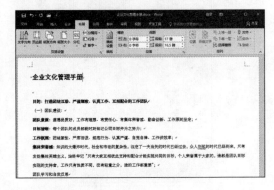

8.2.3 分栏

设置页边距与纸张大小后，还可以为页面设置分栏，从而调整企业文化管理手册的显示。

第1步 单击【布局】选项卡下【页面设置】组中的【分栏】按钮，在弹出的下拉列表中选择【更多分栏】选项。

第2步 弹出【分栏】对话框，单击【预设】区域的【两栏】按钮，在【预览】区域可以查看设置后的效果。

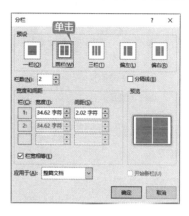

第3步 单击【确定】按钮，在 Word 文档中可以看到设置分栏后的效果。

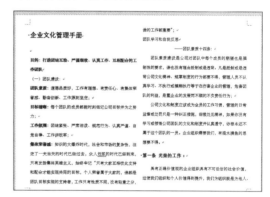

8.3 设置页面背景

在 Word 2016 中，用户也可以给文档添加页面背景，使文档看起来生动形象，充满活力。

8.3.1 设置背景颜色

在设置完文档的页面后，用户可以添加背景颜色。具体操作步骤如下。

第1步 单击【设计】选项卡下【页面背景】组中【页面颜色】按钮 。

第2步 在弹出的下拉列表中选择一种颜色，这里选择"金色，个性色 4，淡色 80%"。

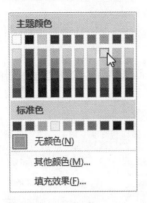

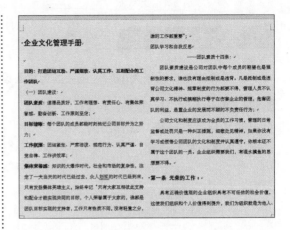

第3步 即可给文档页面填充上纯色背景，效果如图所示。

8.3.2 设置填充效果

除了给文档设置背景颜色，用户也可以给文档背景设置填充效果。具体操作步骤如下。

第1步 单击【设计】选项卡下【页面背景】组中【页面颜色】按钮，在弹出的下拉列表中选择【填充效果】选项。

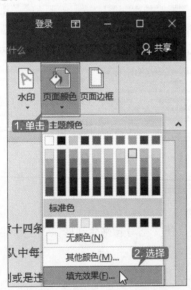

第2步 弹出【填充效果】对话框，在弹出的【填充效果】对话框中选择【渐变】选项卡，在【颜色】组中选择【双色】单选按钮，在【颜色1】选项下方单击颜色框右侧的下拉按钮，在弹出的颜色列表中选择一种颜色，这里选择"蓝色，个性色1，淡色80%"选项。

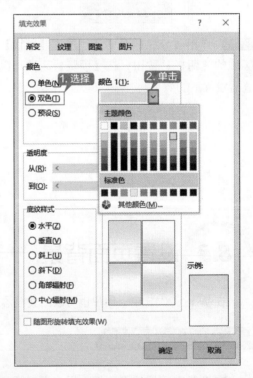

第3步 单击【颜色2】选项下方颜色框右侧的下拉按钮，在弹出的颜色列表中选择一种颜色，这里选择"蓝-灰，文字2，淡色80%"选项。

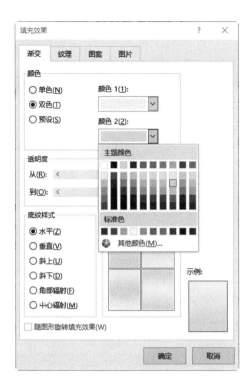

第 5 步 设置完成后，最终效果如下图所示。

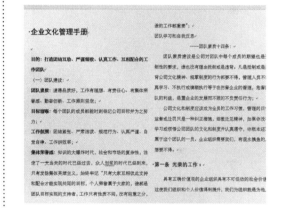

第 4 步 在【底纹样式】组中选择【角度辐射】单选按钮，单击【确定】按钮。

8.3.3 设置水印效果

水印是一种特殊的背景，可以设置在页面中的任何位置，而不必限制在页面的上端或下端区域。在 Word 2016 中，图片和文字均可设置为水印。在文档中添加水印效果可以使管理手册看起来更加美观。具体操作步骤如下。

第 1 步 单击【设计】选项卡下【页面背景】组中的【水印】按钮 。

第2步 在弹出的列表中拖动鼠标，选择需要添加的水印样式，单击选中的水印样式。

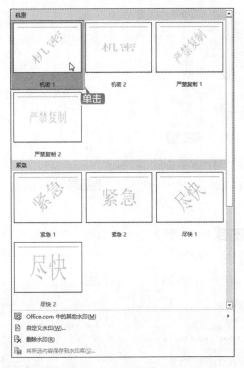

第3步 即可在文档中显示添加水印后的效果。

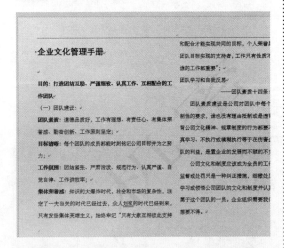

第4步 单击【设计】选项卡下的【页面背景】组中的【水印】按钮，在【水印】按钮的下拉列表中单击【自定义水印】按钮。

第5步 弹出【水印】对话框。选中【图片水印】单选按钮，其相关内容会高亮显示，单击【选择图片】按钮。

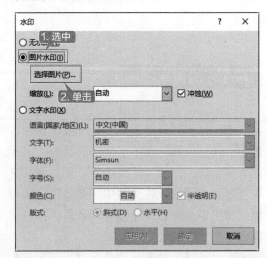

第6步 打开【插入图片】对话框,在【来自文件】对话框中单击【浏览】按钮。

第7步 打开【插入图片】对话框,选择要插入的图片的存放位置,例如,选择文件夹"素材\ch08",然后在打开的文件夹中选择图片"03.tif",单击【插入】按钮。

第8步 返回【水印】对话框中,这时【图片水印】选项组中显示插入图片的路径和缩放比例。单击【缩放】下拉列表框右边的下箭头按钮,调整图片的显示比例,这里选择显示比例为"50%"。

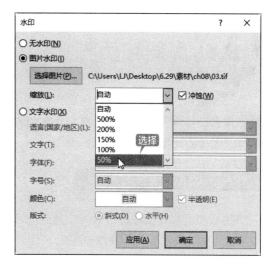

第9步 单击【确定】按钮,所选图片以水印样式插入到文档中。

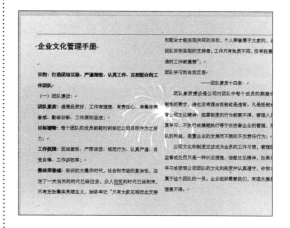

┃提示┃

　　用户可以在【水印】对话框中的【文字水印】选项组设置需要的水印文字的字体、字号、颜色和版式。如果不需要在文档中添加水印效果,在【水印】按钮的下拉列表中单击【删除水印】按钮即可。

8.4 页眉和页脚

在页眉和页脚中可以输入创建文档的基本信息，例如，在页眉中输入文档名称、章节标题或者作者名称等信息，在页脚中输入文档的创建时间、页码等，不仅能使文档更美观，还能向读者快速传递文档要表达的信息。

8.4.1 设置页眉和页脚

页眉和页脚在文档资料中经常遇到，对文档的美化有很显著的作用。在企业文化管理手册中插入页眉和页脚的具体操作步骤如下。

1. 插入页眉

页眉的样式多种多样，可以在页眉中输入公司名称、文档名称、作者等信息。插入页眉的具体操作步骤如下。

第1步 单击【插入】选项卡【页眉和页脚】选项组中的【页眉】按钮，弹出【页眉】下拉列表选择需要的页眉，如选择【边线型】选项。

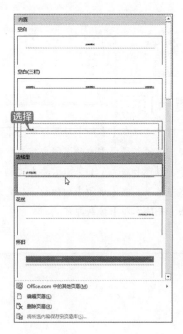

第2步 即可在文档每一页的顶部插入页眉，并显示【文档标题】文本域。

第3步 在页眉的文本域中输入文档的页眉，单击【设计】选项卡下【关闭】选项组中的【关闭页眉和页脚】按钮。

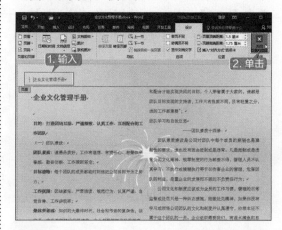

第4步 即可在文档中插入页眉，效果如下图所示。

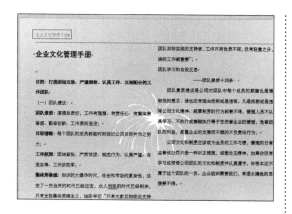

2. 插入页脚

页脚也是文档的重要组成部分，在页脚中可以添加页码、创建日期等信息。插入页脚的具体操作步骤如下。

第1步 在【设计】选项卡中单击【页眉和页脚】组中的【页脚】按钮，弹出【页脚】下拉列表，这里选择"奥斯汀"样式。

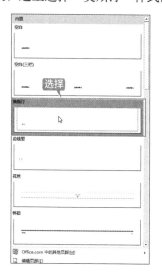

第2步 文档自动跳转至页脚编辑状态，输入页脚内容，这里输入日期并根据需要设置页脚的样式。

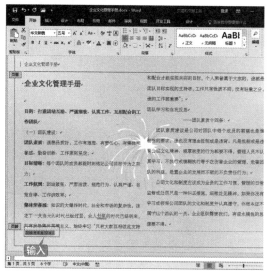

第3步 单击【设计】选项卡下【关闭】选项组中的【关闭页眉和页脚】按钮，即可看到插入页脚的效果。

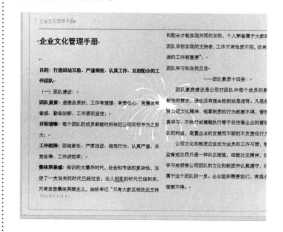

8.4.2 为奇偶页创建不同的页眉和页脚

页眉和页脚都可以设置为奇偶页显示不同内容以传达更多信息，下面设置页眉的奇偶页不同，具体操作步骤如下。

第1步 将鼠标指针放置在页眉位置，单击鼠标右键，在弹出的快捷菜单中选择【编辑页眉】选项。

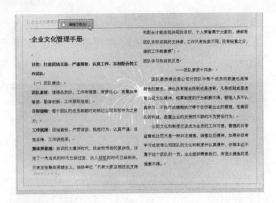

第2步 选中【设计】选项卡下【选项】选项组中的【奇偶页不同】复选框。

第3步 页面会自动跳转至页眉编辑页面，在文本编辑栏中输入偶数页页眉，并设置文本样式。

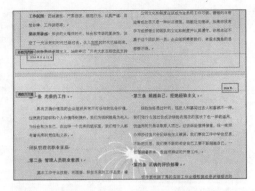

第4步 使用同样的方法输入偶数页的页脚并设置文本样式，单击【关闭页眉和页脚】按钮，完成奇偶页不同页眉和页脚的设置。

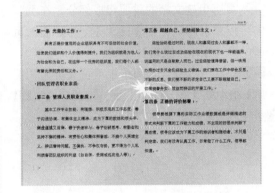

8.4.3 插入和设置页码

对于企业文化管理手册这种篇幅较长的文档，页码可以帮助阅读者记住阅读的位置，阅读起来也更加方便。

1. 插入页码

在企业文化管理手册中插入页码的具体操作步骤如下。

第1步 单击【插入】选项卡下【页眉和页脚】选项组内的【页码】按钮，在弹出的下拉列表中选择【页面底端】选项，页码样式选择"普通数字3"样式。

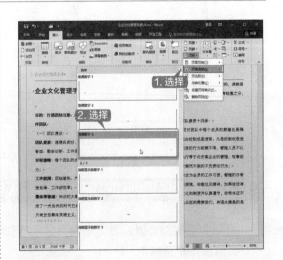

第2步 即可在文档中插入页码，单击【关闭页眉和页脚】按钮，效果如下图所示。

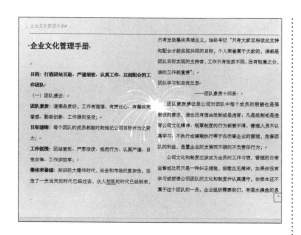

2. 设置页码

为了使页码达到最佳的显示效果，可以对页码的格式进行简单的设置。具体操作步骤如下。

第1步 单击【插入】选项卡下【页眉和页脚】选项组内的【页码】按钮，在弹出的下拉列表中选择【设置页码格式】选项。

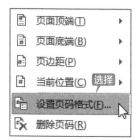

第2步 弹出【页码格式】对话框，在【编号格式】下拉列表中选择一种编号格式，单击【确定】按钮。

第3步 设置完成后效果如图所示。

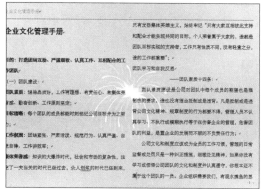

提示

【包含章节号】复选框：可以将章节号插入到页码中，可以选择章节起始样式和分隔符。

【续前节】单选项：接着上一节的页码连续设置页码。

【起始页码】单选项：选中此单选项后，可以在后方的微调框中输入起始页码数。

8.5 分页和分节

在企业文化管理手册中，有些文本内容需要进行分页显示，下面介绍如何使用分节符和分隔符进行分页。

8.5.1 使用分页符

使用分页符，可以把重要的内容单独放在一页，具体操作步骤如下。

第1步 把文本的分栏设置为"一栏",选中"团队学习和自我反思"文本。

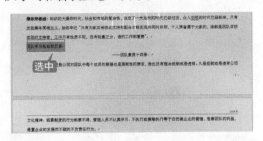

第2步 把选中的文字设置【字体】为"楷体",【字号】为"20",【对齐方式】为"居中对齐",选中"——团队素质十四条:"文本,设置【字体】为"三号",【对齐方式】为"右对齐",效果如图所示。

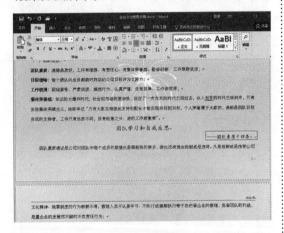

第3步 将鼠标光标放置在"团队学习和自我反思"文本最前方的位置,单击【布局】选项卡下【页面设置】选项组内【分隔符】按钮。

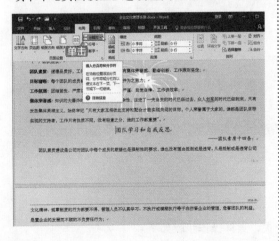

第4步 在弹出的下拉列表中选择"分页符"选项。

第5步 即可将鼠标光标所在位置以下的文本移至下一页。

第6步 重复上述操作步骤,把鼠标光标放置在"企业组织需要我们,有混水摸鱼的思想要不得。"文本后,单击【布局】选项卡下【页面设置】组中的【分隔符】按钮,在弹出的下拉列表中选择【分页符】选项,即可使选中的段落分页单独显示。

8.5.2 使用分节符

分节符是指为表示节的结尾插入的标记。分节符包含节的格式设置元素，如页边距、页面的方向、页眉和页脚，以及页码的顺序。分节符起着分隔其前面文本格式的作用，如果删除了某个分节符，它前面的文字会合并到后面的节中，并且采用后者的格式设置。

第1步 将鼠标光标放置在任意段落末尾，单击【布局】选项卡下【页面设置】选项组内的【分隔符】按钮，在弹出的下拉列表中选择【分节符】组中的【下一页】按钮。

第2步 即可将光标下方后面文本移至下一页，效果如下图所示。

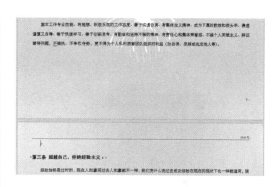

第3步 如果删除分节符，可以将光标放置在插入分节符位置，按【Delete】键删除，效果如下图所示。

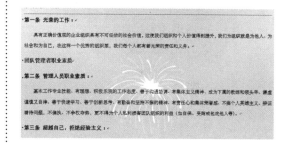

8.6 插入封面

我们也可以给文档设计一个封面，以达到给人眼前一亮的感觉，设计封面的具体操作步骤如下。

第1步 将鼠标光标放置在文档中大标题前，单击【插入】选项卡下【页面】组中的【空白页】按钮。

第2步 即可在当前页面之前添加一个新页面，这个新页面即为封面。

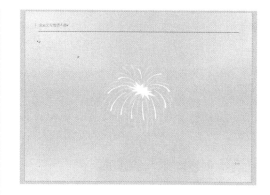

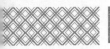

第3步 在封面中输入"企业文化管理手册"文本内容，选中"企业文化管理手册"文字，调整字体为"华文新魏"，字号为"72"。

第4步 选中"企业文化管理手册"几个字，单击【开始】选项卡下【段落】组中的【居中】按钮。

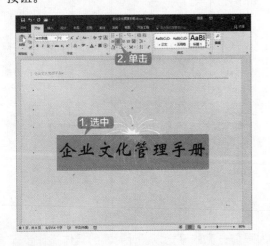

第5步 选中封面中"企业文化管理手册"几个字，单击【开始】选项卡下【字体】组中【加粗】按钮，给文字设置加粗显示的效果。

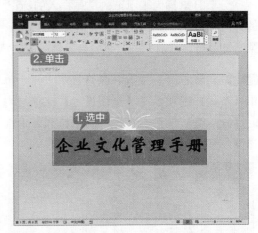

第6步 在企业文化管理手册下方输入落款和时间日期，并调整字体和字号为"华文楷体，三号"，删除封面的分页符号，设置完成后，最终效果如下图所示。

制作商务邀请函

与制作企业文化管理手册类似的文档还有制作商务邀请函、公司奖惩制度、公司员工培训资料要求等。制作这类文档时，除了要求内容准确，无有歧义内容外，还要求文档条理清晰、页面设置统一、页面背景丰富等。下面就以制作商务邀请函为例进行介绍，操作步骤如下。

1. 创建文档，设置页面

新建空白文档，输入内容，并将其保存为"商务邀请函.docx"文档。

2. 设置页面

根据需求为文档设置页边距与纸张大小，设置页面背景颜色或填充效果。

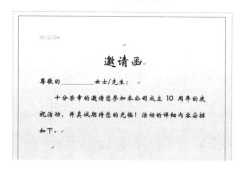

3. 设置页眉和页脚

为文档插入页眉与页脚，或设置页码。

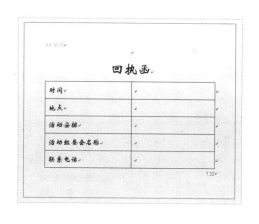

4. 插入封面

为邀请函插入封面，以达到眼前一亮的感觉。

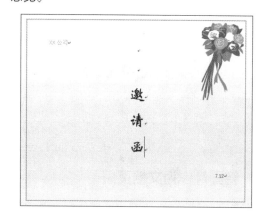

◇ 删除页眉分隔线

在添加页眉时，经常会看到自动添加的分隔线，下面介绍删除自动添加的分隔线的操作方法，具体操作步骤如下。

第1步 接双击页眉，进入页眉编辑状态。单击【设计】选项卡下【页面背景】选项组中的【页面边框】按钮。

第2步 在打开的【边框和底纹】对话框中选择【边框】选项卡，在【设置】组下选择【无】选项，在【应用于】下拉列表中选择【段落】选项，单击【确定】按钮。

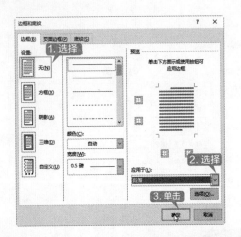

第3步 即可看到页眉中的分隔线已经被删除。

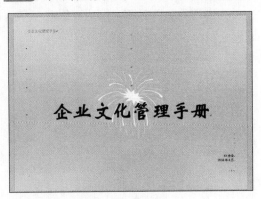

◇ 将图片作为文档页眉

第1步 将鼠标光标放置在页眉位置，单击鼠标右键，在弹出的快捷菜单中选择【编辑页眉】选项。

第2步 进入页眉编辑状态，单击【插入】选项卡下【插图】选项组内的【图片】按钮。

第3步 弹出【插入图片】对话框，选择随书光盘中的"素材\ch08\公司LOGO.png"图片，单击【插入】按钮。

第4步 即可插入图片至页眉，调整图片大小。

第5步 单击【关闭页眉和页脚】按钮，效果如图所示。

第9章

长文档的排版技巧

本章导读

在办公与学习中，经常会遇到包含大量文字的长文档，如毕业论文、个人合同、公司合同、企业管理制度、公司培训资料、产品说明书等。学会 Word 中的设置编号、使用书签、插入和设置目录、创建和设置索引等操作，可以方便地对这些长文档排版。本章就以制作公司培训文档资料为例，介绍一下长文档的排版技巧。

思维导图

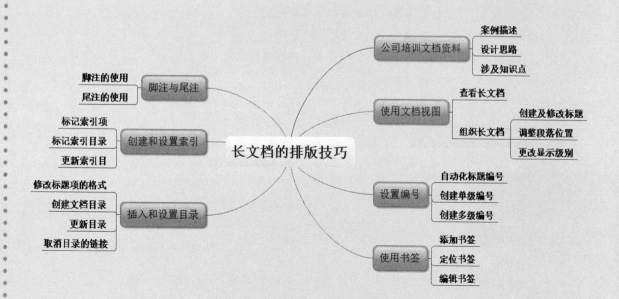

9.1 公司培训文档资料

公司培训资料是公司的内部资料，主要目的是培训公司员工，提高员工的业务能力或个人素质。

实例名称：长文档的排版技巧	
实例目的：方便对这些长文档排版	
素材	素材 \ch09\ 公司培训文档 .docx
结果	结果 \ch09\ 公司培训文档 .docx
录像	视频教学录像 \09 第 9 章

9.1.1 案例描述

公司培训是公司针对公司员工开展的一种为了提高人员素质、能力和工作绩效，而实施的有计划、有系统的培养和训练活动。目标就在于使得员工的知识、技能、工作方法、工作态度以及工作的价值观得到改善和提高，从而发挥出最大的潜力提高个人和组织的业绩，推动组织和个人的不断进步，实现组织和个人的双重发展。本章就以制作公司礼仪培训资料为例介绍制作公司培训资料的操作。

9.1.2 设计思路

排版公司培训文档资料时可以按以下思路进行。

（1）使用文档视图，使用大纲视图查看、组织文档。

（2）自动化设置标题编号、创建单级与多级编号。

（3）添加、定位、编辑书签，方便以后阅读使用。

（4）修改标题项的格式，创建文档目录，并设置目录的更新，取消目录的链接功能，从而为公司培训文档资料设置目录。

（5）插入脚注与尾注。

9.1.3 涉及知识点

本案例主要涉及以下知识点。

（1）使用文档视图。

（2）设置编号。

（3）使用书签。

（4）插入和设置目录。

（5）创建和设置索引功能。

（6）插入脚注与尾注。

9.2 使用文档视图

文档视图是文档的显示方式，在 Word 2016 文档中，提供阅读视图、页面视图、Web 版式视图、大纲视图和草稿视图 5 种显示方式。不同的文档视图方式有自己不同的作用和优点。

1. 阅读视图——阅读文档的最佳方式

阅读视图主要用于以阅读视图方式查看文档。它最大的优点是利用最大的空间来阅读或批注文档。在阅读视图模式下，Word 会隐藏许多工具栏，从而使窗口工作区中显示最多的内容，但在阅读版式下，仍然有部分工具栏可以用于简单的修改。

2. 页面视图——查看文档的打印外观

在进行文本输入和编辑时通常采用页面视图，该视图的页面布局简单，是一种常用的文档视图，它按照文档的打印效果显示文档，使文档在屏幕上看上去就像在纸上一样。页面视图主要是用于查看文档的打印外观。

页面视图可以更好地显示排版格式，因此常用于文本、格式、版面或文档外观等的修改。

3. Web 版式视图——查看网页形式的文档

Web 版式视图主要用于查看网页形式的文档外观。当选择显示 Web 版式视图时，编辑窗口将显示得更大，并自动换行以适应窗口。此外，还可以在 Web 版式视图下设置文档背景以及浏览和制作网页等。

4. 大纲视图——以大纲形式查看文档

大纲视图是显示文档结构和大纲工具的视图，它将所有的标题分级显示出来，层次分明，特别适合较多层次的文档。而正文内容以项目符号的形式显示。在大纲视图方式下，用户可以方便地移动和重组长文档。

5. 草稿视图——简洁的查看文档方式

草稿视图主要用于查看草稿形式的文档，便于快速编辑文本。在草稿视图中不会显示页眉、页脚等文档元素。

9.2.1 使用大纲视图查看长文档

在公司培训文档资料中可以使用大纲视图来显示文档的大纲，突出文档的框架结构，显示文档中的各级标题和章节目录等，以便对文档的层次结构进行调整。

第1步 打开随书光盘中的"素材 \ch09\ 公司培训文档 .docx"文件。

第2步 单击【视图】选项卡下【视图】组中的【大纲视图】按钮 。

第3步 即可以大纲视图的方式查看该文档，并且会打开【大纲】选项卡。

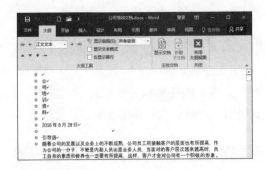

第4步 如果要关闭大纲视图，可以单击【大纲】选项卡下【关闭】组中的【关闭大纲视图】按钮 。

9.2.2 使用大纲视图组织长文档

在大纲视图中，将所有的标题分级显示出来，层次分明，特别适合较多层次的文档。在大纲视图方式下，用户可以方便地创建标题或移动段落。

1. 创建及修改标题

在大纲视图模式下，用户可以方便地创建或更改标题的大纲级别。具体操作步骤如下。

第1步 在打开的"公司培训文档.docx"素材文件的大纲视图模式下，选择要添加标题级别的文本，选择"引导语"文本。

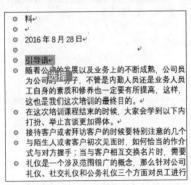

第2步 单击【大纲】选项卡下【大纲工具】组中【大纲级别】后的下拉按钮，在弹出的下拉列表中选择"1级"选项。

第3步 即可看到设置所选文本【大纲级别】为"1级"后的效果，在前方将显示 ⊕ 符号。

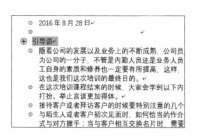

第 4 步 选择"一、个人礼仪"文本，可以在【大纲级别】文本框中看到显示为"1级"，单击【大纲】选项卡下【大纲工具】组中【大纲级别】后的【降级】按钮。

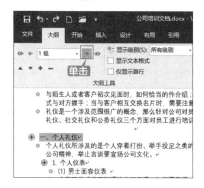

第 5 步 即可看到其【大纲级别】将更改为"2级"。

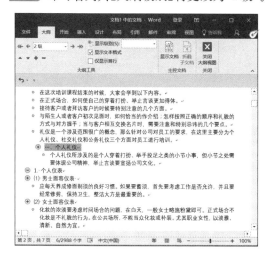

│ 提示 │

单击【降级为正文】按钮，可直接将标题降级为正文。

第 6 步 再次选择"一、个人礼仪"文本，单击【大

纲】选项卡下【大纲工具】组中【大纲级别】前的【升级】按钮。

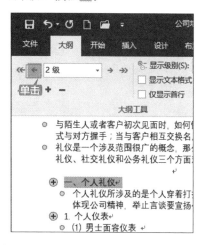

第 7 步 即可看到其【大纲级别】将更改为"1级"。

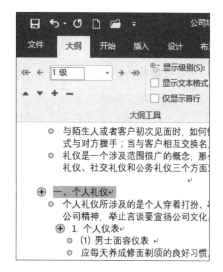

│ 提示 │

单击【提升至标题1】按钮，可直接将选择的内容的【大纲级别】设置为"1级"。

2. 调整段落位置

在大纲视图模式下，不使用复制粘贴功能，用户就可以方便地调整段落的位置。具体操作步骤如下。

第1步 单击"1. 个人仪表"段落前的 ⊕ 符号，选择该标题下的所有内容。

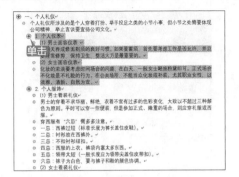

提示

标题段落前将显示⊕符号，而正文段落前将显示◯符号。单击⊕符号，可以选择该标题下的所有内容；单击◯符号，可以选择整个段落。

第2步 单击【大纲】选项卡下【大纲工具】组中的【上移】按钮 ▲。

第3步 即可将选择的段落整体向上移动一个段落的位置。

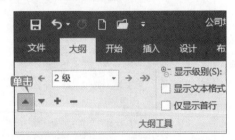

第4步 单击要移动段落前的 ◯ 符号，选择该

段落。

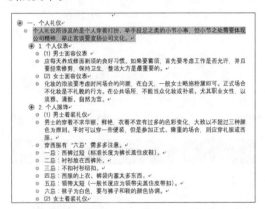

第5步 重复单击【大纲】选项卡下【大纲工具】组中的【上移】按钮 ▲。即可一直向上移动该段文本。

提示

选择要下移的段落，单击【大纲】选项卡下【大纲工具】组中的【下移】按钮 ▼，即可下移该段文本。

3. 更改显示级别

在大纲视图模式下，默认显示所有级别的内容，用户可以根据需要更改显示级别。更改显示级别的具体操作步骤如下。

第1步 单击"一、个人礼仪"段落前的 ⊕ 符号，选择该标题下的所有内容。

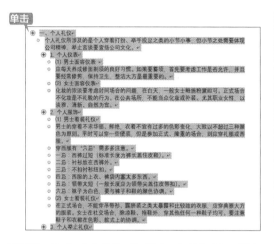

第2步 单击【大纲】选项卡下【大纲工具】组中的【折叠】按钮 ━。

第3步 即可将选择的标题折叠起来，仅显示标题，不显示正文。

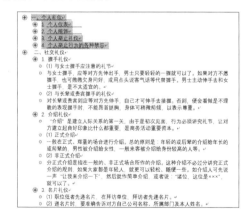

第4步 再次单击【大纲】选项卡下【大纲工具】组中的【展开】按钮 ➕。

第5步 即可将折叠后的内容展开，不仅显示

标题，还显示正文。

第6步 如果要根据大纲级别显示要显示的内容，可以单击【大纲】选项卡下【大纲工具】组中的【显示级别】后的下拉按钮，在弹出的下拉列表中选择要显示的级别，例如，这里选择"1级"选项。

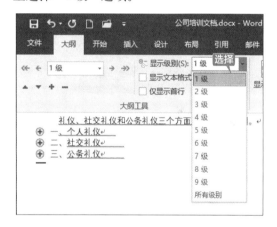

第7步 即可看到仅显示1级标题内容。

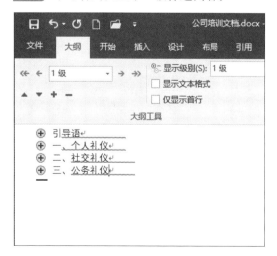

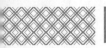

第8步 单击【大纲】选项卡下【关闭】组中的【关闭大纲视图】按钮，即可关闭大纲视图，切
换至页面视图模式。

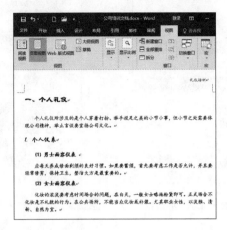

9.3 设置编号

设置编号可以使文档结构更工整，便于读者查看文档内容，本节就来介绍自动化标题编号、
创建单级编号和创建多级编号的操作。

9.3.1 自动化标题编号

默认情况下，Word 2016 中为文档标题添加编号后，按【Enter】键换行，下一行会自动进
行编号，如果没有自动编号，用户可以通过下面的操作开启自动化变体编号。具体操作步骤如下。

第1步 启动 Word 2016 软件后，单击【文件】
选项卡，选择【选项】选项，打开【Word 选项】
对话框。

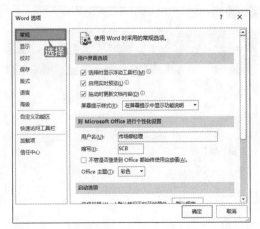

第2步 在左侧选择【校对】选项，单击右侧【自

动更正选项】组中的【自动更正选项】按钮。

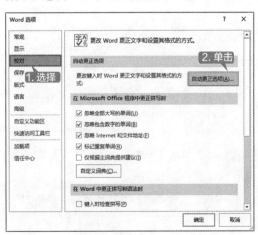

第3步 弹出【自动更正】对话框，单击【键
入时自动套用格式】选项卡，在【键入时自
动应用】组中单击选中【自动项目符号列表】

和【自动编号列表】复选框。

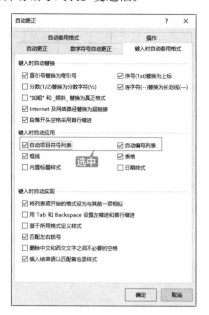

第4步 返回【Word 选项】对话框后，单击【确定】按钮，即可完成开启自动化标题编号的操作。

第5步 此时，创建包含编号的段落时，文档将会自动编号。

| 提示 |

如果文档不需要自动编号时，也可以重复上面的操作，撤销选中相关的复选框，即可取消自动化标题编号。

9.3.2 创建单级编号

单级编号也就是常用的编号，具体操作方法在第 3 章已经有所介绍，这里我们以定义编号格式为例介绍创建单级编号的具体操作步骤。

第1步 新建空白文档，输入下图所示的内容，并选择输入的内容。

第2步 单击【开始】选项卡下【段落】组中【编号】按钮 的下拉按钮，在弹出的下拉列表中选择【定义新编号格式】选项。

第3步 弹出【定义新编号格式】对话框，在【编号格式】组中单击【编号样式】后的下拉列表框中选择一种编号样式，然后单击其后的【字体】按钮。

第4步 弹出【字体】对话框，在其中根据需要设置编号字体的样式，单击【确定】按钮。

第5步 返回至【定义新编号格式】对话框，设置【对齐方式】为"左对齐"，在【预览】区域可以看到预览效果，单击【确定】按钮。

第6步 即可看到创建单级标题后的效果。

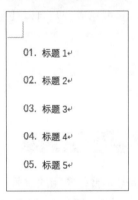

9.3.3 创建多级编号

　　为文档的不同层次添加段落编号，可以突出显示文档的层次结构。可以通过创建多级列表的方法组织项目及创建大纲。创建多级列表的具体操作步骤如下。

第1步 新建空白 Word 文档，并输入下图所示内容。

第2步 单击【开始】选项卡下【段落】组中【多级列表】按钮 📋 的下拉按钮，在弹出的下拉列表中选择【定义新的多级列表】选项。

第3步 弹出【定义新多级列表】对话框，单击左下角的【更多】按钮。

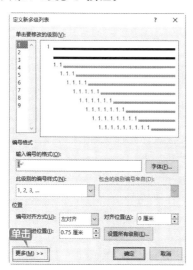

第4步 即可展开更多选项，在【单击要修改的级别】列表框中选择要修改的级别"1"，然后在【输入编号的格式】文本框中分别添加"第"和"章"文本，在【位置】区域设置【文本缩进位置】为"0 厘米"。

第5步 选择级别"2"，然后根据需要设置级别 2 的样式。

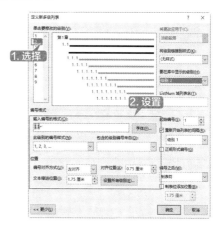

第6步 选择级别"3"，然后根据需要设置级别 3 的样式，设置完成，选择级别"1"，然后单击【确定】按钮。

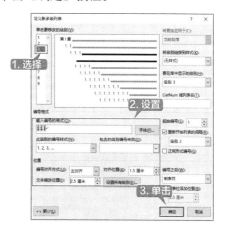

第7步 即可看到设置后的效果，然后用户根据需要更改级别。

第8步 选择"二级标题1"文本，单击【开始】选项卡下【段落】组中【多级列表】按钮的下拉按钮，在弹出的下拉列表中选择【更改列表级别】→【1.1】选项。

第9步 即可看到更改级别后的效果。

第10步 使用同样的方法，修改其他段落的列表级别，效果如下图所示。

第11步 如果要在某一级标题下输入正文，例如，在"章名"标题后按【Enter】键，可以看到将会自动插入"第2章"。

第12步 按【Backspace】键，即可删除自动编号的内容。

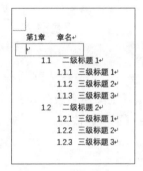

| 提示 |

也可以连续两次按【Enter】键取消编号。

第13步 将鼠标光标放置在"1.2.3 三级标题3"文本后，按【Enter】键，即可自动创建三级标题序号。

第14步 可以使用更改级别列表的方法更改其级别，也可以直接按【Tab】键，即可看到其将自动降级为"4级"。

第15步 如果要升级为"2级"，在执行第13步的操作之后按【Shift+Tab】组合键即可。

9.4 使用书签

书签是以引用为目的在文件中命名的位置或文本的选定范围。用户可以使用书签在文档中跳转到特定的位置，标记选定的文字、图形、表格和其他项。

9.4.1 添加书签

书签也是一种超链接，方便用户快速定位至特定的位置，添加书签的具体操作步骤如下。

第1步 在打开的"公司培训文档 .docx"素材文件中，将鼠标光标定位至要添加书签的位置或者选择要添加书签的文本。

第2步 单击【插入】选项卡下【链接】组中的【书签】按钮。

第3步 弹出【书签】对话框，在【书签名】文本框中输入名称"引导语"，单击【添加】按钮，就完成了添加书签的操作。

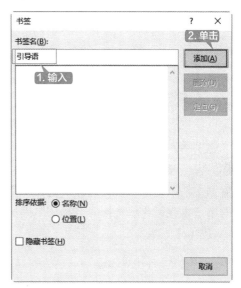

第4步 再次打开【书签】对话框，即可在列表框中看到添加的书签。

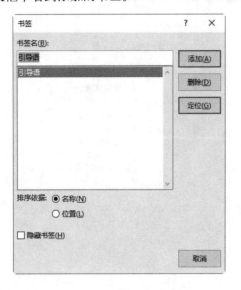

第5步 使用同样的方法，在书稿中其他位置添加书签。

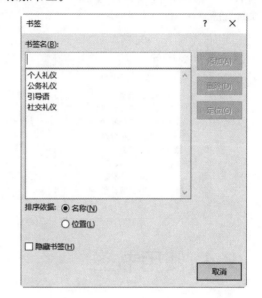

9.4.2 定位书签

添加书签后，就可以在长文档中快速地定位书签位置，定位书签通常有两种方法。

方法1：使用【书签】对话框。

使用【书签】对话框中的【定位】按钮，可以快速定位书签的位置。具体操作步骤如下。

第1步 单击【插入】选项卡下【链接】组中的【书签】按钮 。

第2步 弹出【书签】对话框，在列表框中即可看到文档中包含的书签名称，选择要定位到的书签名称，这里选择"引导语"书签，单击【定位】按钮。

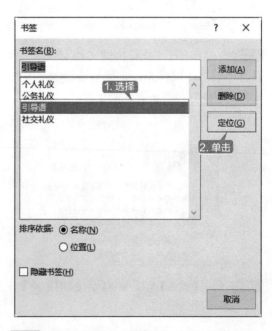

第3步 即可快速定位至"引导语"书签所在的位置。

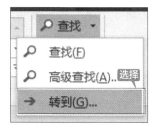

方法 2：使用【转到】功能。

使用 Word 2016 提供的【转到】功能，也可以快速定位书签。具体操作步骤如下。

第1步 单击【开始】选项卡下【编辑】组中【查找】按钮 🔍查找 ▾ 的下拉按钮，在弹出的下拉列表中选择【转到】选项。

第2步 打开【查找和替换】对话框，选择【定位】选项卡，在【定位目标】列表框中选择【书签】选项，单击【请输入书签名称】后的下拉按钮，选择"公务礼仪"书签名称，单击【定位】按钮。

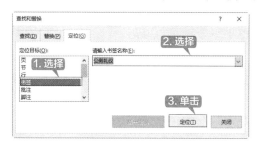

第3步 即可定位到"公务礼仪"书签所在的位置。

9.4.3 编辑书签

编辑书签的操作主要包括隐藏 / 显示书签、删除书签等。下面分别介绍编辑书签的相关操作。

1. 隐藏 / 显示书签

如果要查看添加的书签的文本，可以将书签显示出来。隐藏 / 显示书签的具体操作步骤如下。

第1步 接 9.4.2 小节操作。单击【文件】选项卡，选择【选项】选项，打开【Word 选项】对话框。

第2步 在左侧选择【高级】选项，单击选中

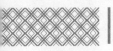

右侧【显示文档内容】组中的【显示书签】复选框，单击【确定】按钮。

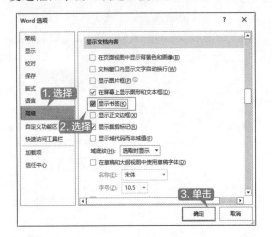

第3步 即可看到在文档中显示书签后的效果，添加书签的文本将会使用中括号"["、"]"括起来。

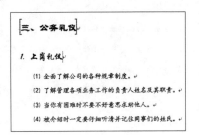

提示

如要隐藏书签，只需要撤销选中【显示书签】复选框即可。

2. 删除书签

不需要的书签可以将其删除，删除书签的具体操作步骤如下。

第1步 打开【书签】对话框，选择要删除的书签名，这里选择"引导语"书签，单击【删除】按钮。

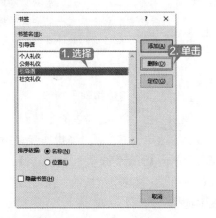

第2步 即可将不需要的书签删除，效果如下图所示。

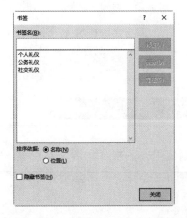

9.5 插入和设置目录

插入文档的目录可以帮助用户方便、快捷地查阅所需要的内容。插入目录就是列出文档中各级标题以及每个标题所在的页码。

9.5.1 修改标题项的格式

提取目录之前，需要在文档中设置大纲级别并插入页码。此外，还可以通过【导航】窗格查看目录的结构是否完整，如有缺失或者多余的部分，可以修改标题项的格式。

第1步 在打开的"公司培训文档.docx"素材文件中，已经设置大纲级别并添加页码，打开【导航】窗格，即可查看文档的标题。

第2步 选择"引导语"标题，快速定位至"引导语"所在位置，打开【段落】对话框，设置其【大纲级别】为"正文文本"，单击【确定】按钮。

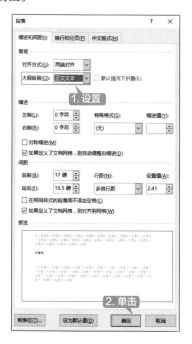

第3步 在【导航】窗格中将不显示"引导语"标题。

提示

此外，还可以根据需要设置标题内容的字体及段落样式，具体的设置方法就不再赘述了。

9.5.2 创建文档目录

Word 2016 提供了多种内置的目录样式，方便用户选择使用，此外，用户还可以根据需要自定义目录样式。创建文档目录的具体操作步骤如下。

第1步 将鼠标光标定位至"一、个人礼仪"文本前，单击【插入】选项卡下【页面】组中的【空白页】按钮。

第2步 即可插入一个空白页面，输入"目录"文本，并根据需要设置文本的字体样式。

第3步 按【Enter】键换行，清除当前行的样式，单击【引用】选项卡下【目录】组中的【目录】按钮，在弹出的下拉列表中选择【自定义目录】选项。

第4步 弹出【目录】对话框，选中【显示页码】和【页码右对齐】复选框，单击【常规】组中【格式】后的下拉按钮，选择【正式】选项，设置【显示级别】为"2"，单击【确定】按钮。

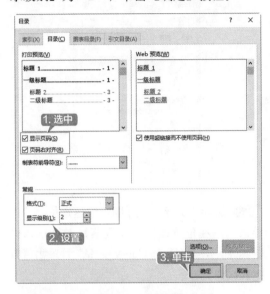

第5步 即可看到创建目录后的效果。

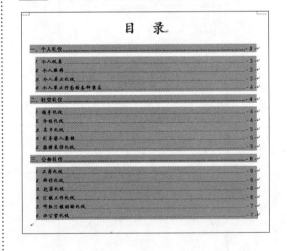

9.5.3 更新目录

创建目录后，如果修改了目录标题的内容，或者标题在文档中位置发生了改变，就需要更新目录。更新目录的具体操作步骤如下。

第1步 在要更新的目录上单击鼠标右键，在弹出的快捷菜单中选择【更新域】选项。

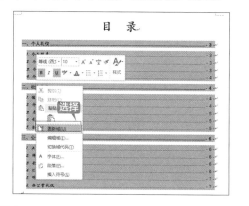

第2步 弹出【更新目录】对话框，单击选中【更新整个目录】单选按钮，然后单击【确定】按钮，即可完成更新目录的操作。

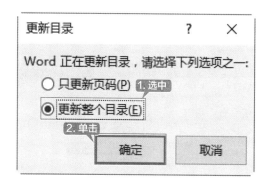

提示

单击【引用】选项卡下【目录】组中的【更新目录】按钮 更新目录，可以打开【更新目录】对话框。

9.5.4 取消目录的链接功能

创建目录后，选择目录时，后方将显示灰色的背景，如果文档目录最终完成，不需要修改，可以取消目录的链接功能。具体操作步骤如下。

第1步 选择要取消链接功能的目录。

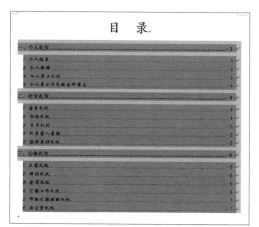

第2步 单击【引用】选项卡下【目录】组中的【目录】按钮，在弹出的下拉列表中选择【自定义目录】选项。

第3步 弹出【目录】对话框，撤销选中【使用超链接而不使用页码】复选框，单击【确定】按钮。

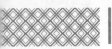

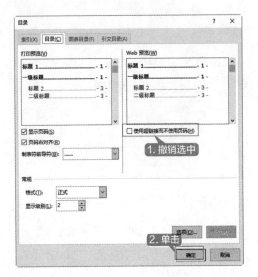

第4步 弹出【Microsoft Word】提示框，单击【确定】按钮。

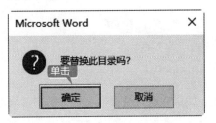

第5步 即可取消目录中的链接功能，此时，按住【Ctrl】键单击目录标题时将不会链接到单击的标题位置。

|提示|

按【Ctrl+Shift+F9】组合键可以将文档中的所有域（包含目录等超链接）转换为普通文本。

9.6 创建和设置索引功能

索引项中可以包含各章的主题、文档中的标题或子标题、专用术语、缩写和简称、同义词及相关短语等。

9.6.1 标记索引项

标记索引目录首先要标记索引项，索引项可以来自文档中的文本，也可以只与文档中的文本有特定的关系，例如，索引项可以只是文档中某个单词的同义词。标记索引项的具体步骤如下。

第1步 在打开的"公司培训文档.docx"素材文件中，选择要标记索引项的文本内容。

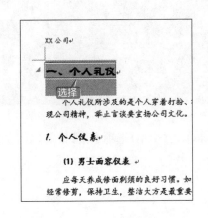

第2步 单击【引用】选项卡下【索引】组中的【标记索引项】按钮。

第3步 弹出【标记索引项】对话框，在【主索引项】文本框中输入索引内容，也可以使用默认情况下选择的文本，单击【标记】按钮。

第4步 单击【关闭】按钮关闭【标记索引项】对话框。

第5步 即可看到标记索引项后的效果。

第6步 使用同样的方法标记其他索引项。

9.6.2 标记索引目录

标记索引项后就可以标记索引目录了。标记索引目录的具体步骤如下。

第1步 将鼠标光标定位至文档结束的位置，单击【引用】选项卡下【索引】组中的【插入索引】按钮。

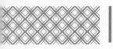

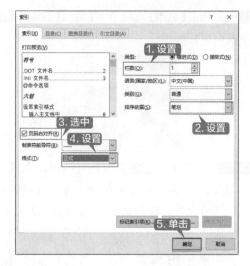

第2步 弹出【索引】对话框，根据需要进行相关的设置，这里设置【栏数】为"1"，【排序依据】为"笔画"，单击选中【页码右对齐】复选框，设置【格式】为"正式"，单击【确定】按钮。

第3步 即可看到标记索引项后的效果。

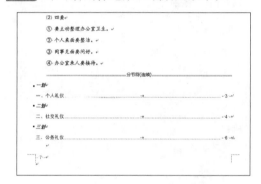

9.6.3 更新索引目录

如果更改了索引项的位置，或者为其他文本添加了索引项，就需要更新索引目录。更新索引目录的具体操作步骤如下。

第1步 根据标记索引项的操作，在文档中为其他内容标记索引项。

选项卡下【索引】组中的【更新索引】按钮

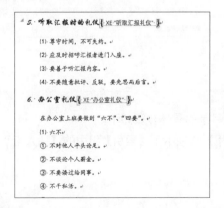

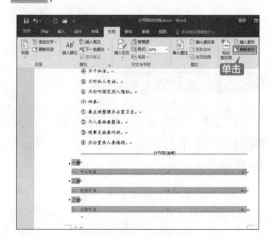

第2步 选择标记的索引内容，单击【引用】

第3步 即可更新索引目录，效果如下图所示。

9.7 脚注与尾注

脚注和尾注在文档中主要用于对文本进行补充说明，如进行单词解释、备注说明或提供文档中引用内容的来源等。

在文档中，脚注和尾注的生成、修改或编辑的方法完全相同，不同之处在于它们在文档中出现的位置以及是否需要使用分隔符（尾注不需要）。

9.7.1 脚注的使用

在文档中脚注位于页面的底端，用来说明每页中需要注释的内容，本节就来介绍添加和编辑脚注的方法。

1. 添加脚注

添加脚注的具体操作步骤如下。

第1步 将鼠标光标定位至要添加脚注的位置。单击【引用】选项卡下【脚注】组中的【插入脚注】按钮。

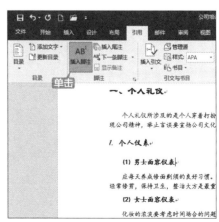

第2步 即可在鼠标光标所在的位置看到插入的脚注编号。

第3步 并且在页面底端将显示输入脚注解释、标注的区域,输入标注内容"切忌油光满面。",完成脚注的插入,效果如下图所示。

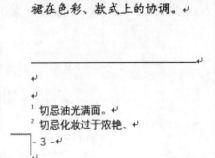

第4步 使用同样的方法,在其他需要添加脚注的区域添加脚注。

2. 设置脚注

设置脚注包括添加脚注样式、删除脚注等,设置脚注的具体操作步骤如下。

第1步 单击【引用】选项卡下【脚注】组中的【脚注和尾注】按钮。

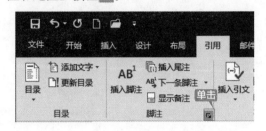

第2步 弹出【脚注和尾注】对话框,单击选中【脚注】单选按钮,单击其后面的下拉按钮,在弹出的下拉列表中可以选择脚注的位置,这里选择【页面底端】选项。

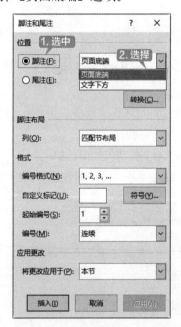

第3步 在【格式】区域单击【编号格式】后的下拉按钮,在弹出的下拉列表中选择一种编号格式。

第4步 根据需要设置【起始编号】为默认，设置【编号】为"每页重新编号"，单击【应用】按钮。

> **｜提示｜**
>
> 如要设置自定义编号标记，可以单击后面的【符号】按钮选择一种符号样式。选择自定义标记后，【编号格式】选项处于不可用状态。

第5步 即可看到脚注的样式已经发生了改变。

第6步 如果要删除脚注，只需要将鼠标光标定位至要删除脚注的标记前，按【Delete】键即可。可以看到后方脚注的编号会随之发生改变。

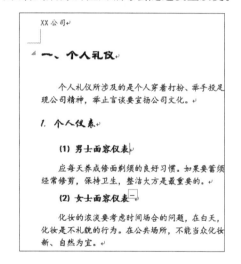

第7步 此时，在页面底部的脚注区域也将删除原脚注一的注释内容。

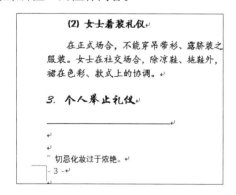

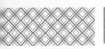

9.7.2 尾注的使用

尾注列于文档结尾处，用来集中解释文档中需要注释的内容或标注文档中所引用的其他文章的名称。

1. 添加尾注

添加尾注的操作方法与添加脚注的操作类似，具体操作步骤如下。

第1步 将鼠标光标定位至要添加脚注的位置。单击【引用】选项卡下【脚注】组中的【插入尾注】按钮 插入尾注 。

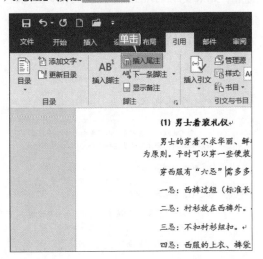

第2步 即可在鼠标光标所在的位置看到插入的尾注编号。

2. 个人服饰

(1) 男士着装礼仪

男士的穿着不求华丽、鲜艳，衣着不宜有过多的⋯为原则。平时可以穿一些便装，但是参加正式、隆重⋯穿西服有"六忌"需多多注意。

一忌：西裤过短（标准长度为裤长盖住皮鞋）。

二忌：衬衫放在西裤外。

三忌：不扣衬衫纽扣。

四忌：西服的上衣、裤袋内塞太多东西。

第3步 并且在文档最后一页的底端将显示输入尾注注释的区域，输入注释内容"西服是正式、重要场合的服饰，因此要彻底避免六条禁忌。"，完成尾注的插入，效果如下图所示。使用同样的方法，在其他需要添加尾注的区域添加尾注。

- **九例**

赴宴礼仪

拜访礼仪

举止礼仪

穿西服六忌

- **十一例**

接待来访礼仪

- **十二例**

握手礼仪

西服是正式、重要场合的服饰，因此要彻底避免六条禁忌。

"六不"是办公室礼仪中自常见也是最需要注意的做法。

2. 设置尾注

设置尾注包括添加尾注样式、删除尾注等，设置尾注的具体操作步骤如下。

第1步 单击【引用】选项卡下【脚注】组中的【脚注和尾注】按钮 。

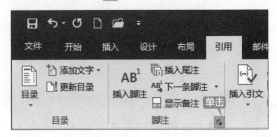

第2步 弹出【脚注和尾注】对话框，单击选中【尾注】单选按钮，单击其后面的下拉按钮，在弹出的下拉列表中可以选择脚注的位置，这里选择【文档结尾】选项。

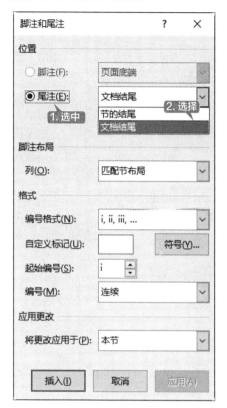

第3步 在【格式】区域单击【编号格式】后的下拉按钮，在弹出的下拉列表中选择一种编号格式。保持【起始编号】和【编号】为默认选项，单击【应用】按钮。

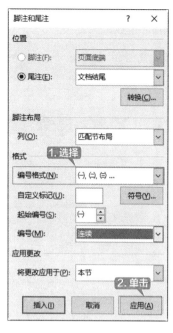

第4步 即可看到设置尾注样式后的效果。

| 提示 |

删除尾注的方法和删除脚注的方法相同，这里就不再赘述了。

举一反三

排版毕业论文

设计毕业论文时需要注意的是文档中同一类别的文本的格式要统一，层次要有明显的区分，要对同一级别的段落设置相同的大纲级别。还需要将需要单独显示的页面单独显示，本节根据需要制作毕业论文。

排版毕业论文时可以按以下的思路进行。

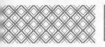
1. 设计毕业论文首页

制作论文封面,包含题目、个人相关信息、指导教师和日期等。

2. 设计毕业论文格式

在撰写毕业论文的时候,学校会统一毕业论文的格式,需要根据提供的格式统一样式。

3. 设置页眉并插入页码

在毕业论文中可能需要插入页眉,使文档看起来更美观,还需要插入页码。

4. 提取目录

格式设计完成之后就可以提取目录。

◇ 为图片添加题注

可以将题注添加到图片、表格、图表、公式或其他项目上,作为其名称和编号标签。使用题注可以使文档中的项目更有条理,便于阅读和查找。为图片添加题注的具体操作步骤如下。

第1步 打开随书光盘中的"素材\ch09\添加题注.docx"文件。单击【引用】选项卡的【题注】组中的【插入题注】按钮。

第2步 弹出【题注】对话框，单击【新建标签】按钮。

第3步 弹出【新建标签】对话框，在【标签】文本框中输入标签名称"图片"，单击【确定】按钮。

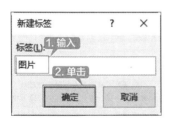

第4步 返回【题注】对话框，即可看到【题注】文本框中的内容已经更改为"图片1"。单击【确定】按钮。

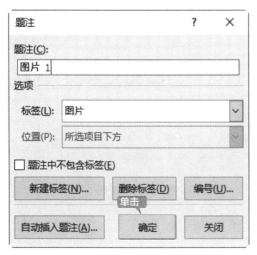

第5步 即可看到已经在第1幅图片下方显示了题注"图片1"。

第6步 使用同样的方法，为其他图片添加题注

◇ **使用交叉引用实现跳转**

使用交叉引用可以引用文档中的特定位置，如标题、图表或表格等。使用交叉引用实现跳转的具体操作步骤如下。

第1步 在打开的"公司培训文档.docx"素材文件中，将鼠标光标定位至要创建交叉引用的位置，单击【引用】选项卡下【题注】组中的【交叉引用】按钮。

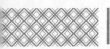

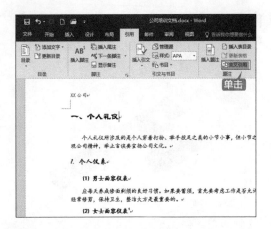

第2步 弹出【交叉引用】对话框，在【引用类型】下拉列表中选择一种引用类型，这里选择"尾注"选项。

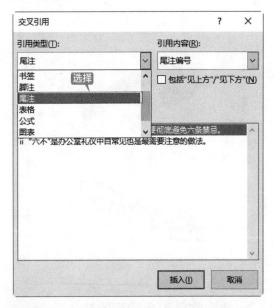

第3步 在下方【引用哪一个尾注】列表框中选择要引用的尾注，单击【插入】按钮。

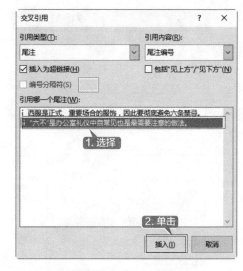

第4步 即可看到插入交叉引用后的效果。

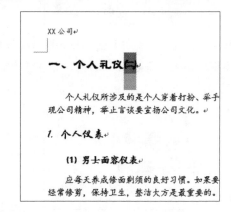

第5步 按住【Ctrl】键，单击插入的交叉引用，即可快速跳转至尾注（二）的位置。

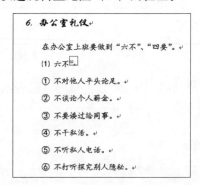

第**4**篇

文档输出篇

　　本篇主要介绍文档输出的各种操作。通过本篇的学习，读者可以学习检查和审阅文档及 Word 文档的打印与共享等操作。

第 10 章
检查和审阅文档

本章导读

使用 Word 编辑文档之后，通过检查和审阅功能，才能递交出专业的文档，本章就来介绍检查拼写和语法错误、查找与替换、批注文档、修订文档等方法。

思维导图

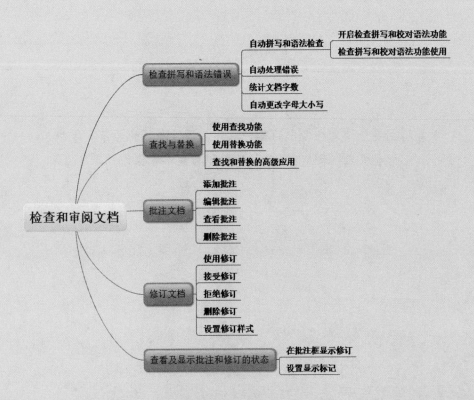

10.1 检查拼写和语法错误

Word 2016 提供了错误检查处理功能，包括自动检查拼写和语法、自动处理错误、统计文档字数、自动更改字母大小写等功能，使用这些检查拼写功能，用户可以减少文档中的各类错误。

10.1.1 自动拼写和语法检查

使用拼写和语法检查功能，可以减少文档中的单词拼写错误以及中文语法错误。

1. 开启检查拼写和校对语法功能

第1步 打开随书光盘中的"素材 \ch10\ 房屋租赁 .docx"文档，在文档中，"nwmber"应为"number"。

第2步 单击【文件】选项卡，在弹出的下拉列表中选择【选项】选项。

第3步 弹出【Word选项】对话框，选择【校对】选项，然后在【在 Word 中更正拼写和语法时】组中选中【键入时检查拼写】【键入时标记语法错误】【经常混淆的单词】【随拼写检

查语法】和【显示可读性统计信息】复选框。

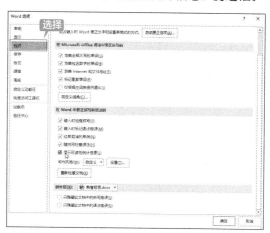

第4步 单击【确定】按钮，在文档中就可以看到在错误位置标示的提示波浪线。

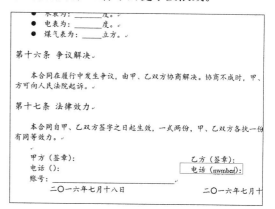

2. 检查拼写和校对语法功能使用

检查出错误后，就可以忽略错误或更正错误。

第1步 在打开的"房屋租赁.docx"文档中，直接删除错误的内容，更换为正确的内容，波浪线就会消失，如将"nwmber"更改为"number"。

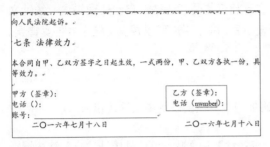

第2步 也可以单击【审阅】选项卡【校对】组中的【拼写和语法】按钮，可打开【拼写检查】窗格，在列表框中选择正确的单词，单击【更改】按钮。

提示
单击【忽略】按钮。错误内容下方的波浪线将会消失。

第3步 更改完成后，弹出【可读性统计信息】对话框，单击【确定】按钮。

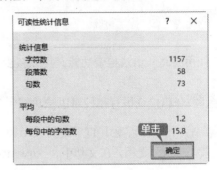

第4步 即可使正确的词替换错误的词。

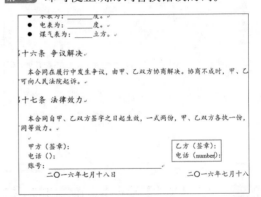

10.1.2 自动处理错误

使用自动处理错误功能可以检查并更正错误的输入，具体操作步骤如下。

第1步 单击【文件】选项卡，然后选择左侧列表中的【选项】选项。

第2步 即可弹出【Word 选项】对话框。

第3步 选中【校对】选项，在【自动更正选项】组下单击【自动更正选项】按钮。

第4步 弹出【自动更正】对话框，在【自动更正】对话框中可以设置自动更正、数学符号自动更正、键入时自动套用格式、自动套用格式和操作等，这里在【替换】文本框中输入"nwmber"，在【替换为】文本框中输入"number"，单击【添加】按钮。

第5步 即可将文本替换添加到自动更正列表中，单击【确定】按钮。

第6步 返回【Word选项】对话框，再次单击【确定】按钮。返回文档编辑模式，此时，输入"nwmber"，则自动更正为"number"。

10.1.3 统计文档字数

在房屋租赁文档中我们还可以快速统计出文档中的字数或者某一段落的字数。具体的操作方法如下。

第1步 接 10.1.2 小节的操作，选中要统计字数的段落第2步 单击【审阅】选项卡下【校对】组中的【字数统计】按钮。

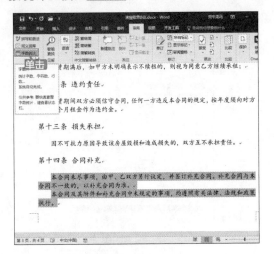

第3步 弹出【字数统计】对话框，在该对话框中清晰显示出选中文本的字数。

第4步 在状态栏上单击鼠标右键，在弹出的快捷菜单中选择【字数统计】选项。

第5步 即可在状态栏中显示选中文本的字数以及文档中的总字数。

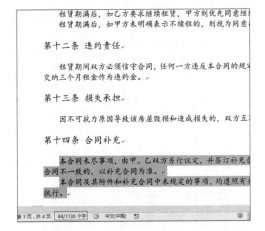

10.1.4 自动更改字母大小写

在 Word 2016 中，可以自动更改字母大小写。具体操作步骤如下。

第1步 选中需要更改大小写的单词、句子或段落。单击【开始】选项卡下【字体】组中的【更改大小写】按钮。

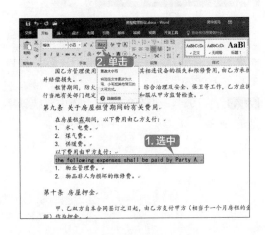

第2步 在弹出的下拉菜单中选择所需要的选项即可，这里选择【句首字母大写】选项。

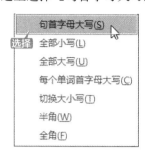

第3步 此时，即可看到所选内容句首字母变成了大写。

因乙方管理使用不善造成房屋及其相连设备的损失和维修费用，赔偿损失。

租赁期间，防火安全，门前三包，综合治理及安全、保卫等工作当地有关部门规定并承担全部责任和服从甲方监督检查。

九条 关于房屋租赁期间的有关费用。

在房屋租赁期间，以下费用由乙方支付：

1. 水、电费。
2. 煤气费。
3. 供暖费。

以下费用由甲方支付：

The following expenses shall be paid by Party A.

1. 物业管理费。
2. 物品非人为损坏的维修费。

十条 房屋押金。

甲、乙双方自本合同签订之日起，由乙方支付甲方（相当于一个作为押金。

10.2 查找与替换

在 Word 2016 中，查找功能可以帮助读者查找到要查找的内容，用户也可以使用替换功能将查找到的文本或文本格式替换为新的文本或文本格式。

10.2.1 使用查找功能

使用查找功能可以帮助用户定位到目标位置，以便快速找到想要的信息，查找分为查找和高级查找。

1. 查找

在【导航】窗格中，可以使用查找功能，定位查找的内容。

第1步 单击【开始】选项卡下【编辑】组中的【查找】按钮 右侧的下拉按钮，在弹出的下拉菜单中选择【查找】选项。

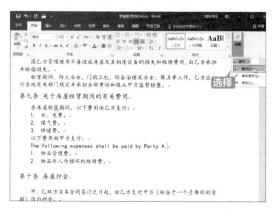

第2步 在文档的左侧打开【导航】任务窗格，在下方的文本框中输入要查找的内容，这里输入"租赁"，此时在文本框的下方提示"3个结果"，并且在文档中查找到的内容都会以黄色背景显示。

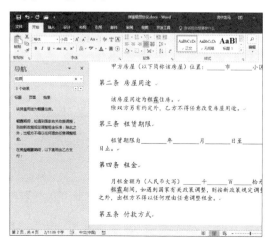

第3步 单击任务窗格中的【下一条】按钮，定位第2个匹配项。再次单击【下一条】按钮，就可快速查找到下一条符合的匹配项。

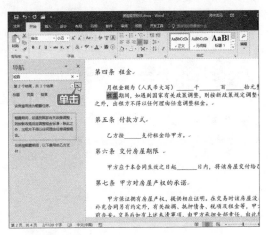

2. 高级查找

使用【高级查找】命令可以打开【查找和替换】对话框来查找内容。

第1步 单击【开始】选项卡下【编辑】组中的【查找】按钮 右侧的下拉按钮，在弹出的下拉菜单中选择【高级查找】选项，弹出【查找和替换】对话框。

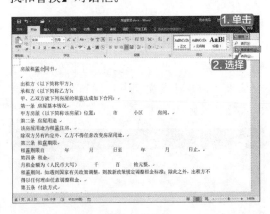

第2步 单击【更多】按钮可限制更多的条件，单击【更少】按钮可隐藏下方的搜索选项。

第3步 在【查找】选项卡中的【查找内容】文本框中输入要查找的内容，单击【查找下一处】按钮，Word即可开始查找。如果查找不到，则弹出提示信息对话框，提示未找到搜索项，单击【确定】按钮返回。如果查找到文本，Word将会定位到文本位置并将查找到的文本背景用灰色显示。

> **提示**
>
> 按【Esc】键或单击【取消】按钮，可以取消正在进行的查找，并关闭【查找和替换】对话框。

10.2.2 使用替换功能

替换功能可以帮助用户快捷地更改查找到的文本或批量修改相同的内容。

第1步 在"房屋租赁.docx"文档中，单击【开始】选项卡下【编辑】组中的【替换】按钮 **ab替换** ，弹出【查找和替换】对话框。

第2步 在【替换】选项卡中的【查找内容】文本框中输入"租霖"，在【替换为】文本框中输入"租赁"。

第3步 单击【查找下一处】按钮，定位到从当前光标所在位置起的第1个满足查找条件的文本位置，并以灰色背景显示。

第4步 单击【替换】按钮就可以将查找到的内容替换为新的内容，并跳转至第2个查找内容。

第5步 如果用户需要将文档中所有相同的内容都替换掉，单击【全部替换】按钮，Word就会自动将整个文档内所有查找到的内容替换为新的内容，并弹出相应的提示框显示完成替换的数量。单击【确定】按钮关闭提示框。

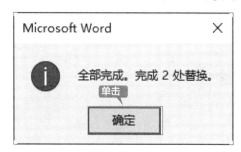

第6步 即可全部替换文档中查找到的文本。

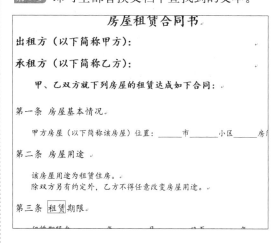

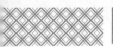

10.2.3 查找和替换的高级应用

Word 2016 不仅能根据指定的文本查找和替换，还能根据指定的格式进行查找和替换，以满足复杂的查询条件。在进行查找时，各种通配符的作用如下表所示。

通配符	功能
?	任意单个字符
*	任意字符串
<	单词的开头
>	单词的结尾
[ ]	指定字符之一
[–]	指定范围内任意单个字符
[!×–z]	括号内范围中的字符以外的任意单字符
{n}	n 个重复的前一字符或表达式
{n,}	至少 n 个重复的前一字符或表达式
{n,m}	n 到 m 个前一字符或表达式
@	一个或一个以上的前一字符或表达式

将段落标记统一替换为手动换行符的具体操作步骤如下。

第1步 在"房屋租赁.docx"文档中，单击【开始】选项卡下【编辑】组中的【替换】按钮，弹出【查找和替换】对话框。

第2步 在【查找和替换】对话框中，单击【更多】按钮，在弹出的【搜索选项】组中可以选择需要查找的条件。将鼠标光标定位在【查找内容】文本框中，然后在【替换】组中单击【特殊格式】按钮，在弹出的快捷菜单中选择【段落标记】选项。

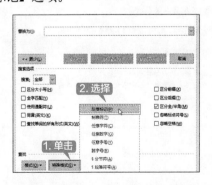

第3步 将鼠标光标定位在【替换为】文本框中，然后在【替换】组中单击【特殊格式】按钮，在弹出的快捷菜单中选择【手动换行符】选项。

第4步 单击【全部替换】按钮，即可将文档中的所有段落标记替换为手动换行符。此时，弹出提示框，显示替换总数。单击【确定】按钮即可完成文档的替换。

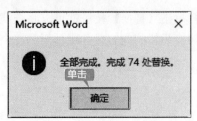

10.3 批注文档

在"房屋租赁"文档中，可为文档添加批注，批注是文档的审阅者为文档添加的注释、说明、建议、意见等信息。在把文档分发给审阅者前设置文档保护，可以使审阅者只能添加批注而不能对文档正文进行修改，利用批注可以方便工作组的成员进行交流。

10.3.1 添加批注

批注是对文档的特殊说明，添加批注的对象可以是文本、表格或图片等文档内的所有内容。默认情况下，批注显示在文档页边距外的标记区，批注与被批注的文本使用与批注相同颜色的虚线连接。添加批注的具体操作步骤如下。

第1步 单击【审阅】选项卡，在文档中选择要添加批注的文字，然后单击【新建批注】按钮。

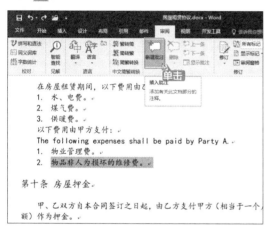

第2步 在后方的批注框中输入批注的内容即可。

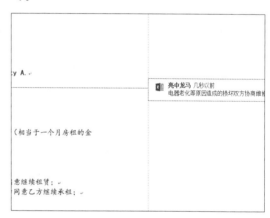

10.3.2 编辑批注

如果对批注的内容不满意，还可以修改批注，修改批注有两种方法。

1. 使用快捷菜单

在已经添加了批注的文本内容上单击鼠标右键，在弹出的快捷菜单中选择【编辑批注】选项，批注框将处于可编辑的状态，此时即可修改批注的内容。

｜提示｜

在弹出的快捷菜单中选择【答复批注】选项，可以对批注进行答复，选择【将批注标记为完成】选项，可以将批注以"灰色"显示。

2. 直接编辑批注

直接单击需要修改的批注，即可进入编辑状态，编辑批注。

10.3.3 查看批注

在查看批注时，用户可以查看所有审阅者的批注，也可以根据需要分别查看不同审阅者的批注。

第1步 在"房屋租赁.docx"文档中，单击【审阅】选项卡下【修订】组中的【显示标记】按钮。

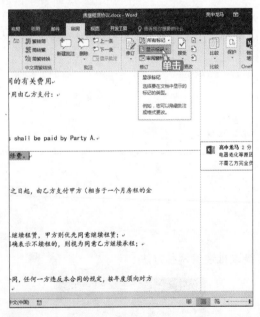

第2步 在弹出的下拉列表中选择【特定人员】选项。此时可以看到在【特定人员】选项的下一级菜单中选中了【所有审阅者】选项。

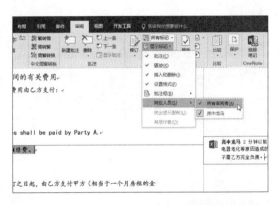

第3步 单击取消勾选【所有审阅者】选项，即可取消显示所有批注，由于本文档中只有一条批注，则会取消显示批注。也可以再次单击选中【所有审阅者】选项，重新显示批注。

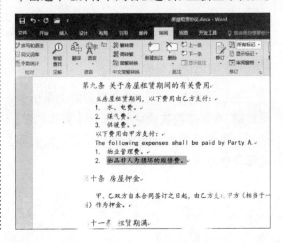

10.3.4 删除批注

当不需要文档中的批注时，用户可以将其删除，删除批注常用的方法有两种。

1. 使用【删除】按钮

第1步 选择要删除的批注，此时【审阅】选项卡下【批注】组的【删除】按钮处于可用状态，单击【删除】按钮的下拉按钮。

第2步 在弹出的下拉列表中选择【删除】选项，即可将选中的批注删除。

第3步 删除之后，【删除】按钮处于不可用状态。

2. 使用快捷菜单

在需要删除的批注或批注文本上单击鼠标右键，在弹出的快捷菜单中选择【删除批注】选项也可删除选中的批注。

10.4 修订文档

修订是显示文档中所做的诸如删除、插入或其他编辑更改的标记。用户使用修订功能包括接收修订、拒绝修订、删除修订、设置修订等。

10.4.1 使用修订

　　使用修订功能，审阅者的每一次插入、删除或是格式更改都会被标记出来，这样能够让文档作者跟踪多位审阅者对文档所做的修改。具体操作步骤如下。

第1步 在"房屋租赁.docx"文档中，单击【审阅】选项卡下【修订】组中的【修订】按钮，即可使文档处于修订状态。

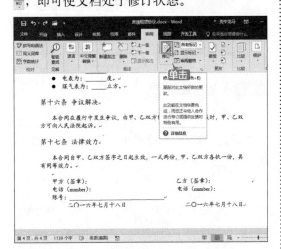

第2步 此后，对文档所做的所有修改将会被记录下来。

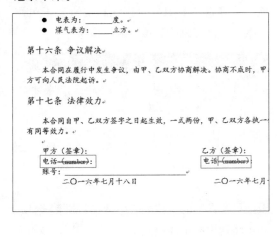

10.4.2 接受修订

　　如果修订的内容是正确的，这时就可以接受修订。

第1步 将光标放在需要接受修订的内容处，单击【审阅】选项卡下【更改】组中的【接受】按钮。

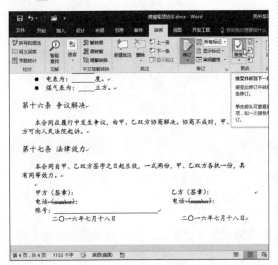

第2步 即可接受文档中的修订，且系统会选中下一条修订。

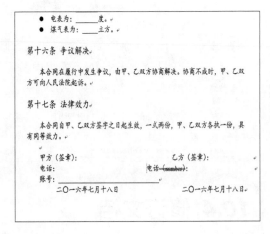

第3步 如果所有修订都是正确的，需要全部接受，可以使用【接受所有修订】命令。单击【审阅】选项卡下【更改】组中的【接受】按钮下方的下拉按钮，在弹出的下拉列表中选择【接受所有修订】选项，即可接受所

有修订。

10.4.3 拒绝修订

当用户的修订操作是错误的时候，我们也可以选择拒绝修订，具体操作步骤如下。

第1步 可以将光标放在需要删除修订的内容处，单击【审阅】选项卡下【更改】组中的【拒绝】按钮的下拉按钮。

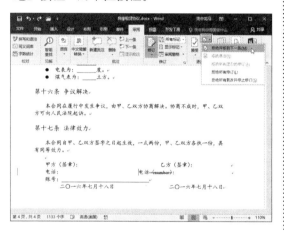

第2步 在弹出的下拉列表中选择【拒绝更改】→【拒绝并移到下一条】选项，即可拒绝修订。此时系统将选中下一条修订。

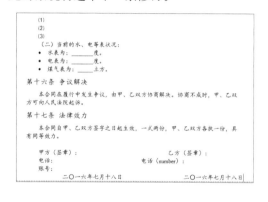

10.4.4 删除修订

在 Word 2016 中，用户还可以直接删除修订，具体操作步骤如下。

第1步 单击【审阅】选项卡下【更改】组中【拒绝】按钮的下拉按钮，在弹出的快捷菜单中选择【拒绝所有修订】选项。

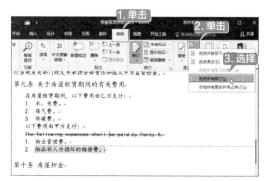

第2步 即可删除文档中的所有修订。

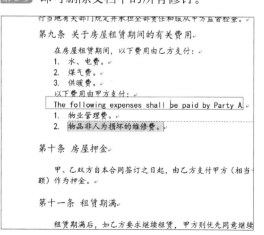

10.4.5 设置修订样式

用户对文档进行修订时，可以设置修订样式来区分不同的作者的修订。具体操作方法如下。

第1步 在"房屋租赁"文档中，单击【审阅】选项卡下【修订】组中的【修订】按钮，将插入点光标放置到需要添加修订的位置。单击【审阅】选项卡，在【修订】组中单击【修订】按钮的下拉按钮，在下拉列表中选择"修订"选项。

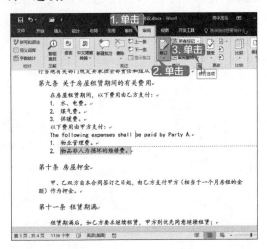

第2步 弹出【修订选项】对话框，单击【高级选项】按钮。

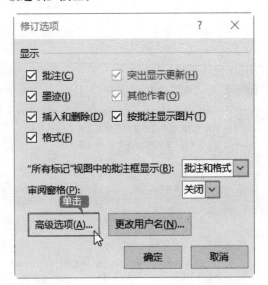

第3步 弹出【高级修订选项】对话框，设置【插入内容】为"双下划线"，【删除内容】为"双删除线"，并可以设置【源位置】与【目标位置】的颜色等，设置完成后，单击【确定】按钮。

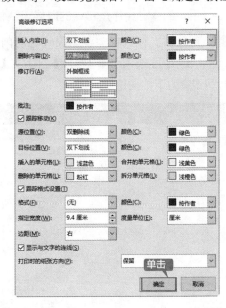

第4步 返回【修订选项】对话框，单击【确定】按钮，即可设置修订样式。

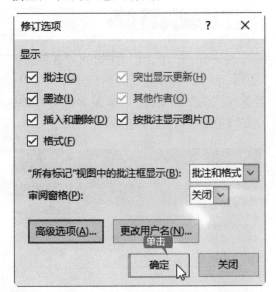

10.5 查看及显示批注和修订的状态

在"房屋租赁"文档中，批注与修订完成后，可以查看并显示批注和修订的状态。

第1步 单击【审阅】选项卡下【修订】组中的【显示标记】下拉按钮，在弹出的下拉列表中选择【批注框】→【在批注框中显示修订】选项。

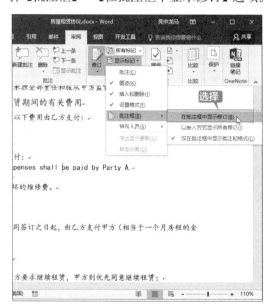

第2步 即可使修订在批注框中显示。

第3步 单击【审阅】选项卡下【修订】选项组中的【显示标记】按钮，在弹出的下拉列表中可以查看标记的显示状态。

第4步 在【显示标记】下拉列表中取消选中【批注】选项，即可不显示文档中的批注。

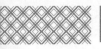

批阅文档

通过检查和审阅功能可以减少错误的出现，并能使文档内容更加完善。集合多人的批注并进行修改，可以使向他人或上级递交的文档更加专业。各类使用 Word 制作的单据、总结报告、或者与财务、管理相关的文档都需要经过他人的批阅，以减少错误。下面以批阅报价单文档为例介绍批阅文档的操作。

1. 添加批注

打开随书光盘中的"素材 \ch10\ 报价单.docx"素材文件，在文档中根据需要添加批注。

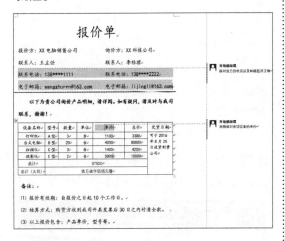

2. 修订文档

开启修订模式，根据需要对文档进行修订。

3. 回复批注，接受或拒绝修订

根据批注内容检查并修改文档后，可以对批注进行回复，然后接受正确的修订，拒绝错误的修订。

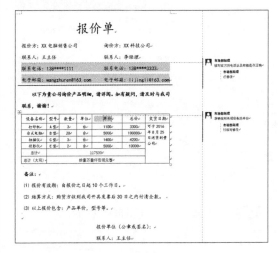

4. 删除批注，保存文档

批注文档后，就可以将批注内容删除，并将文档保存，之后就能够给他人发送专业的、准确的文档。

◇ 批量删除空白段落

如果文档中有大量的空白段落，一个个删除，比较浪费时间，下面介绍一种批量删除空白段落的方法，具体操作步骤如下。

第1步 在包含大量空白段落的文档中打开【查找和替换】对话框，并单击【更多】按钮，展开【搜索选项】组。

第2步 将鼠标光标放在【查找内容】文本框中，单击【特殊格式】按钮，在弹出的下拉列表中选择【段落标记】选项。

第3步 即可在【查找内容】文本框中输入段落标记符号"^p"，效果如下图所示。

第4步 使用同样的方法，在【查找内容】文本框中输入段落标记符号"^p^p"，并在【替换为】文本框中输入段落标记符号"^p"。单击【全部替换】按钮即可。

| 提示 |

如果有连续的多个空白行，可以多次单击【全部替换】按钮，直到提示替换完成为止。

◇ **全角、半角引号的互换**

在编辑文本时，英文文本常用的符号是英文符号（半角符号），而中文文本则需要使用中文标点符号（全角符号），如果使用有误，可以使用替换功能进行半角、全角符号的互换。下面以将半角引号替换为全角引号为例介绍，具体操作步骤如下。

第1步 在要进行半角全角引号替换的文档中打开【查找和替换】对话框，并单击【更多】按钮，显示更多选项，单击选中【区分半／全角】复选框。

第2步 将鼠标光标放在【查找内容】文本框中，切换至英文输入法，输入半角双引号左侧部分。

第3步 将鼠标光标放在【替换为】文本框中，切换至中文输入法，输入全角双引号左侧部分，单击【全部替换】按钮，即可完成左侧双引号的替换。

第4步 使用同样的方法，将鼠标光标放在【查找内容】文本框中，切换至英文输入法，输入半角引号右侧部分，将鼠标光标放在【替换为】文本框中，切换至中文输入法，输入全角引号右侧部分，单击【全部替换】按钮，即可完成右侧引号的替换。

第11章

Word 文档的打印与共享

📖 本章导读

　　打印机是自动化办公中不可缺少的组成部分，是重要的输出设备之一。具备办公管理所需的知识与经验，能够熟练操作常用的办公器材是十分必要的。本章主要介绍安装和设置打印机、打印文档、使用 OneDrive 共享文档等的方法。

🚀 思维导图

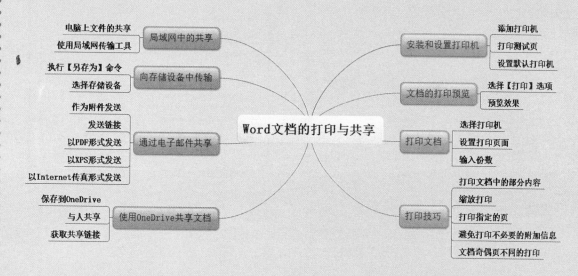

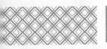

11.1 安装和设置打印机

连接打印机后，电脑如果没有检测到新硬件，可以通过安装打印机驱动程序的方法添加局域网打印机。具体操作步骤如下。

第1步 在【开始】按钮上单击鼠标右键，在弹出的快捷菜单中选择【控制面板】选项，打开【控制面板】窗口，选择【硬件和声音】列表中的【查看设备和打印机】链接。

第2步 弹出【设备和打印机】窗口，单击【添加打印机】按钮。

第3步 即可打开【添加设备】对话框，系统会自动搜索网络内的可用打印机，选择搜索到的打印机名称，单击【下一步】按钮。

提示

如果需要安装的打印机不在列表内，可单击下方的【我所需的打印机未列出】链接，在打开的【按其他选项查找打印机】对话框中选择其他的打印机。

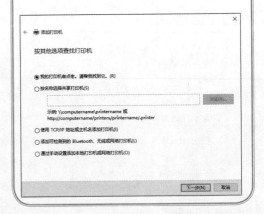

第4步 将会弹出【添加设备】对话框，进行打印机连接。

第5步 即可提示安装打印机完成。如需要打印测试页看打印机是否安装完成，单击【打印测试页】按钮，即可打印测试页。单击【完成】按钮，就完成了打印机的安装。

第6步 在【设备和打印机】窗口中，用户可以看到新添加的打印机。

提示

如果有驱动光盘，直接运行光盘，双击 Setup.exe 文件即可。

第7步 安装完成后，在【开始】按钮上单击鼠标右键，在弹出的快捷菜单中选择【控制面板】选项，打开【控制面板】窗口，选择【硬件和声音】列表中的【查看设备和打印机】选项。

第8步 弹出【设备和打印机】窗口，在要测试的打印机上单击鼠标右键，在弹出的快捷菜单中选择【设置为默认打印机】选项，选择后在打印机图标的右上角将显示一个图标，即表示将该打印机设置为默认打印机。设置完成后即可使用打印机打印文件。

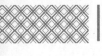

11.2 文档的打印预览

在进行文档打印之前，最好先使用打印预览功能查看即将打印文档的效果，以免出现错误，浪费纸张。

第1步 打开随书光盘中的"素材 \ch11\ 培训资料 .docx"文档。

第2步 在打开的 Word 文档中，单击【文件】选项卡，在弹出的界面左侧选择【打印】选项，在右侧即可显示打印预览效果。

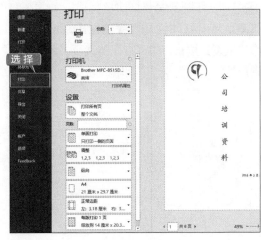

11.3 打印文档

当用户在打印预览中对所打印文档的效果感到满意时，就可以对文档进行打印。其方法很简单，具体的操作步骤如下。

第1步 在打开的"培训资料 .docx"文档中，单击【文件】选项卡，在弹出的界面左侧选择【打印】选项，在右侧【打印机】下拉列表中选择打印机。

第2步 在【设置】组中单击【打印所有页】后的下拉按钮，在弹出的下拉列表中选择【打印所有页】选项。

第3步 在【份数】微调框中设置需要打印的份数，如这里输入"3"，单击【打印】按钮即可打印当前文档。

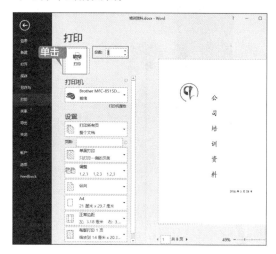

11.4 打印技巧

打印 Word 文档时不仅可以打印当前的文档，还可以利用一些小技巧打印文档中的部分内容、缩放打印、打印指定页面、在一张纸上打印多张页面、避免打印不必要的附加信息、文档奇偶页不同打印等。

11.4.1 打印文档中的部分内容

打印文档时，可以选择打印文档中的部分内容，避免打印不重要的内容而浪费纸张。具体操作步骤如下。

第1步 在打开的"培训资料.docx"文档中，单击【返回】按钮返回文档编辑界面，选择要打印的文档内容。

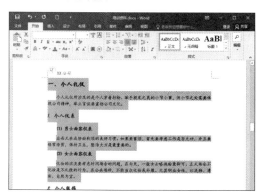

第2步 选择【文件】选项卡，在弹出的列表中选择【打印】选项，在右侧【设置】区域选择【打印所有页】选项，在弹出的快捷菜单中选择【打印所选内容】选项。

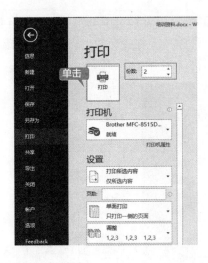

第3步 设置要打印的份数，单击【打印】按钮🖨️，即可进行打印。

> **提示**
>
> 打印后，就可以看到只打印出了所选择的文本内容。

11.4.2 缩放打印

打印 Word 文档时，可以将多个页面上的内容缩放到一页上打印。具体操作步骤如下。

第1步 打开的"培训资料.docx"文档中，单击【文件】选项卡，在弹出的界面左侧选择【打印】选项，进入打印预览界面。

第2步 在【设置】区域单击【每版打印1页】按钮后的下拉按钮，在弹出的下拉列表中选择【每版打印8页】选项。然后设置打印份数，单击【打印】按钮即可将8页的内容缩放到一页上打印。

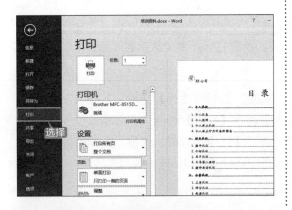

11.4.3 打印指定的页

在 Word 2016 中打印文档时，可以打印指定页面，这些页面可以是连续选择的，也可以是不连续的。具体操作步骤如下。

第1步 在打开的文档中，选择【文件】选项，在弹出的列表中选择【打印】选项，在右侧【设置】区域选择【打印所有页】右侧的下拉按钮，在弹出的快捷菜单中选择【自定义打印范围】选项。

第2步 在下方的【页数】文本框中输入要打

印的页码，并设置要打印的份数，单击【打印】按钮即可进行打印。

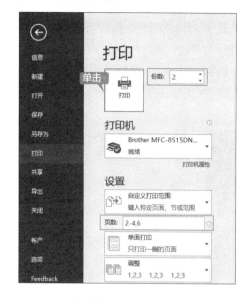

提示

连续页码可以使用英文半角连接符，不连续的页码可以使用引文半角逗号分隔。

11.4.4 避免打印不必要的附加信息

Word 文档进行打印时，用户可以设置不显示不必要的附加信息，如域代码。具体操作步骤如下。

第1步 打开随书光盘中的"素材 \ch11\ 培训资料 .docx"文件，单击【开始】选项卡，在弹出的下拉列表中选择【选项】选项。

第2步 弹出【Word 选项】对话框，选择【高级】选项卡，在右侧的【打印】区域中取消选中【打印域代码而非域值】复选框，单击【确定】按钮，即可在打印时避免打印该选项。

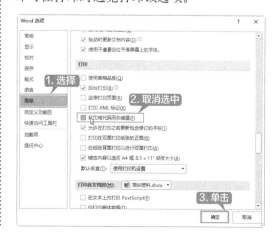

11.4.5 文档奇偶页不同的打印

在 Word 2016 中，打印文档的奇偶页时，可以将奇偶页进行双面打印。具体操作步骤如下。

第1步 打开的"培训资料 .docx"文档，单击【文件】选项卡，在弹出的界面左侧选择【打印】选项，进入打印预览界面。

第2步 在【设置】区域单击【单面打印】右侧的下拉按钮，在弹出的下拉列表中选择【双面打印】选项，即可完成文档奇偶页不同的打印设置。

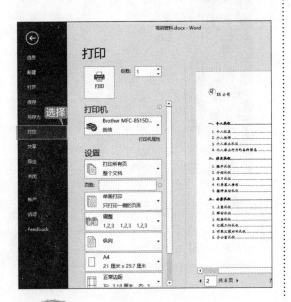

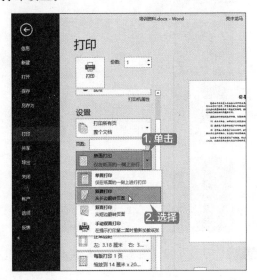

11.5 使用 OneDrive 共享文档

用户可以使用 OneDrive 把自己的个人文档放在网络或其他存储设备中，可以随时在有互联网的情况下查看和编辑文档，也可以与别人共享文档，便于同事之间的沟通合作。

11.5.1 保存到 OneDrive

Word 2016 用户可以把文档资料保存在 OneDrive 上，不仅可以使自己的文档随写随存，也可以提高工作效率。

第1步 打开 Word 2016 软件，单击【文件】选项卡，进入后台设置对话框面板。

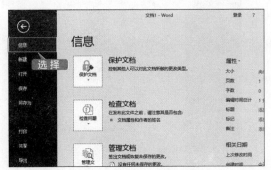

第2步 有两种方法可以找到【添加位置】服务，一种是单击【打开】选项，另一种是单击【账户】选项，这里我们单击【打开】选项。

第3步 单击【打开】区域的"OneDrive"选项，然后在右侧单击【登录】按钮。

第4步 弹出【登录】对话框，在文本框中输入邮件地址，单击【下一步】按钮。

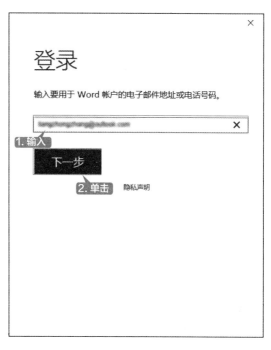

第5步 弹出【登录】对话框，在【密码】文本框中输入账户密码后单击【登录】按钮，即可登录 OneDrive— 个人账户。

第6步 这个时候可以看到在选择【打开】选项时，已经多了新添加的网盘位置，可以非常方便地打开云端 OneDrive 上的文件或者保存文件到云端 OneDrive 上。

11.5.2 与人共享

Word 2016 可以通过发送电子邮件的方式进行共享，发送电子邮件主要有【作为附件发送】【发送链接】【以 PDF 形式发送】【以 XPS 形式发送】和【以 Internet 传真形式发送】5 种形式。本节介绍如何以 PDF 形式进行发送。具体操作步骤如下。

第1步 单击【文件】选项卡，在弹出的下拉列表中选择【共享】选项，然后在【与人共享】区域中单击【保存到云】按钮。

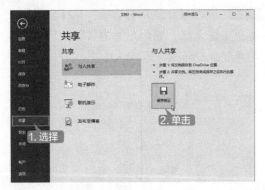

第2步 切换至【另存为】选项，在右侧单击【OneDrive- 个人】文件夹。

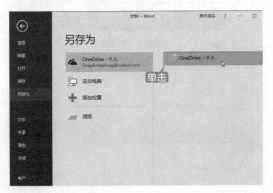

第3步 弹出【另存为】对话框，自动打开保存位置，设置【文件名】为"共享链接"，单击【保存】按钮。

第4步 返回到文档后，单击【与人共享】按钮。

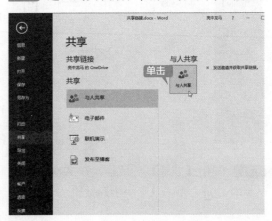

第5步 在文档中弹出【共享】窗格，单击【在通讯簿中搜索联系人】按钮。

第6步 弹出【通讯簿：全局地址列表】对话框，选择要分享的联系人，然后单击【收件人】按钮，设置与该联系人共享。

第7步 单击【确定】按钮，即可在【共享】

窗格中添加【邀请人员】，然后单击【共享】按钮。

第8步 在【共享】窗格中即可看到共享用户。

11.5.3 获取共享链接

使用 OneDrive 与别人共享时，还可以通过获取共享链接的方法进行共享，这就需要在共享之前先把文件保存在 OneDrive 上。具体操作步骤如下。

第1步 接 11.5.2 小节的操作，单击【获取共享链接】链接。

第2步 在【共享】窗格中单击【创建编辑链接】按钮，即可创建允许共享用户编辑文档的链接。

第3步 在出现的【编辑链接】右侧单击【复制】按钮，即可复制该链接，把链接发送至联系人即可。

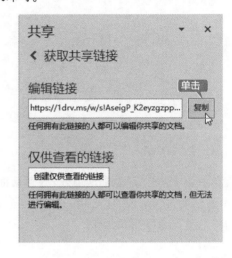

11.6 通过电子邮件共享

Word 2016 可以通过发送电子邮件的方式进行共享，发送电子邮件主要有【作为附件发送】【发送链接】【以 PDF 形式发送】【以 XPS 形式发送】和【以 Internet 传真形式发送】5 种形式。本节介绍以附件形式进行邮件发送，具体操作步骤如下。

第1步 使用 Word 2016 打开 Word 文档，选择【文件】→【共享】选项，然后选择【电子邮件】选项，接着在右侧单击【作为附件发送】按钮。

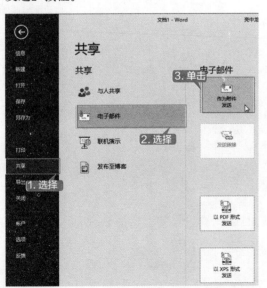

第2步 Outlook 2016会自动启动，在【收件人】中输入收件人邮箱地址和邮件内容，再单击【发送】按钮，即可将该文档以附件的形式发送到指定收件人的邮箱中。

11.7 向存储设备传输文档

用户可以将 Word 2016 文档传输到 U 盘等存储设备中，具体的操作步骤如下。

第1步 将存储设备 U 盘插入电脑的 USB 接口中，打开随书光盘中的"素材 \ch11\ 培训资料 . docx"文件。

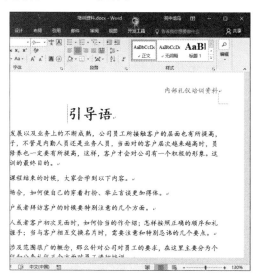

第2步 单击【文件】选项卡，在打开的列表中选择【另存为】选项，在【另存为】区域选择【这台电脑】选项，单击【浏览】按钮。

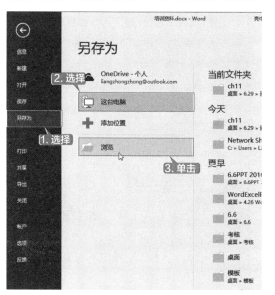

第3步 弹出【另存为】对话框，选择文档的存储位置为存储设备，单击【保存】按钮。

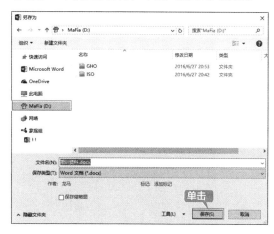

第4步 打开存储设备，即可看到保存的文档。

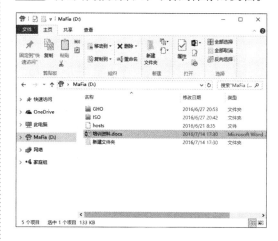

> **｜提示｜::::::::**
>
> 用户可以复制该文档，打开存储设备进行粘贴，也可以将文档传输到存储设备中。本例中的存储设备为 U 盘，如果使用其他存储设备，操作过程类似，这里不再赘述。

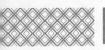

11.8 局域网中资源的共享

组建局域网，无论是什么规模什么性质的，最重要的就是实现资源的共享与传送，这样可以避免使用移动硬盘进行资源传递带来的麻烦。本节主要讲述如何共享文件夹资源以及在局域网内使用传输工具传输文件。

1. 电脑上文件的共享

可以将该文件夹设置为共享，同一局域网的其他用户，可直接访问该文件。共享文件夹的具体操作步骤如下。

第1步 选择需要共享的文件夹，单击鼠标右键并在弹出的快捷菜单中选择【属性】选项。

第2步 弹出【属性】对话框，选择【共享】选项卡，单击【共享】按钮。

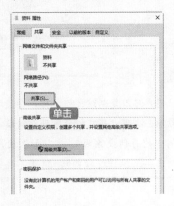

第3步 弹出【文件共享】对话框，单击【添加】

左侧的向下按钮，选择要与其共享的用户，本实例选择每一个用户"Everyone"选项，单击【添加】按钮，然后单击【共享】按钮。

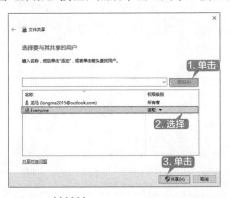

| 提示 |

文件夹共享之后，局域网内的其他用户可以访问该文件夹，并能够打开共享文件夹内的文件。此时，其他用户只能读取文件，不能对文件进行修改。如果希望同一局域网内的用户可以修改共享文件夹中文件的内容，可以在添加用户后，选择改组用户并且单击鼠标右键，在弹出的快捷菜单中选择【读取/写入】选项即可。

第 4 步 打开【你的文件夹已共享】窗口，单击【完成】按钮，即可成功将文件夹设为共享文件夹。

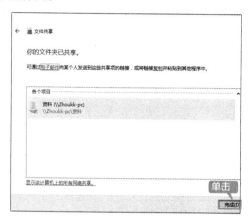

第 5 步 同一局域网内的其他用户就可以在【此电脑】的地址栏中输入"\\zhoukk- pc"（共享文件的存储路径），按【Enter】键后，系统自动跳转到共享文件夹的位置。

提示

\\zhoukk- pc 中，"\\"是指路径引用的意思，"zhoukk- pc"是指计算机名，而"\"是指根目录，如"L:\软件"就是指本地磁盘（L：）下的【软件】文件夹。地址栏中输入的"\\zhoukk- pc"根据电脑的名称的不同而不同。用户还可以直接输入电脑的 IP 地址，如果共享文件夹的电脑 IP 地址为 192.168.1.105，则直接在地址栏中输入 \\192.168.1.105 即可。

2. 使用局域网传输工具

共享文件夹提供同局域网的其他用户访问，虽然可以达到文件共享的方便，但是存在诸多不便因素，如存在其他用户不小心改写文件、修改文件不方便等情况。而在办公室环境中，传输文件工具也较为常见，如飞鸽传书工具，在局域网内也可以快速传输文件，有速度快、使用简单等特点。使用飞鸽传书工具在局域网传输文件的具体操作步骤如下。

（1）发送文件。

使用飞鸽传书工具发送文件的具体操作步骤如下。

第 1 步 在电脑桌面上双击飞鸽传输图标，打开飞鸽传书页面。

第 2 步 选择需要传书的文件，将其拖曳到飞鸽传书页面窗口中，选择需要传输到的同事姓名，单击【发送】按钮，即可将文件传送给该同事。同事收到文件后，会弹出"信封已经被打开"的提示，单击【确定】按钮，即可完成文件的传输。

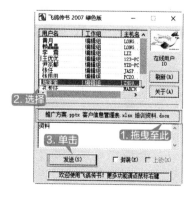

（2）接收文件。

使用飞鸽传书工具接收文件的具体操作步骤如下。

第1步 收文件时，首先会弹出飞鸽传书的【收到消息】对话框，显示发送者信息。单击【打开信封】按钮，会显示同事发送的文件名称，单击文件名称按钮。

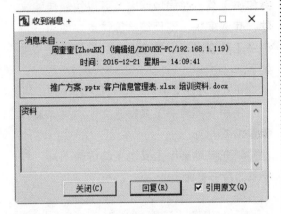

第2步 可打开【保存文件】对话框，选择将要保存的文件路径，单击【保存】按钮。

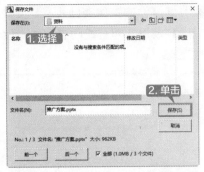

第3步 文件传输完成后，弹出【恭喜恭喜！文件传送成功！】对话框，单击【关闭】按钮，关闭对话框。

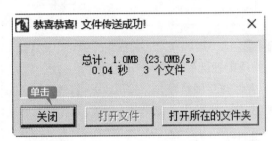

| 提示 |

单击【打开文件】按钮，可以直接打开同事传送的文件。

打印会议签到表

会议签到表是记录会议参加人的一种表格，其内容包括会议主题、会议时间、会议地点、会议主持人和会议参加人的签字，还包括会议内容纪要、会议记录等内容。使用会议签到表可以清楚了解会议的主要内容，并掌握与会人员的具体情况。

1. 插入页码

打开随书光盘中的"素材\ch11\会议签到表"文档，然后为文档设置页眉、页脚和页码。

2. 设置页边距

在【页面设置】对话框中，设置页边距【上】【下】为"1.4 厘米"，【左】【右】为"1.7 厘米"；

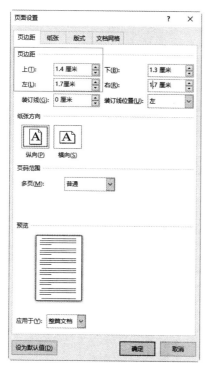

3. 设置页眉与页脚

在【页面设置】对话框的【版式】选项中设置【页眉和页脚】为"奇偶页不同"。

4. 打印文档

在【文件】选项卡下选择【打印】选项，并设置"双面打印"，设置【缩放打印】为"每版打印两页"，单击【打印】按钮，即可打印文档。

◇ 节省办公耗材——双面打印

打印文档时，可以设置双面打印，节省办公耗材。设置双面打印文档的具体操作步骤如下。

第1步 打开"培训资料 .docx"文档，单击【文件】选项卡，在弹出的界面左侧选择【打印】选项，进入打印预览界面。

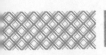

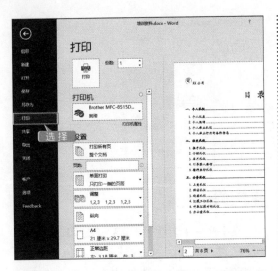

第2步 在【设置】区域单击【单面打印】按钮后的下拉按钮，在弹出的下拉列表中选择【手动双面打印】选项。然后选择打印机并设置打印份数，单击【打印】按钮 即可双面打印当前文档。

提示

双面打印包含"翻转长边的页面"和"翻转短边的页面"两个选项。选择"翻转长边的页面"选项，打印后的文档便于按长边翻阅；选择"翻转短边的页面"选项，打印后的文档便于按短边翻阅。

◇ 打印电脑中未打开的文档

在 Windows 10 中，可以不打开 Word 文档，对文档直接打印，具体操作步骤如下。

第1步 打开素材文件所在的文件夹。

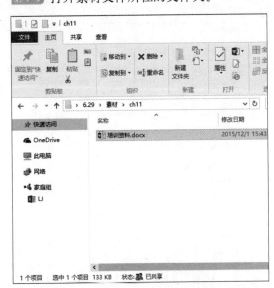

第2步 在要打印的文档上单击鼠标右键，在弹出的菜单列表中单击【打印】选项，即可自动打开该文档，并进行打印处理，打印完成后会自动关闭文档。

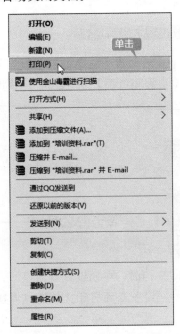

　　本篇主要介绍职场实战各种应用。通过本篇的学习，读者可以学习在行政文秘中的应用、在人力资源中的应用及在市场营销中的应用等操作。

第 12 章
在行政文秘中的应用

📖 本章导读

行政文秘涉及相关制度的制定和执行推动、日常办公事务管理、办公物品管理、文书资料管理、会议管理等，经常需要使用办公软件，本章主要介绍 Word 2016 在行政办公中的应用，包括排版公司奖惩制度文件、制作公文红头文件、费用报销单等。

◐ 思维导图

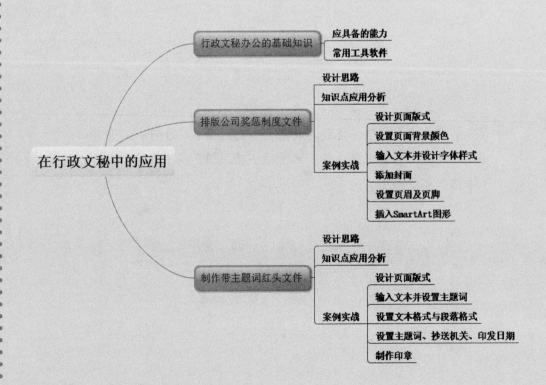

 行政文秘办公的基础知识

行政文秘办公通常需要掌握文档编辑软件 Word、数据处理软件 Excel、 文稿演示软件 PowerPoint、WPS、图像处理软件、网页制作软件及压缩工具软件等的使用。

 排版公司奖惩制度文件

公司奖惩制度可以有效调动员工的积极性，做到赏罚分明。

12.2.1 设计思路

设计公司奖惩制度版式时，要格式统一，样式简单，能够给阅读者严谨、正式的感觉，奖励和惩罚部分的内容可以根据需要设置不同的颜色，起到鼓励和警示的作用。

12.2.2 知识点应用分析

本节主要涉及以下知识点。
（1）设置页面及背景颜色。
（2）设置文本及段落格式。
（3）设置页眉、页脚。
（4）插入 SmartArt 图形。

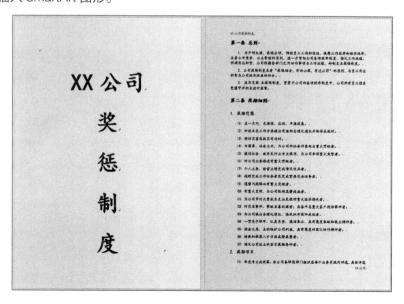

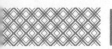

12.2.3 案例实战

排版公司奖惩制度文件的具体操作步骤如下。

1. 设计页面版式

第1步 新建一个空白 Word 文档，命名为"公司奖惩制度 .docx"文件。

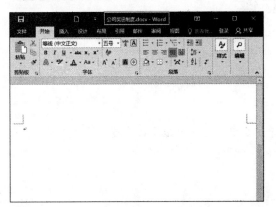

第2步 单击【布局】选项卡【页面设置】选项组中的【页面设置】按钮 ，弹出【页面设置】对话框。单击【页边距】选项卡，设置页边距的【上】边距值为"2.16 厘米"，【下】边距值为"2.16 厘米"，【左】边距值为"2.84 厘米"，【右】边距值为"2.84 厘米"。

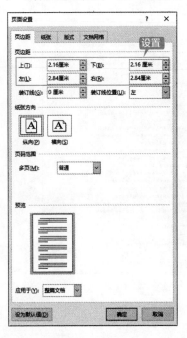

第3步 单击【纸张】选项卡，设置【纸张大小】为 "A4"。

第4步 单击【文档网格】选项卡，设置【文字排列】的【方向】为"水平"，【栏数】为"1"，单击【确定】按钮。

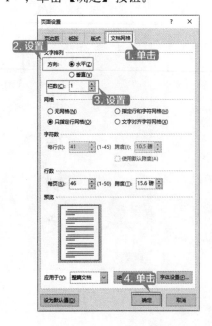

第5步 即可完成页面大小的设置。

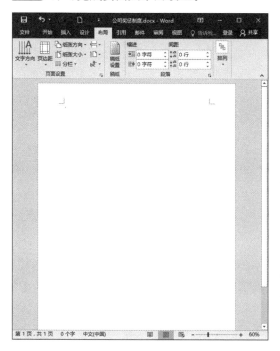

2. 设置页面背景颜色

第1步 单击【设计】选项卡下【页面背景】选项组中的【页面颜色】按钮，在弹出的下拉列表中选择【填充效果】选项。

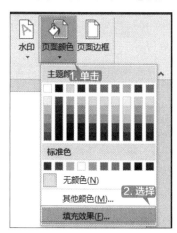

第1步 弹出【填充效果】对话框，单击【渐变】选项卡，在【颜色】组中单击选中【单色】单选按钮，单击【颜色1】后的下拉按钮，在下拉列表中选择一种颜色。

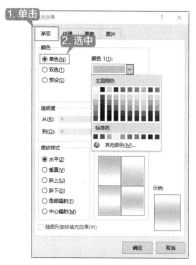

第3步 在下方向右侧拖曳【深浅】滑块，调整颜色深浅，选中【底纹样式】组中的【垂直】单选按钮，在【变形】区域选择右下角的样式，单击【确定】按钮，即可看到设置页面背景后的效果。

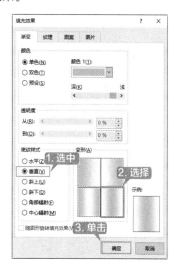

第4步 即可完成页面背景颜色的设置，效果如下图所示。

3. 输入文本并设计字体样式

第1步 打开随书光盘中的"素材 \ch12\ 奖罚制度 .txt"文档，复制其内容，然后将其粘贴到 Word 文档中。

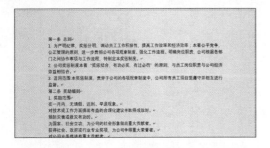

第2步 选择"第一条 总则"文字，设置其【字体】为"楷体"，【字号】为"三号"，添加【加粗】效果。

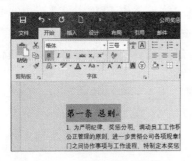

第3步 设置"第一条 总则"段落间距样式【段前】为"1 行"，【段后】为"0.5 行"，并设置其【行距】为"1.5 倍行距"。

第4步 双击【开始】选项卡下【剪贴板】组中的【格式刷】按钮，复制其样式，并将其应用至其他类似段落中。

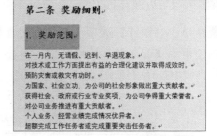

第5步 选择"1. 奖励范围"文本，设置其【字体】为"楷体"，【字号】为"14"，【段前】为"0 行"，【段后】为"0.5 行"，并设置其【行距】为"1.2 倍行距"，效果如下图所示。

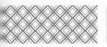

第6步 使用格式刷将样式应用至其他相同的段落中。

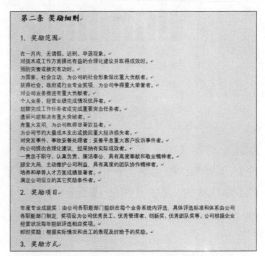

第7步 选择正文文本，设置其【字体】为"楷体"，【字号】为"12"，【首行缩进】为"2字符"，【段前】为"0.5行"，并设置其【行距】为"单倍行距"，效果如下图所示。

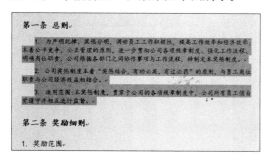

第8步 使用格式刷将样式应用于其他正文中。

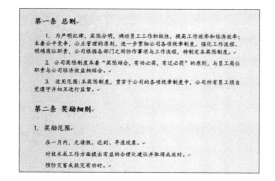

第9步 选择"1. 奖励范围"下的正文文本，单击【开始】选项卡下【段落】组中的【项目编号】按钮的下拉按钮，在弹出的下拉列表中选择一种编号样式。

第10步 为所选内容添加编号后效果如下图所示。

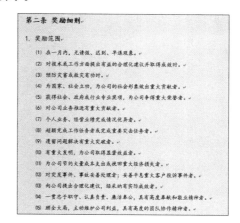

第11步 使用同样的方法，为其他正文内容设置编号。

4. 添加封面

第1步 将鼠标光标放置在文档最开始的位置，单击【插入】选项卡下【页面】组中的【分页】按钮。

第2步 插入空白页面，依次输入"××公司""奖""惩""制""度"文本，输入文本后按【Enter】键换行，效果如下图所示。

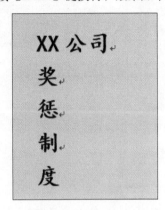

第3步 设置其【字体】为"楷体"，【字号】为"48"，并将其居中显示，调整行间距使文本内容占满这个页面。

5. 设置页眉及页脚

第1步 单击【插入】选项卡下【页眉和页脚】选项组中的【页眉】按钮，在弹出的下拉列表中选择【空白】选项。

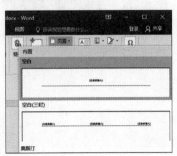

第2步 在页眉中输入内容，这里输入"××公司奖惩制度"。设置【字体】为"楷体"，【字号】为"五号"，并设置其"左对齐"。

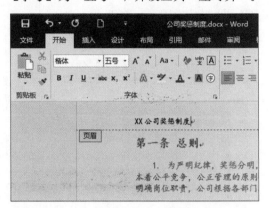

第3步 使用同样的方法为文档插入页脚内容"××公司"，设置页脚【字体】为"楷体"，【字号】为"五号"，并设置其"右对齐"。设置的效果如下图所示。

第4步 单击选中【设计】选项卡下【选项】组中的【首页不同】复选框，取消首页的页眉和页脚。单击【关闭页眉和页脚】按钮，关闭页眉和页脚。

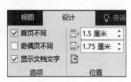

6. 插入 SmartArt 图形

第1步 将鼠标光标定位至"第二条 奖励细则"

的内容最后，并按【Enter】键另起一行，然后按【Backspace】键，在空白行输入文字"奖励流程："，设置【字体】为"楷体"，【字号】为"14"，【字体颜色】为"红色"，并设置"加粗"效果。

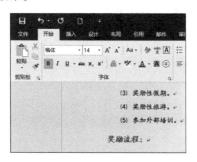

第2步 在"奖励流程："内容后按【Enter】键，单击【插入】选项卡下【插图】选项组中的【SmartArt】按钮。

第3步 弹出【选择 SmartArt 图形】对话框，选择【流程】选项卡，然后选择【重复蛇形流程】选项，单击【确定】按钮。

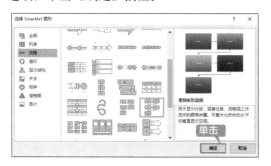

第4步 即可在文档中插入 SmartArt 图形，在 SmartArt 图形的【文本】处单击，输入相应的文字并调整 SmartArt 图形大小。

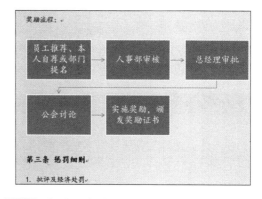

第5步 按照同样的方法，为文档添加"惩罚流程"SmartArt 图形，在 SmartArt 图形上输入相应的文本并调整大小后如图所示。

第6步 至此，公司奖罚制度制作完成。最终效果如图所示。

 12.3 制作带主题词红头文件

"红头文件"并非法律用语，是指各级政府机关，多指中央一级下发的带有大红字标题和红色印章的文件的俗称。

12.3.1 设计思路

红头文件是用于企业所有文书的抬头，表明企业的正规性和权威性。企业根据某一个部门或者某一个分公司进行字号的标记，如人字 XXX 号、行字 XXX 号，这样来区分各文件的种类。

红头文件通常是由行政部门制作。

12.3.2 知识点应用分析

制作红头文件主要涉及以下知识点。

（1）设置页面。

（2）设置主题词。

（3）设置文本格式及段落格式。

（4）插入自选图形、艺术字等。

12.3.3 案例实战

制作带主题词红头文件的具体操作步骤如下。

1. 设计页面版式

第1步 新建一个空白 Word 文档,保存为"带主题词红头文件 .docx"文件。

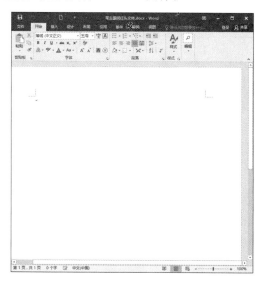

第2步 单击【布局】选项卡【页面设置】选项组中的【页面设置】按钮 🖾,弹出【页面设置】对话框。单击【页边距】选项卡,设置页边距的【上】边距值为"3 厘米,【下】边距值为"3 厘米",【左】边距值为"2.5 厘米",【右】边距值为"2.5 厘米",【方向】为纵向。

第3步 单击【纸张】选项卡,设置【纸张大小】为"A4"。

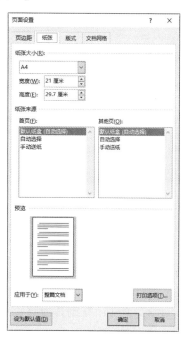

第4步 单击【文档网格】选项卡,设置【文字排列】的【方向】为"水平",【栏数】为"1",单击【确定】按钮。

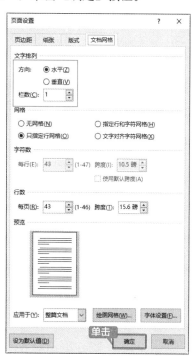

第5步 即可完成页面大小的设置。

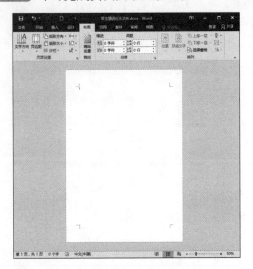

2. 输入文本并设置主题词

第1步 打开随书光盘中的"素材 \ch12\ 红头文件 .docx"文件，复制其内容，然后将其粘贴到 Word 文档中。

第2步 选择"×××有限公司文件"文本，设置其【字体】为"黑体"，【字号】为"一号"，【文字颜色】为"红色"，添加【加粗】效果，并【居中】显示，效果如下图所示。

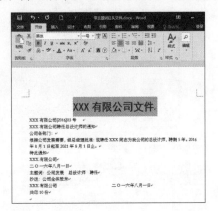

第3步 选择"×××有限公司[2016]03号"文本，设置其【字体】为"仿宋"，【字号】为"小三"，【字体颜色】为"黑色"，并【居中】显示，效果如下图所示。

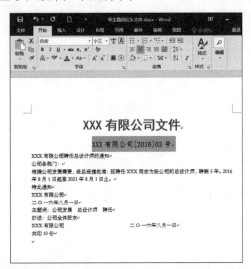

第4步 单击【插入】选项卡下【插图】组中的【形状】下拉按钮，在弹出的下拉列表中选择【直线】形状。鼠标指针变成十字形，按住【Shift】键，拖动鼠标从左到右画一条水平线。并设置【颜色】为"红色"，【粗细】为"2.25磅"，【长度】为"15.5厘米"，效果如下图所示。

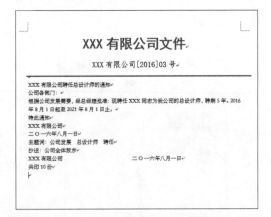

第5步 选择"×××有限公司聘任总设计师的通知"文本，设置其【字体】为"黑体"，【字号】为"三号"，添加【加粗】效果，设置【居中】显示，效果如下图所示。

3. 设置文本格式与段落格式

第1步 选择正文的第1段文本内容,设置【字体】为"仿宋",【字号】为"四号"。

第2步 效果如下图所示。

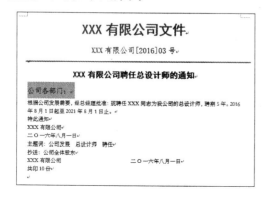

第3步 选择文本中第2段内容,设置【字体】为"仿宋",【字号】为"四号"。

第4步 单击【开始】选项卡下【段落】组中的【段落设置】按钮 ,弹出【段落】对话框,在【缩进】选项卡下设置【特殊格式】为"首行缩进",【缩进值】为"2字符",【行距】为"固定值",【设置值】为"25磅"。

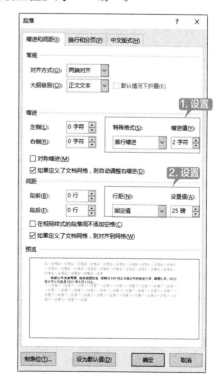

第5步 设置效果如下图所示。

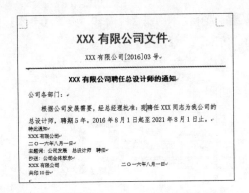

第6步 选择下方的3段文本内容，重复上面的操作设置其字体样式。并在"特此通知"段落前添加一个空行。

第7步 选择"×××有限公司 二〇一六年八月一日"文本，单击【开始】选项卡下【段落】组中的【右对齐】按钮，并在其前添加多个空行，下移文本位置，效果如下图所示。

4. 设置主题词、抄送机关、印发日期

第1步 选择"主题词：公司发展 总设计师 聘任"文本，设置【字体】为"黑体"【字号】为"三号"，添加【加粗】效果，效果如下图所示。

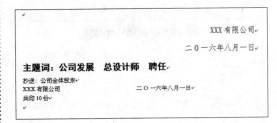

第2步 选中"抄送：公司全体股东"文本，设置【字体】"仿宋"，【字号】为"四号"。

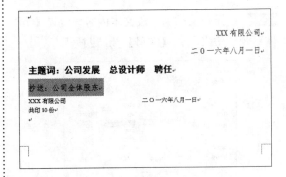

第3步 选择"×××有限公司 二〇一六年八月一日"文本，设置【字体】为"仿宋"，【字号】为"四号"。

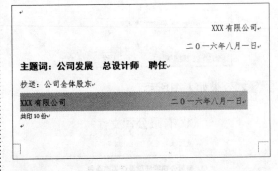

第4步 选择"共印10份"文本，设置【字体】为"仿宋"，【字号】为"小三"，设置【右对齐】显示，效果如下图所示。

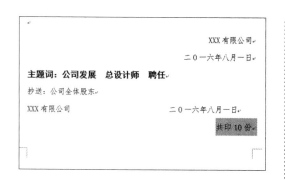

第 5 步 将"主题词""抄送机关""印发机关"三行的【间距】设置成"1.5 倍行距"。

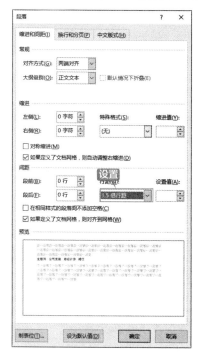

第 6 步 并在这三行下方分别插入直线,设置直线的【颜色】为"红色",【长度】为"15.5cm",【粗细】为"2.25 磅",效果如下图所示。

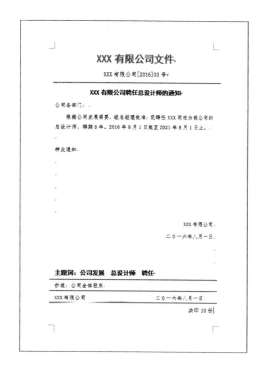

第 7 步 根据需要在主题词前增加两个空行,并适当调整文档布局,使所有内容在一个页面显示,效果如下图所示。

5. 制作印章

第 1 步 单击【插入】选项卡下【插图】组中的【形状】下拉按钮,在弹出的下拉列表中选择【椭圆】形状,鼠标指针变成十字形,按住【Shift】键,拖曳鼠标绘制出圆形,并设置【填充颜色】为"无填充颜色",【填充轮廓】为"红色"。

第 2 步 单击【插入】选项卡下【文本】组中的【艺术字】按钮,选择一种艺术字样式,输入"×××有限公司"文本,并另起一行插入"★"形状,设置【文本填充】为"红色"。

第3步 另起一行，插入"人事处"艺术字。并选择艺术字，设置【填充颜色】为"红色"，【填充轮廓】为"红色"。

第4步 选择"×××有限公司"艺术字，单击【格式】选项卡下【艺术字样式】组中的【文本效果】下拉按钮，在弹出的下拉列表中选择【abc转换】→【跟随路径】组中的【上弯弧】选项。

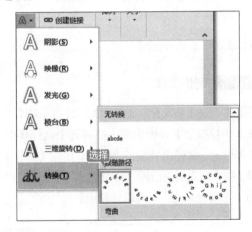

第5步 调整艺术字的大小和位置，效果如下图所示。

第6步 设置"人事处"艺术字的【文本效果】为"下弯弧"，并设置字体的大小。然后选择所有的艺术字及图形，并单击鼠标右键，在弹出的快捷菜单中选择【组合】→【组合】选项。

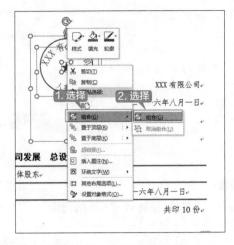

第7步 将组合后的图形移动至合适的位置，效果如下图所示。

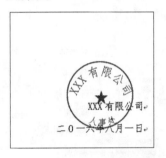

第8步 至此，带主题红头文件制作完成，按【Ctrl+S】组合件保存文档。最终效果如下图所示。

第13章
在人力资源中的应用

📖 本章导读

　　人力资源管理是一项系统又复杂的组织工作，使用 Word 2016 系列组件可以帮助人力资源管理者轻松、快速地完成各种文档的制作。本章主要介绍员工入职登记表、培训流程图的制作方法。

◎ 思维导图

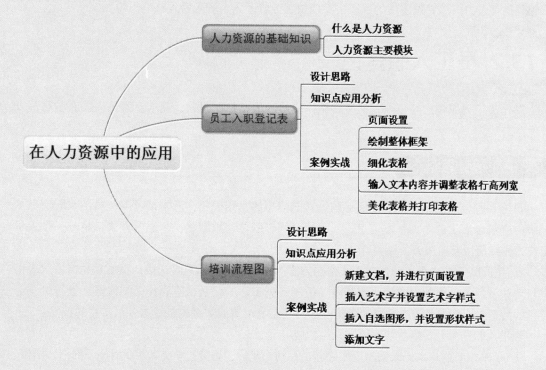

13.1 人力资源的基础知识

人力资源（Human Resources，HR）指在一个国家或地区中，处于劳动年龄、未到劳动年龄和超过劳动年龄但具有劳动能力的人口之和。

企业人力资源管理（Human Resource Management，HRM）是指根据企业发展要求，有计划地对人力资源进行合理配置，通过对企业员工的招聘、培训、使用、考核、激励、调整等一系列过程，充分调动员工的工作积极性，发挥员工的潜能，为企业创造价值，带来更大的效益，是企业的一系列人力资源政策以及相应的管理活动。通常包含以下内容。

（1）人力资源规划。

（2）岗位分析与设计。

（3）员工招聘与选拔。

（4）绩效考评。

（5）薪酬管理。

（6）员工激励。

（7）培训与开发。

（8）职业生涯规划。

（9）人力资源会计。

（10）劳动关系管理。

其中，人力资源规划、员工招聘与选拔、绩效管理、培训与开发、薪酬福利管理及劳动关系管理是有人力资源管理工作的六大主要模块，诠释了人力资源管理核心思想。

13.2 员工入职登记表

制作员工入职信息登记表，然后将制作完成的表格打印出来，要求新职员入职时填写，以便保存。

13.2.1 设计思路

员工入职信息登记表是企业保存职员入职信息的常用表格，通常情况下，员工入职信息登记表中应包含员工的个人基本信息、入职的时间、职位、婚姻状况、通信方式、特长、个人学习或工作经历以及自我评价等内容。

在 Word 2016 中可以使用插入表格的方式制作员工入职信息登记表，然后根据需要对表格进行合并、拆分、增加行或列、调整表格行高及列宽、美化表格等操作，制作出一份符合企业要求的员工入职信息登记表，是人事管理部门或者秘书需要掌握的最基本、最常用的技能。

员工入职信息登记表主要有以下几点构成。

（1）求职者的基本个人信息。如姓名、性别、年龄、籍贯、学历、入职时间、部门、岗位、

通信地址、联系电话等基本信息。

（2）技能特长。如专业等级，可以根据需要填写会计、建筑等专业等级，以及其他如外语等级、计算机等级、爱好等。

（3）学习及实践经历。对于刚毕业的大学生来说，可以填写在校期间的社会实践、参与的项目等；对于有工作经验的人，可以填写工作时间、职位以及主要成果等。

（4）自我评价。

13.2.2 知识点应用分析

本节主要涉及以下知识点。

（1）页面设置。

（2）输入文本，设置字体格式。

（3）插入表格，设置表格，美化表格。

（4）打印文档。

13.2.3 案例实战

制作员工入职信息登记表的具体操作步骤如下。

1. 页面设置

第1步 新建一个 Word 文档，并将其另存为"员工入职信息登记表 .docx"。单击【布局】选项卡【页面设置】选项组中的【页面设置】按钮 ，弹出【页面设置】对话框，单击【页边距】选项卡，设置页边距的【上】的边距值为"2.54 厘米"，【下】的边距值为"2.54厘米"，【左】的边距值为"1.5 厘米"，【右】的边距值为"1.5 厘米"。

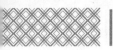

第2步 单击【纸张】选项卡，设置【纸张大小】为"A4"，【宽度】为"21厘米"，【高度】为"29.7厘米"。

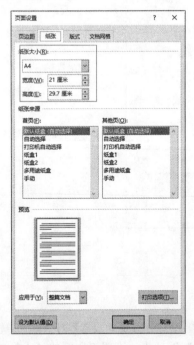

第3步 单击【文档网格】选项卡，设置【文字排列】的【方向】为"水平"，【栏数】为"1"，单击【确定】按钮，完成页面设置。

2. 绘制整体框架

第1步 在绘制表格之前，需要先输入员工入职信息登记表的标题，这里输入"员工入职信息登记表"文本，然后在【开始】选项卡中设置【字体】为"楷体"，【字号】为"小二"，"加粗"并进行居中显示，效果如下图所示。

第2步 按两次【Enter】键，对其进行左对齐，再单击【插入】选项卡【表格】选项组中的【表格】按钮，在弹出的下拉列表中选择【插入表格】选项。

第3步 弹出【插入表格】对话框,在【表格尺寸】选项区域中设置【列数】为"1",【行数】为"7"。

第4步 单击【确定】按钮,即可插入一个 7 行 1 列的表格。

> **提示**
>
> 也可以单击【插入】选项卡【表格】选项组中的【表格】按钮,在弹出的【插入表格】下方的表格区域拖曳鼠标指针选择要插入表格的行数与列数,快速插入表格。
>
>

3. 细化表格

第1步 将鼠标光标置于第 1 行单元格中,单击【布局】选项卡【合并】选项组中的【拆分单元格】按钮 拆分单元格,在弹出的【拆分单元格】对话框中,设置【列数】为"8",【行数】为"5",单击【确定】按钮。

第2步 完成第 1 行单元格的拆分。

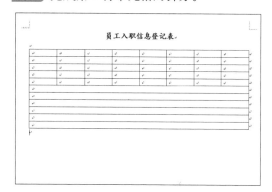

第3步 选择第 1 行中第 6 列至第 8 列的单元格,单击【布局】选项卡【合并】选项组中的【合并单元格】按钮 合并单元格,将其合并,效果如下图所示。

第4步 使用同样的方法,将前 5 行其他需要合并的单元格进行合并操作,效果如下图所示。

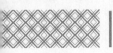

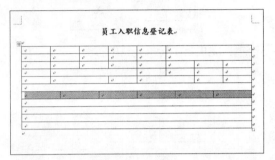

第5步 将第7行拆分为6列1行的表格，效果如下图所示。

第6步 将第8行至第10行分别拆分成1行2列的表格，效果如下图所示。

第7步 将鼠标光标放在最后一行结尾的位置，按【Enter】键，插入新行。

第8步 将倒数第2行拆分为6行3列的表格，效果如下图所示。

第9步 将拆分后的第1行合并，效果如下图所示。

第10步 将最后一行拆分为2行1列的表格，至此表格的整体框架设置完毕。效果如下图所示。

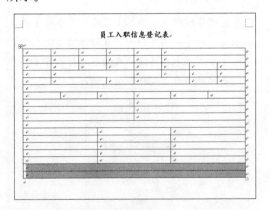

4. 输入文本内容并调整表格行高列宽

第1步 在表格中输入入职员工基本信息的名称，可以打开随书光盘中的"素材\ch15\员工入职登记表.docx"文件，并按照其中的内容输入，效果如下图所示。

第 2 步 选择表格内的所有文本,设置其【字体】为"华文楷体",【字号】为"12",【对齐方式】为"水平居中",效果如下图所示。

第 3 步 选择"技能、特长或爱好""工作及实践经历""自我评价"文本,调整其【字号】为"14",并添加"加粗"效果。

第 4 步 根据需要调整行号及列宽,使表格占满整个页面,效果如下图所示。

5. 美化表格并打印表格

第 1 步 选中需要设置边框的表格,单击【设计】选项卡下【表格样式】组中的【其他】按钮，在弹出的下拉列表中选择一种表格样式。

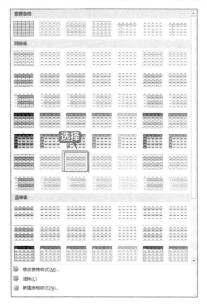

第 2 步 设置表格样式后的效果如下图所示。

第3步 设置表格样式后，表格中字体样式也会随之改变，还可以根据需要再次修改表格中的字体，效果如下图所示。

第4步 至此，就完成了员工入职信息登记表的制作，单击【文件】选项卡，在左侧列表中选择【打印】选项，选择打印机，输入要打印的份数，在右面的窗体中查看"员工入职信息登记表"的制作效果，单击【打印】按钮即可进行打印。

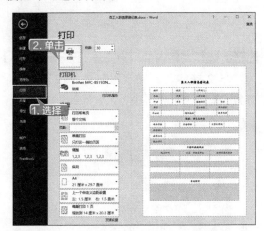

13.3 培训流程图

制作培训流程图，可以明确新员工的培训流程，加强新入职员工的管理。

13.3.1 设计思路

在 Word 2016 中可以制作培训流程图，然后根据需要对流程图进行设置字体格式，设置形状样式等操作，制作出一份符合公司实际情况并对公司发展有利的培训流程图。

培训流程图主要有以下几点构成。

（1）确定培训项目。

（2）确立培训标准。

（3）制订培训计划，并实施。

（4）分析评估培训效果。

13.3.2 知识点应用分析

本节主要涉及以下知识点。

（1）新建文档，设置页面。

（2）插入艺术字。

（3）插入形状，并设置形状样式。

（4）在形状中添加编辑文字。

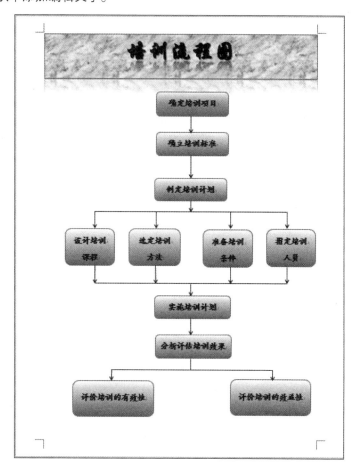

13.3.3 案例实战

制作员工入职培训流程图的具体步骤如下。

1. 新建文档，并进行页面设置

第1步 新建空白 Word 2016 文档，并保存为"培训流程图.docx"。

第2步 单击【布局】选项卡下【页面设置】组中的【页边距】按钮，在弹出的下拉列表中单击【自定义边距（A）】选项。

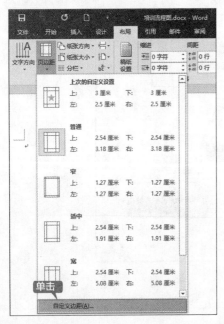

第3步 弹出【页面设置】对话框，在【页边距】选项卡下【页边距】组中可以自定义设置"上""下""左""右"页边距，将【上】【下】页边距均设为"1.2厘米"，将【左】【右】页边距均设为"2.0厘米"，设置【纸张方向】为"纵向"，在【预览】区域可以查看设置后的效果。

第4步 设置页边距后效果如下图所示。

第5步 单击【页面布局】选项卡【页面设置】选项组中的【纸张大小】按钮，在弹出的下拉列表中选择【其他纸张大小】选项。

第6步 在弹出的【页面设置】对话框中，在【纸张大小】选项组中设置【宽度】为"23厘米"，【高度】为"30厘米"，单击【确定】按钮。

第7步 设置完成后页面效果如下图所示。

2. 插入艺术字并设置艺术字样式

第1步 单击【插入】选项卡下【文本】组中的【艺术字】按钮，在弹出的下拉列表中选择一种艺术字样式。

第2步 即可在 Word 文档中插入"请在此放置您的文字"艺术字文本框。

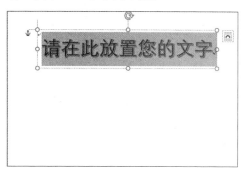

第3步 删除艺术字文本框中的内容，并输入"培训流程图"文本，即可看到创建艺术字后的效果。

第4步 在【开始】选项卡下【字体】组中设置【字体】为"华文行楷"，【字号】为"42"。

第5步 选中艺术字，在【绘图工具】→【格式】选项卡下【大小】组中设置【形状宽度】为"19厘米"。

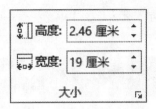

第6步 单击【开始】选项卡下【段落】组中的【居中】按钮，使艺术字在文本框中间显示。效果如下图所示。

第7步 选中艺术字，单击【绘图工具】→【格式】选项卡下【艺术字样式】组中的【文本填充】按钮，在弹出的下拉列表中选择"紫色"选项。

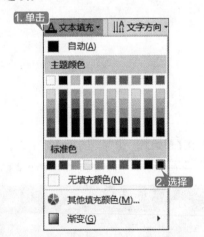

第8步 更改【文本填充】颜色为"紫色"后的效果如下图所示。

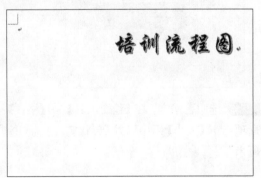

第9步 选中艺术字文本，单击【绘图工具】→【格式】选项卡下【艺术字样式】组中的【文本轮廓】按钮，在弹出的下拉列表中选择"深蓝"选项。

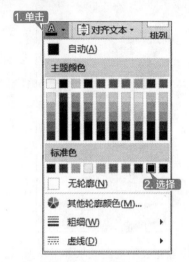

第10步 更改【文本轮廓】颜色为"深蓝"后的效果如下图所示。

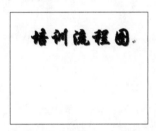

第11步 选中艺术字，单击【绘图工具】→【格式】选项卡下【艺术字样式】组中的【文本效果】按钮，在弹出的下拉列表中选择【映像】→【映像变体】组中的【紧密映像，4pt偏移量】选项。

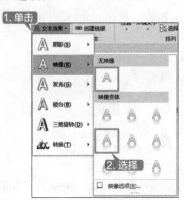

第 12 步 设置艺术字文本效果后的效果如下图所示。

第 13 步 单击【绘图工具】→【格式】选项卡下【形状样式】组中的【其他】按钮■。在弹出的下拉列表中选择一种主题样式。

第 14 步 设置主题样式后的效果如下图所示。

第 15 步 单击【绘图工具】→【格式】选项卡下【形状样式】组中的【形状填充】按钮，在弹出的下拉列表中选择【纹理】→【白色大理石】选项。

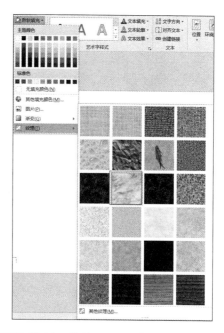

第 16 步 设置形状填充后效果如下图所示。

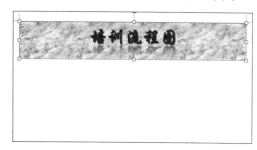

第 17 步 单击【绘图工具】→【格式】选项卡下【形状样式】组中的【形状效果】按钮右侧的下拉按钮，在弹出的下拉列表中选择【映像】→【映像变体】组下的【紧密映像，接触】选项。

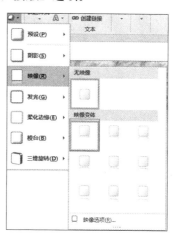

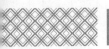
第18步 至此，就完成了艺术字的编辑操作，最终效果如下图所示。

3. 插入自选图形，并设置形状样式

第1步 单击【插入】选项卡下【插图】组中的【形状】按钮，在弹出的【形状】下拉列表中，选择【矩形】组下的【圆角矩形】形状。

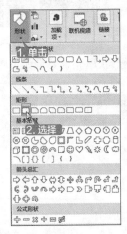

第2步 在文档中选择要绘制形状的起始位置，按住鼠标左键并拖曳至合适大小，松开鼠标左键，完成形状的绘制。

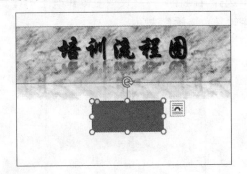

第3步 调整自选图形的大小与位置，单击【绘图工具】→【格式】选项卡下【形状样式】组中的【其他】按钮，在弹出的下拉列表中选择一种样式。

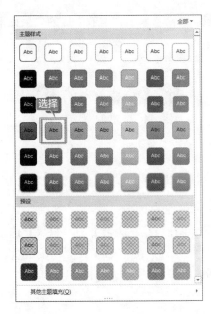

第4步 应用样式后的效果如下图所示。

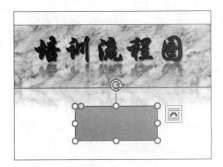

第5步 选择绘制的图形，单击【绘图工具】→【格式】选项卡下【形状样式】组中的【形状填充】按钮，在弹出的下拉列表中选择【渐变】→【其他渐变】选项。

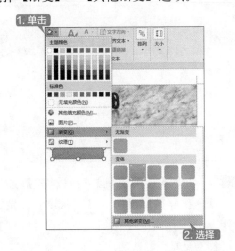

第6步 打开【设置形状格式】窗格，根据需要设置渐变的样式。设置完成，关闭【设置形状格式】窗格。

第7步 设置自选图形样式后的效果如下图所示。

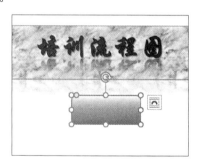

第8步 重复上面的操作步骤，插入其余的自选图形，并移动位置进行排列。

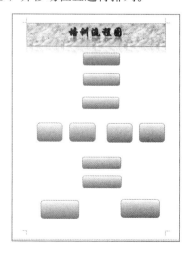

第9步 单击【插入】选项卡下【插图】组中的【形状】按钮，选择"箭头"形状，并鼠标左键拖曳在第1个图形和第2个图形之间绘制箭头形状。

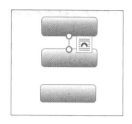

第10步 选择绘制的箭头，单击【绘图工具】→【格式】选项卡下【形状样式】组中的【形状轮廓】按钮，在弹出的下拉列表中选择"紫色"选项，将箭头颜色更改为"紫色"。

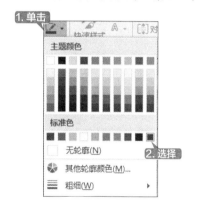

第11步 单击【绘图工具】→【格式】选项卡下【形状样式】组中的【形状轮廓】按钮，在弹出的下拉列表中选择【粗细】→【1.5磅】选项。

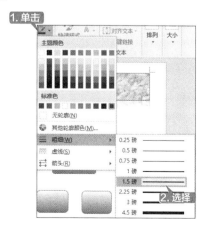

第12步 重复上面的操作，在【箭头】选项下选择一种箭头样式。

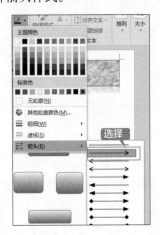

第13步 设置箭头形状样式后的效果如下图所示。

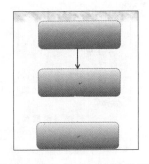

第14步 使用同样的方法，为其他图形间添加箭头形状。

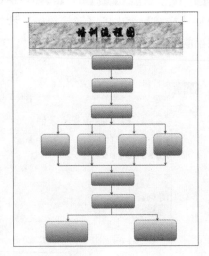

4. 添加文字

第1步 选择一个流程图，单击鼠标右键在弹出的快捷菜单中选择【添加文字】选项。

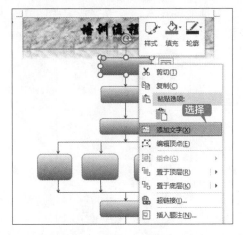

第2步 在流程图中添加文字，并设置文本的【字体】为"华文楷体"，【字号】为"16"，【字体颜色】为"紫色"，效果如下图所示。

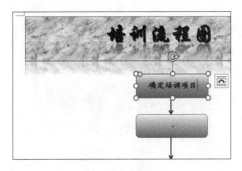

第3步 为其余的自选图形添加文字并设置文本格式，效果如下图所示。

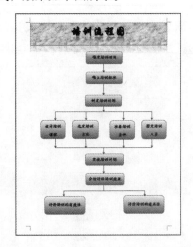

至此，就完成了培训流程图的制作，最后只需要按【Ctrl+S】组合键保存制作的文档即可。

第14章

在市场营销中的应用

📄 本章导读

本章主要介绍 Word 2016 在市场营销中的应用，主要包括使用 Word 制作产品使用说明书、市场调研分析报告等，通过本章学习，读者可以掌握 Word 2016 在市场营销中的应用。

🔘 思维导图

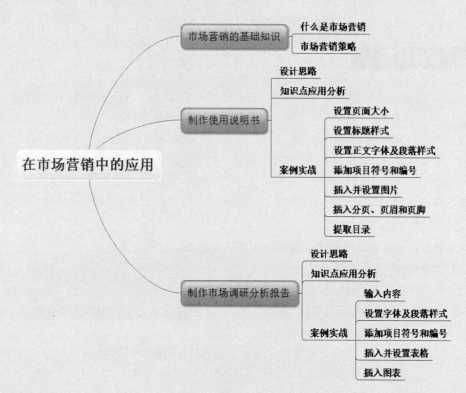

14.1 市场营销的基础知识

市场营销，又称为市场学、市场行销或行销学，市场营销是在创造、沟通、传播和交换产品中，为顾客、客户、合作伙伴以及整个社会带来价值的活动、过程和体系。以顾客需要为出发点，根据经验获得顾客需求量以及购买力的信息、商业界的期望值，有计划地组织各项经营活动，通过相互协调一致的产品策略、价格策略、渠道策略和促销策略，为顾客提供满意的商品和服务，从而实现企业目标的过程。

（1）价格策略主要是指产品的定价，主要考虑成本、市场、竞争等，企业根据这些情况来给产品进行定价。

（2）产品策略主要是指产品的包装、设计、颜色、款式、商标等，制作特色产品，让其在消费者心目中留下深刻的印象。

（3）渠道策略是指企业选用何种渠道使产品流通到顾客手中。企业可以根据不同的情况选用不同的渠道。

（4）促销策略主要是指企业采用一定的促销手段来达到销售产品、增加销售额的目的。

在市场营销领域可以使用 Word 制作市场调查报告、市场分析及策划方案等。

14.2 制作使用说明书

产品使用说明书主要是介绍公司产品的说明，便于用户正确使用公司产品，可以起到宣传产品、扩大消息和传播知识的作用，本节就使用 Word 2016 制作一份产品使用说明书。

14.2.1 设计思路

产品使用说明书主要指关于那些日常生产、生活产品的说明书。产品使用说明书的产品可以是生产消费品行业的，如电视机、耳机；也可以是生活消费品行业的，如食品、药品等。主要是对某一产品的所有情况的介绍或者某产品的使用方法的介绍，诸如介绍其组成材料、性能、存贮方式、注意事项、主要用途等。产品说明书是一种常见的说明文，是生产厂家向消费者全面、明确地介绍产品名称、用途、性质、性能、原理、构造、规格、使用方法、保养维护、注意事项等内容而写的准确、简明的文字材料。

产品使用说明书主要包括以下几点。

（1）首页，可以是"××产品使用说明书"或简单的"使用说明书"。

（2）目录部分，显示说明书的大纲。

（3）简单介绍或说明部分，可以简单地介绍产品的相关信息。

（4）正文部分，详细说明产品的使用说明，根据需要分类介绍。内容不需要太多，只需要抓住重点部分介绍即可，最好能够图文结合。

（5）联系方式部分，包含公司名称、地址、电话、电子邮件等信息。

14.2.2 知识点应用分析

制作产品使用说明书主要使用以下知识点。

（1）设置文档页面。

（2）设置字体和段落样式。

（3）插入项目符号和编号。

（4）插入并设置图片。

（5）插入分页。

（6）插入页眉、页脚及页码。

（7）提取目录。

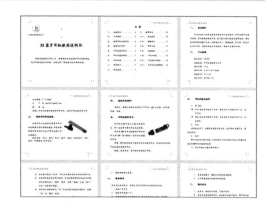

14.2.3 案例实战

使用 Word 2016 制作产品使用说明书的具体操作步骤如下。

1. 设置页面大小

第1步　打开随书光盘中的"素材 \ch14\ 使用说明书 .docx"文档，并将其另存为"××蓝牙耳机使用说明书 .docx"。

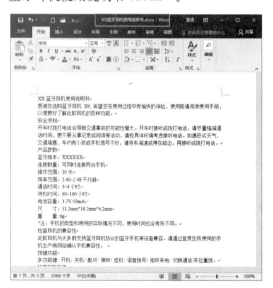

第2步　单击【布局】选项卡【页面设置】组中的【页面设置】按钮 ，弹出【页面设置】对话框，在【页边距】选项卡下设置【上】和【下】边距为"1.3 厘米"，【左】和【右】设置为"1.4

厘米"，设置【纸张方向】为"横向"。

第3步　在【纸张】选项卡下【纸张大小】下拉列表中选择【自定义大小】选项，并设置宽度为"14.8 厘米"、高度为"13.2 厘米"。

第 4 步 在【版式】选项卡下的【页眉和页脚】区域中单击选中【首页不同】复选框,并设置页眉和页脚距边距距离均为"1 厘米"。

第 5 步 单击【确定】按钮,完成页面的设置,设置后的效果如下图所示。

2. 设置标题样式

第 1 步 选择第 1 行的标题行,单击【开始】选项卡【样式】组中的【其他】按钮,在弹出的【样式】下拉列表中选择【标题】样式。

第 2 步 设置【字体】为"楷体",【字号】为"二号",效果如下图所示。

第 3 步 将鼠标光标定位在"安全须知"段落内,单击【开始】选项卡【样式】组中的【其他】按钮,在弹出的【样式】下拉列表中选择【创建样式】选项。

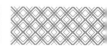

第4步 弹出【根据格式设置创建新样式】对话框，在【名称】文本框中输入样式名称"一级标题样式"，单击【修改】按钮。

第5步 弹出【根据格式设置创建新样式】对话框，在【样式基准】下拉列表中选择【无样式】选项，设置【字体】为"楷体"，【字号】为"12"，并添加【加粗】效果。单击左下角的【格式】按钮，在弹出的下拉列表中选择【段落】选项。

第6步 弹出【段落】对话框，在【常规】组

中设置【大纲级别】为"1级"，在【间距】区域中设置【段前】为"1行"、【段后】均为"1行"，设置【行距】为"单倍行距"，单击【确定】按钮，返回【根据格式设置创建新样式】对话框中，单击【确定】按钮。

第7步 设置样式后的效果如下图所示。

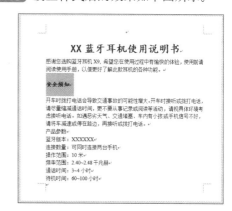

第8步 双击【开始】选项卡下【剪贴板】组中的【格式刷】按钮 ，使用格式刷将其他标题设置格式。设置完成，按【Esc】键结束格式刷命令。

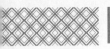

3. 设置正文字体及段落样式

第1步 选中标题下的正文内容，在【开始】选项卡下的【字体】组中根据需要设置正文的【字体】为"楷体"，【字号】为"11"，效果如下图所示。

第3步 设置段落样式后的效果如下图所示。

第4步 使用格式刷设置其他正文段落的样式。

第2步 单击【开始】选项卡【段落】组中的【段落设置】按钮 ，在弹出的【段落】对话框的【缩进和间距】选项卡中设置【特殊格式】为"首行缩进"，【磅值】为"2字符"，在【间距】组中设置【行距】为"固定值"，【设置值】为"20磅"，设置完成后单击【确定】按钮。

第 5 步 在设置说明书的过程中，如果有需要用户特别注意的地方，可以将其用特殊的字体或者颜色显示出来，选择第 2 页的"注意："文本，将其【字体颜色】设置为"红色"，并将其【加粗】显示。

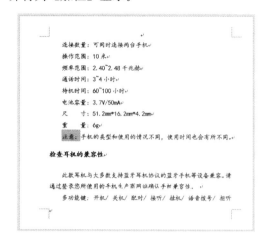

第 6 步 使用同样的方法设置其他"注意："及"警告："文本。

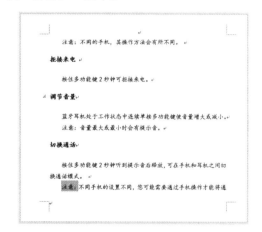

4. 添加项目符号和编号

第 1 步 将鼠标光标放置在"安全须知"文本内，单击【开始】选项卡下【编辑】组中【选择】按钮的下拉按钮，在弹出的下拉列表中选择【选择格式相似的文本】选项。

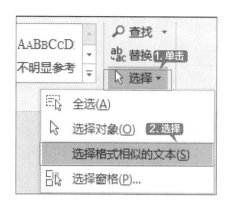

第 2 步 即可选择与该样式相近的所有内容。

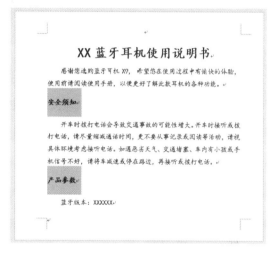

第 3 步 单击【开始】选项卡下【段落】组中【编号】按钮右侧的下拉按钮，在弹出的下拉列表中选择一种编号样式。

第4步 即可看到为所选段落添加编号，效果如下图所示。

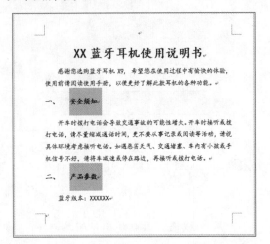

第5步 选中"六、 耳机的基本操作"标题下的"开／关机"内容，单击【开始】选项卡下【段落】组中【编号】按钮 ▤· 右侧的下拉按钮，在弹出的下拉列表中选择一种编号样式。

第6步 添加编号后的效果如下图所示。

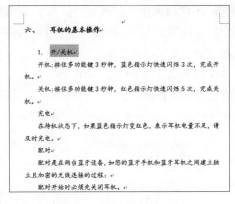

第7步 使用格式刷，将设置编号后的样式应用至其他段落内，效果如下图所示。

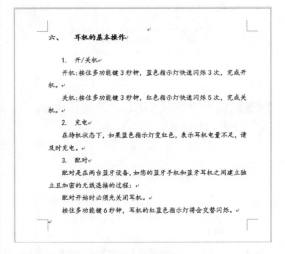

第8步 选中要添加项目符号内容。单击【开始】选项卡下【段落】组中【项目符号】按钮 ▤· 右侧的下拉按钮，在弹出的下拉列表中选择一种项目符号样式。

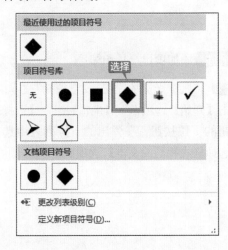

第9步 添加项目符号后的效果如下图所示。

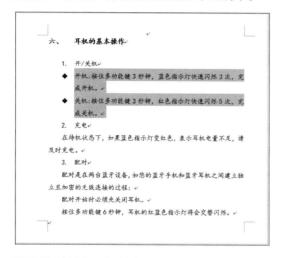

第10步 使用同样的方法，为其他需要添加编号或项目符号样式的段落添加编号或项目符号。

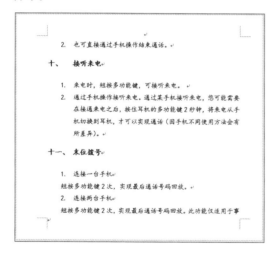

5. 插入并设置图片

第1步 将鼠标光标定位至"检查耳机兼容性"正文文本后，单击【插入】选项卡下【插图】选项组中的【图片】按钮，弹出【插入图片】对话框，选择随书光盘中的"素材\ch14\图片01.png"文件，单击【插入】按钮。

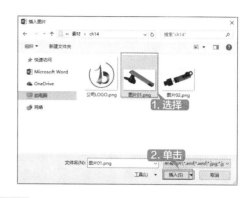

第2步 即可将图片插入文档中。

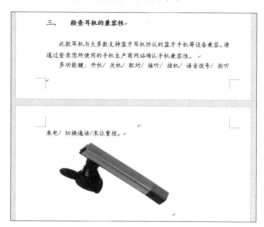

第3步 选中插入的图片，在【格式】选项卡下的【排列】选项组中单击【环绕文字】按钮的下拉按钮，在弹出的下拉列表中选择【四周型】选项。

第4步 根据需要调整图片的位置。

第5步 将鼠标光标定位至"对耳机进行充电"文本后，重复**第1步**，插入随书光盘中的"素材\ch14\图片02.png"文件，并适当地调整图片的大小。

6. 插入分页、页眉和页脚

第1步 制作使用说明书时，需要将某些特定的内容单独一页显示，这是就需要插入分页符。将鼠标光标定位在"产品使用说明书"下方第1段后，单击【插入】选项卡下【页面】组中的【分页】按钮。

第2步 即可看到将所选在一页显示的效果，选择"××蓝牙耳机使用说明书"文本，设置其【大纲级别】为"正文"，并在标题与正文之间插入两个空行。

第3步 调整标题文本的位置，使其在文档页面的中间显示。

第4步 插入"公司LOGO.png"图片，设置【环绕文字】为"浮于文字上方"，并调整至合适的位置和大小。

第 5 步 在图片下方绘制文本框，输入文本"××蓝牙耳机有限公司"，设置【字体】为"楷体"，【字号】为"五号"，并将文本框的【形状轮廓】设置为"无颜色"，效果如下图所示。

第 6 步 根据需要调整文档的段落格式，使其工整对齐。

第 7 步 将鼠标光标定位在第 2 页中，单击【插入】选项卡【页眉和页脚】组中的【页眉】按钮，在弹出的下拉列表中选择【空白】选项。

第 8 步 在页眉的【标题】文本域中输入"××蓝牙耳机使用说明书"，设置【字体】为"楷体"，【字号】为"小五"，将其设置为"左对齐"，效果如下图所示。

第 9 步 单击选中【设置】选项卡下【选项】组中的【奇偶页不同】复选框，设置奇偶页不同的页眉和页脚。

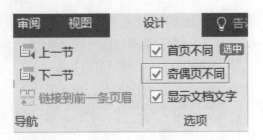

第10步 将鼠标光标放在偶数页页眉位置，插入空白页眉，并输入相关内容，效果如下图所示。

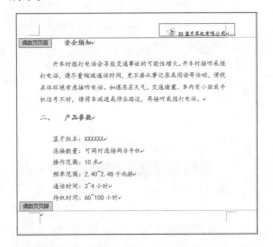

第11步 分别选择奇数页和偶数页页脚，单击【插入】选项卡下【页眉和页脚】组中的【页码】按钮，在弹出的下拉列表中选择【页面底端】→【普通数字3】选项。

第12步 单击【页眉和页脚工具】→【设计】选项卡下【关闭】组中的【关闭页眉和页脚】按钮，即可看到添加页码后的效果。

7. 提取目录

第1步 将鼠标光标定位在第2页开头位置，单击【插入】选项卡下【页面】组中的【空白页】按钮，插入一页空白页。

第2步 在插入的空白页中输入文本"目　录"，并根据需要设置字体的样式。

第3步 按【Enter】键换行，并清除新行的样式。单击【引用】选项卡下【目录】组中的【目录】按钮，在弹出的下拉列表中选择【自定义目录】选项。

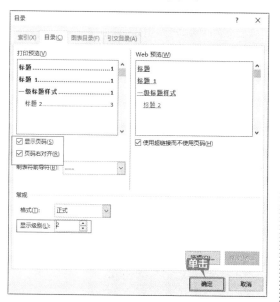

第4步 弹出【目录】对话框，设置【显示级别】为"2"，单击选中【显示页码】【页码右对齐】复选框。单击【确定】按钮。

第5步 提取说明书目录后的效果如下图所示。

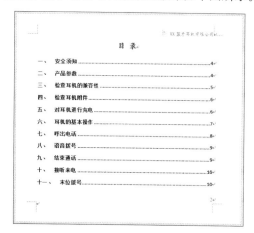

第6步 选择目录内容，设置其【字体】为"楷体"，【字号】为"五号"，并设置【行距】为"1.2"倍行距，效果如下图所示。

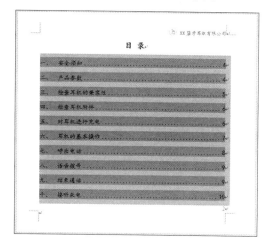

第7步 再次选择所有目录内容，单击【布局】选项卡下【页面】组中【分栏】按钮的下拉按钮，在弹出的下拉列表中选择【两栏】选项。

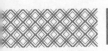

第8步 使目录内容在一个页面显示，效果如下图所示。

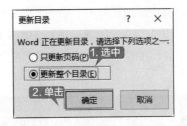

第9步 按【Ctrl+S】组合键保存制作完成的产品说明书文档，最后效果如下图所示。

> **提示**
>
> 提取目录后，如果对正文内容进行了修改，可以选择目录，并单击鼠标右键，在弹出的快捷菜单中选择【更新域】选项。弹出【更新目录】对话框，单击选中【更新整个目录】单选按钮，单击【确定】按钮来更新目录。

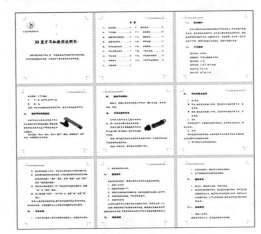

至此，就完成了产品使用说明书的制作。

14.3 制作市场调研分析报告

市场调查报告，就是根据市场调查、收集、记录、整理和分析市场对商品的需求状况以及与此有关的资料的文书，本节就使用 Word 2016 制作一份市场调研分析报告。

14.3.1 设计思路

市场调研报告是市场调研人员以书面形式，反映市场调研内容及工作过程，并提供调研结论和建议的报告。市场调研报告是市场调研研究成果的集中体现，其撰写的好坏将直接影响整个市场调研研究工作的成果质量。一份好的市场调研报告，能给企业的市场经营活动提供有效的导向作用，能为企业的决策提供客观依据。

市场调研分析报告具有以下特点。

（1）针对性。市场调研报告是决策机关决策的重要依据之一，必须有的放矢。

（2）真实性。市场调研报告必须从实际出发，通过对真实材料的客观分析，才能得出正确的结论。

（3）典型性。首先对调研得来的材料进行科学分析，找出反映市场变化的内在规律，然后总结出准确可靠的报告结论。

（4）时效性。市场调研报告要及时、迅速、准确地反映并解答现实市场中的新情况、新问题。

制作市场调研报告主要包括以下几点。

（1）输入调查目的、调查对象及其情况、调查方式、调查时间、调查内容、调查结果、调查体会等内容。

（2）设置报告文本内容的样式。

（3）以表格和图表的方式展示数据。

14.2.2 知识点应用分析

制作市场调研分析报告主要涉及以下知识点。

（1）设置字体和段落样式。

（2）插入项目符号和编号。

（3）插入并美化表格。

（4）插入并美化图表。

（5）保存文档。

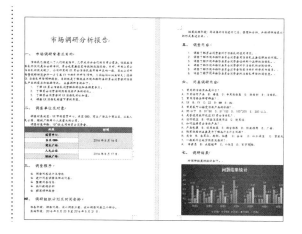

14.3.3 案例实战

使用 Word 2016 制作市场调研分析报告的具体操作步骤如下。

1. 输入内容

第1步 新建空白 Word 文档，并将其保存为"市场调研分析报告 .docx"。

第2步 输入"市场调研分析报告"文本，并设置【字体】为"华文楷体"，【字号】为"28"，并设置其【段前】为"1行"，【段后】为"1行"，【对齐方式】为"居中"，效果如下图所示。

第3步 按【Enter】键换行，并清除格式，打开随书光盘中的"素材 \ch14\ 市场调研报告 .docx"文档，并将其内容添加至"市场调研分析报告 .docx"文档中。

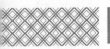

2. 设置字体及段落样式

第1步 选中第1段标题文本，在【开始】选项卡下的【字体】组中根据需要设置正文的【字体】为"华文楷体"，【字号】为"16"，效果如下图所示。

第2步 单击【开始】选项卡【段落】组中的【段落设置】按钮，在弹出的【段落】对话框【缩进和间距】选项卡的【间距】组中设置【段前】为"0.5"，【段后】为"0.5行"，并设置【行距】为"单倍行距"，设置完成后单击【确定】按钮。

第3步 设置段落样式后的效果如下图所示。

第4步 使用格式刷设置其他标题段落的样式，效果如下图所示。

第5步 使用同样的方法设置其他正文文本的【字体】为"楷体"，【字号】为"12"，并设置【段落缩进】为"首行缩进2字符"，【行距】为"单倍行距"，效果如下图所示。

第6步 选择"问卷调研内容"下的正文，设置其【字体】为"楷体"，【字号】为"12"，效果如下图所示。

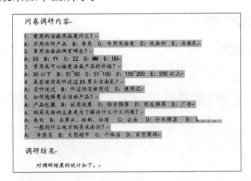

3. 添加项目符号和编号

第1步 选中"市场调研背景及目的"标题文本，单击【开始】选项卡下【段落】组中【编号】按钮右侧的下拉按钮，在弹出的下拉列表中选择一种编号样式。

第 2 步 添加编号后的效果如下图所示。

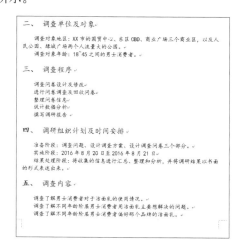

第 3 步 为其他标题添加编号，效果如下图所示。

第 5 步 效果如下图所示。

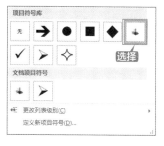

第 6 步 选中"三、 调查程序"标题下的文本，单击【开始】选项卡下【段落】组中【项目符号】按钮 右侧的下拉按钮，在弹出的下拉列表中选择一种项目符号样式。

第 4 步 选择"一、 市场调研背景及目的"标题下的最后 4 行文本，单击【开始】选项卡下【段落】组中【编号】按钮 右侧的下拉按钮，在弹出的下拉列表中选择一种编号样式。

第 7 步 添加项目符号后的效果如下图所示。

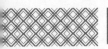
第8步 为其他需要添加编号和项目符号的文本添加编号和项目符号，效果如下图所示。

4. 插入并设置表格

第1步 将鼠标光标定位至"三、调查单位及对象"文本后，按【Enter】键换行，并清除当前段落的样式，单击【插入】选项卡下【表格】组中【表格】按钮的下拉按钮，在弹出的下拉列表中选择【插入表格】选项。

第2步 弹出【插入表格】对话框，设置【列数】为"2"，【行数】为"6"，单击【确定】按钮。

第3步 完成表格的插入，并在其中输入相关内容，效果如下图所示。

二、 调查单位及对象

第4步 选择插入的表格，单击【设计】选项卡下【表格样式】组中的【其他】按钮，在弹出的下拉列表中选择一种表格样式。

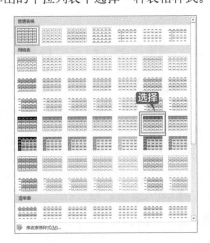

第5步 应用表格样式后的效果如下图所示。

第6步 根据需要设置表格中的字体样式以及行高，效果如下图所示。

第7步 选择第 2 列第 2 行至第 4 行的单元格，并单击鼠标右键，在弹出的快捷菜单中选择【合并单元格】选项。

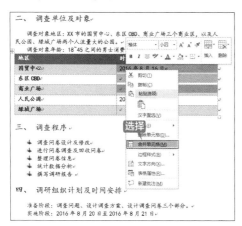

第8步 即可将选择的单元格区域合并，效果如下图所示。

第9步 使用同样的方法，合并第 2 列第 5 行至第 6 行的单元格，效果如下图所示。

第10步 选择插入的表格，在【布局】选项卡下设置【对齐方式】为"水平居中"，效果如下图所示。

5. 插入图表

第1步 将鼠标光标放在"调研结果"内容下方，按【Enter】键换行，单击【插入】选项卡下【插图】组中的【图表】按钮。

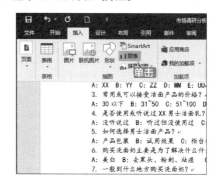

第2步 弹出【插入图表】对话框，选择"柱形图"→"簇状柱形图"图表类型，单击【确定】按钮。

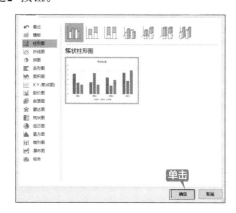

第3步 弹出【Microsoft Word 中的图表】工作簿，在其中输入如图所示的数据（可以打开随书光盘中的"素材 \ch14\ 调研结

果 .xlsx" 文件，根据其中的数据输入）。

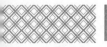

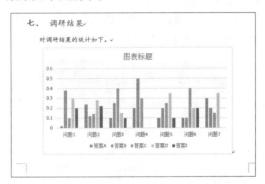

第4步 关闭【Microsoft Word中的图表】工作簿，完成图表的插入，将图表居中对齐，效果如下图所示。

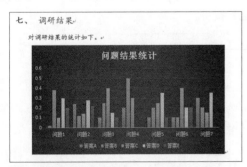

第5步 选择插入的图表，在【设计】选项卡下【图表样式】组中选择一种图表样式并输入图表标题"问题结果统计"，效果如下图所示。

第6步 选择插入的图表，单击【设计】选项卡下【图表布局】组中【添加图表元素】按钮的下拉按钮，在弹出的下拉列表中选择【数据标签】→【数据标签外】选项。

第7步 即可完成添加数据标签的操作，根据需要调整图表的大小，效果如下图所示。

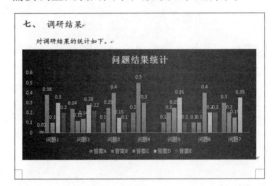

第8步 按【Ctrl+S】组合键保存制作完成的市场调研分析报告文档，最后效果如下图所示。

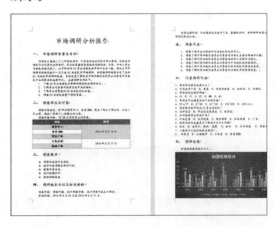

至此，就完成了市场调研分析报告文档的制作。

第**6**篇

高效秘籍篇

　　本篇主要介绍高效秘籍各种操作。通过本篇的学习，读者可以学习文档自动化处理、多文档的处理技巧、Word 与其他 Office 组件协作及 Office 的跨平台应用——移动办公等操作。

第15章

文档自动化处理

📄 本章导读

使用 Word 时，有时需要重复进行某项工作，此时可以将一系列的命令和指令组合到一起，形成新的命令，以实现任务执行的自动化。本章主要通过介绍宏与 VBA 的使用、域的使用以及邮件合并等内容介绍文档自动化处理的操作。

思维导图

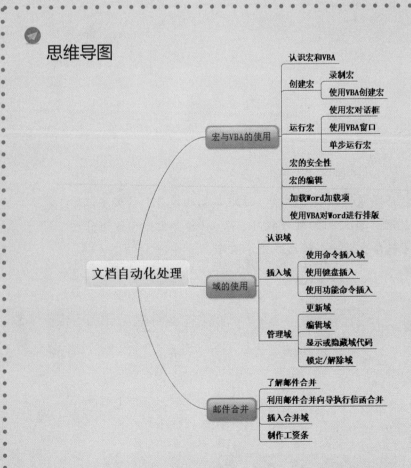

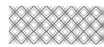

15.1 宏与 VBA 的使用

宏的用途非常广泛，其中最典型的应用就是可将多个选项组合成一个选项的集合，Visual Basic for Applications（VBA）是 Visual Basic 的一种宏语言。本节就来介绍宏与 VBA 在 Word 中的使用。

15.1.1 认识宏和 VBA

在使用宏和 VBA 之前，首先需要认识宏和 VBA。

1. 宏的定义

宏是由一系列的菜单选项和操作指令组成的、用来完成特定任务的指令集合。Visual Basic for Applications（VBA）是一种基于 Visual Basic 的宏语言。实际上宏是一个 Visual Basic 程序，这条命令可以是文档编辑中的任意操作或操作的任意组合。无论以何种方式创建的宏，最终都可以转换为 Visual Basic 的代码形式。

如果在 Office 办公软件中重复进行某项工作，可用宏使其自动执行。宏将一系列的命令和指令组合在一起，形成一个命令，以实现任务执行的自动化。用户可以创建并执行一个宏，以替代人工进行一系列费时而重复的操作。

2. 什么是 VBA

VBA 是 Visual Basic for Applications 的缩写，它是 Microsoft 公司在其 Office 套件中内嵌的一种应用程序开发工具。VBA 与 VB 具有相似的语言结构和开发环境，主要用于编写 Office 对象（如窗口、控件等）的时间过程，也可以用于编写位于模块中的通用过程。但是，VBA 程序保存在 Office 2016 文档内，无法脱离 Office 应用环境而独立运行。

3. VBA 与宏的关系

在 Microsoft Office 中，使用宏可以完成许多任务，但是有些工作却需要使用 VBA 而不是宏来完成。

VBA 是一种应用程序自动化语言。所谓应用程序自动化，是指通过脚本让应用程序（如 Word）自动化完成一些工作。如设置文本字体样式或段落样式、打开文档、关闭文档等，使宏完成这些工作的正是 VBA。

VBA 子过程总是以关键字 Sub 开始的，接下来是宏的名称（每个宏都必须有一个唯一的名称），然后是一对括号，End Sub 语句标志着过程的结束，中间包含该过程的代码。

宏有两个方面的好处：一是在录制好的宏基础上直接修改代码，可以减轻工作量；二是在 VBA 编写中碰到问题时，从宏的代码中可以学习解决方法。

但宏的缺陷就是不够灵活，因此，我们在碰到以下情况时，应尽量使用 VBA 来解决：使数据库易于维护；使用内置函数或自行创建函数；处理错误消息等。

4. VBA 与宏的用途及注意事项

使用 VBA 和宏的主要作用就是将一系列命令集合到一起，在 Office 中可以加速日常编辑或格式的设置，使一系列复杂的任务得以自动执行，从而简化操作。

（1）可以摆脱乏味的多次重复性操作。

（2）将多步操作整合到一起，成为一个命令集合，一次性完成多步操作。

（3）让Office自动化操作取代人工操作。

（4）增强 Office 程序的易用性，帮助用户轻松实现想要完成的任务。

使用 VBA 和宏时需要注意以下几点。

（1）使用宏时要设置宏的安全性，防止宏病毒。

（2）录制宏后可以在 VBE 编辑器中编辑代码，使代码简化。

15.1.2 创建宏

宏的用途非常广泛，其中最典型的应用就是可将多个选项组合成一个选项的集合，以加速日常编辑或格式的设置，使一系列复杂的任务得以自动执行，从而简化所做的操作。本节主要介绍如何录制宏和使用 Visual Basic 创建宏。

1. 录制宏

执行录制宏命令后，在 Word 2016 中进行的任何操作都能记录在宏中，可以通过录制的方法来创建"宏"。具体操作步骤如下。

第1步 打开随书光盘中的"素材 \ch15\ 宏与 VBA.docx"文档，选择"录制宏"文本，单击【开发工具】选项卡下【代码】组中的【录制宏】按钮 录制宏。

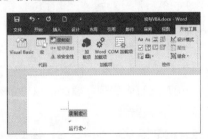

第2步 弹出【录制宏】对话框，在此对话框中可设置宏的名称、宏的保存位置、说明等，这里设置【宏名】为"录制新宏"，然后单击【确定】按钮。

第3步 此时即处于录制宏的状态，对所选文本进行的各项操作都会被记录下来，设置【字体】为"楷体"，【字号】为"24"，并添加【加粗】效果。

第4步 录制完成，单击【开发工具】选项卡下【代码】组中的【停止录制】按钮 停止录制，就完成了录制宏的操作。

2. 使用 VBA 创建宏

除了使用录制的方法创建宏外，还可以直接使用 VBA 创建宏。具体操作步骤如下。

第1步 在打开的"宏与 VBA.docx"素材文件中，单击【开发工具】选项卡下【代码】选项组中的【Visual Basic】按钮。

第2步 打开【Visual Basic】窗口，选择【插入】→【模块】选项。

第3步 弹出【宏与 VBA－ 模块 1（代码）】窗口，将需要设置的代码（可复制素材 \ch15\15.1.txt 中的）输入或复制到【宏与 VBA－ 模块 1（代码）】窗口中。

> **提示**
>
> 该段代码主要是设置文本的【字体】为"华文楷体"，【字号】为"22"，并设置段落【段前】和【段后】分别为"0.5 行"，【行距】为"单倍行距"。

第4步 编写完宏后，选择【文件】→【保存宏与 VBA】选项，然后关闭 VBA 窗口。

> **提示**
>
> 如果无法保存文档代码，可以将文档另存为"启用宏的 Word 文档（*.docm）"格式。

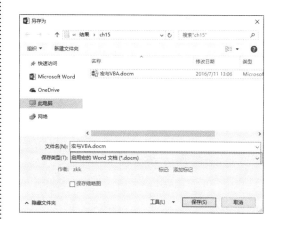

15.1.3 运行宏

宏的运行是执行宏命令并在屏幕上显示运行结果的过程。在运行一个宏之前，首先要明确这个宏将进行什么样的操作。运行宏有多种方法。

1. 使用宏对话框运行

在【宏】对话框中运行宏是较常用的一种方法。使用【宏】对话框运行宏的具体操作步骤如下。

第1步 在打开的"宏与 VBA.docx"文件，选择"运行宏"文本。

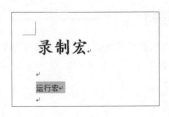

第2步 单击【开发工具】选项卡下【代码】选项组中的【宏】按钮，弹出【宏】对话框，在【宏的位置】下拉列表框中选择【所有的活动模板和文档】选项。

第3步 在【宏名】列表框中选择要执行的宏"录制新宏"，单击【单步执行】按钮执行宏命令。

第4步 即可看到对所选择内容执行宏命令后的效果。

2. 使用 VBA 窗口运行宏

使用 VBA 编辑器创建宏后，可以直接在 VBA 编辑窗口中运行宏。具体操作步骤如下。

第1步 打开"宏与VBA.docx"文件，选择"使用 VBA 创建宏"文本。并在 VBA 窗口中选择【运行】→【运行子过程／用户窗体】选项或者按【F5】键。

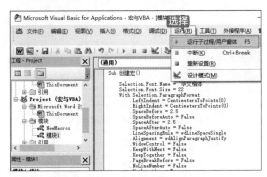

第2步 即可运行使用 VBA 窗口创建的宏，运行后效果如下图所示。

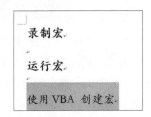

3. 单步运行宏

单步运行宏的具体操作步骤如下。

第1步 打开【宏】对话框，在【宏名】列表框中选择宏命令，单击【单步执行】按钮。

第2步 弹出编辑窗口。选择【调试】→【逐语句】选项，或者按【F8】键单步运行宏。

15.1.4 宏的安全性

宏在为用户带来方便的同时，也带来了潜在的安全风险，因此，掌握宏的安全设置就可以帮助用户有效地降低使用宏的安全风险。

1. 宏的安全作用

宏语言是一类编程语言，其全部或多数计算是由扩展宏完成的。宏语言并未在通用编程中广泛使用，但在文本处理程序中应用普遍。

宏病毒是一种寄存在文档或模板的宏中的计算机病毒。一旦打开这样的文档，其中的宏就会被执行，于是宏病毒就会被激活，转移到计算机上，并驻留在 Normal 模板上。从此以后，所有自动保存的文档都会"感染"上这种宏病毒。而且如果其他用户打开了感染病毒的文档，宏病毒又会转移到他的计算机上。

因此，设置宏的安全是十分必要的。

2. 修改宏的安全级

为保护系统和文件，请不要启用来源未知的宏。如果有选择地启用或禁用宏，并能够访问需要的宏，可以将宏的安全性设置为"中"。这样，在打开包含宏的文件时，就可以选择启用或禁用宏，同时能运行任何选定的宏。

第1步 单击【开发工具】选项卡下【代码】组中的【宏安全性】按钮。

第2步 弹出【信任中心】对话框，单击选中【禁用所有宏，并发出通知】单选按钮，单击【确定】按钮即可。

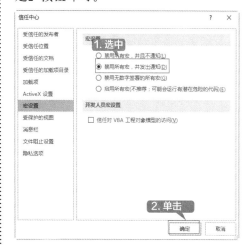

15.1.5 宏的编辑

无论是使用录制的方法创建的宏还是直接在 VBA 中输入的宏代码，都可以根据需要进行编辑。具体操作步骤如下。

第1步 在打开的"宏与VBA.docx"文件，单击【开发工具】选项卡下【代码】选项组中的【宏】按钮。

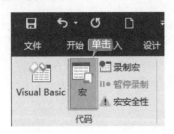

第2步 弹出【宏】对话框，选择要编辑的宏名称，这里选择"录制新宏"，单击【编辑】按钮。

第3步 打开VBA编辑窗口，并显示录制的宏代码。

第4步 将【字体】更改为"华文行楷"，更改【字号】为"26"。

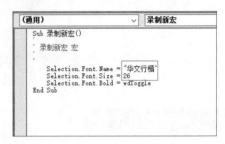

第5步 选择要修改样式的文本内容，并执行修改后的宏。

第6步 编辑宏并执行宏命令后的效果如下图所示。

15.1.6 加载Word加载项

通常创建的宏会保存到Normal文件中，如果要在新文档中使用已经创建好的宏文件，就可以加载Word加载项，具体操作步骤如下。

第1步 单击【开发工具】选项卡下【加载项】选项组中的【Word加载项】按钮。

第2步 弹出【模板和加载项】对话框，单击【文档模板】组中的【选用】按钮。

第3步 弹出【选用模板】对话框，选择要使用的 Normal 文件，单击【打开】按钮。

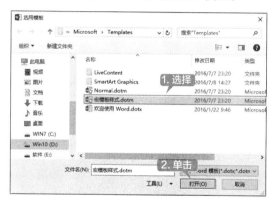

第4步 返回【模板和加载项】对话框，然后单击【确定】按钮，就完成了加载 Word 加载项的操作，之后便可以加载宏命令。

15.1.7 使用 VBA 对 Word 进行排版

使用 VBA 可以方便地对 Word 进行排版。特别是在版式重复时，使用 VBA 可以节省大量的时间。

1. 创建 VBA 代码

第1步 打开随书光盘中的"素材 \ch15\Word 排版 .docx"文件，单击【开发工具】选项卡下【代码】选项组中的【宏】按钮。

第2步 弹出【宏】对话框，在【宏名】文本框中输入"设置标题"，单击【创建】按钮。

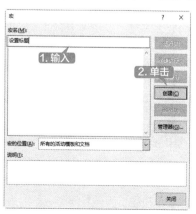

第3步 弹出 VBA 编辑窗口，输入下面的代码（素材 \ch15\15.3.txt）。

```
Selection.Font.Name = " 华文楷体 "
Selection.Font.Size = 22
With Selection.ParagraphFormat
    .LeftIndent = CentimetersToPoints(0)
    .RightIndent = CentimetersToPoints(0)
    .SpaceBefore = 2.5
    .SpaceBeforeAuto = False
    .SpaceAfter = 2.5
    .SpaceAfterAuto = False
    .LineSpacingRule = wdLineSpaceSingle
    .Alignment = wdAlignParagraphJustify
    .WidowControl = False
    .KeepWithNext = False
    .KeepTogether = False
    .PageBreakBefore = False
    .NoLineNumber = False
    .Hyphenation = True
    .FirstLineIndent = CentimetersToPoints(0)
    .OutlineLevel = wdOutlineLevelBodyText
    .CharacterUnitLeftIndent = 0
    .CharacterUnitRightIndent = 0
    .CharacterUnitFirstLineIndent = 0
    .LineUnitBefore = 0.5
    .LineUnitAfter = 0.5
    .MirrorIndents = False
    .TextboxTightWrap = wdTightNone
    .CollapsedByDefault = False
    .AutoAdjustRightIndent = True
    .DisableLineHeightGrid = False
    .FarEastLineBreakControl = True
    .WordWrap = True
    .HangingPunctuation = True
    .HalfWidthPunctuationOnTopOfLine = False
    .AddSpaceBetweenFarEastAndAlpha = True
    .AddSpaceBetweenFarEastAndDigit = True
    .BaseLineAlignment = wdBaseline
```

```
AlignAuto
End With
```

第4步 再次单击【开发工具】选项卡下【代码】选项组中的【宏】按钮，弹出【宏】对话框，在【宏名】文本框中输入"设置正文"，单击【创建】按钮。

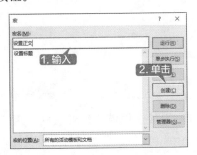

第5步 弹出 VBA 编辑窗口，输入下面的代码（素材 \ch15\15.4.txt）。

```
Selection.Font.Name = " 华文楷体 "
Selection.Font.Size = 20
With Selection.ParagraphFormat
    .LeftIndent = CentimetersToPoints(0)
    .RightIndent = CentimetersToPoints(0)
    .SpaceBefore = 0
    .SpaceBeforeAuto = False
    .SpaceAfter = 0
    .SpaceAfterAuto = False
    .LineSpacingRule = wdLineSpace1pt5
    .Alignment = wdAlignParagraphJustify
    .WidowControl = False
    .KeepWithNext = False
    .KeepTogether = False
    .PageBreakBefore = False
    .NoLineNumber = False
    .Hyphenation = True
    .FirstLineIndent = CentimetersToPoints(0.35)
    .OutlineLevel = wdOutlineLevelBodyText
    .CharacterUnitLeftIndent = 0
    .CharacterUnitRightIndent = 0
    .CharacterUnitFirstLineIndent = 2
    .LineUnitBefore = 0
    .LineUnitAfter = 0
```

```
        .MirrorIndents = False
        .TextboxTightWrap = wdTightNone
        .CollapsedByDefault = False
        .AutoAdjustRightIndent = True
        .DisableLineHeightGrid = False
        .FarEastLineBreakControl = True
        .WordWrap = True
        .HangingPunctuation = True
        .HalfWidthPunctuationOnTopOfLine =
False
        .AddSpaceBetweenFarEastAndAlpha =
True
        .AddSpaceBetweenFarEastAndDigit =
True
        .BaseLineAlignment = wdBaselineAlign
Auto
    End With
```

第6步 再次单击【开发工具】选项卡下【代码】选项组中的【宏】按钮,弹出【宏】对话框,在【宏名】文本框中输入"设置表格",单击【创建】按钮。

第7步 弹出 VBA 编辑窗口,输入下面的代码(素材 \ch15\15.5.txt)。

```
Selection.Tables(1).Select
    myRows = Selection.Rows.Count
Selection.Rows(1).Select
    Selection.Font.Name = " 黑体 "
    Selection.Font.Name = "Times New Roman"
    Selection.Font.Size = 11
    Selection.Font.Bold = False
        With Selection.Cells
```

```
        With .Shading
            .BackgroundPatternColor =
wdColorGray15
        End With
    End With
        Selection.ParagraphFormat.Alignment =
wdAlignParagraphCenter
Selection.Tables(1).Rows(2).Select
        Selection.MoveDown Unit:=wdLine,
Count:=myRows − 2, Extend:=wdExtend
        Selection.Font.Name = " 宋体 "
    Selection.Font.Name = "Times New Roman"
    Selection.Font.Size = 10
        Selection.MoveDown Unit:=wdLine,
Count:=1
```

2. 运行宏

第1步 选择"1. 长江路店"文本,在【宏】对话框中选择"设置标题"选项,然后单击【运行】按钮。

第2步 即可看到设置标题后的效果。

第3步 选择标题下的文字,在【宏】对话框中选择"设置正文"选项,然后单击【运行】按钮。

第4步 即可看到设置正文版式后的效果。

第5步 选择第1个表格，在【宏】对话框中选择"设置表格"选项，然后单击【运行】按钮。

第6步 即可看到设置表格版式后的效果。

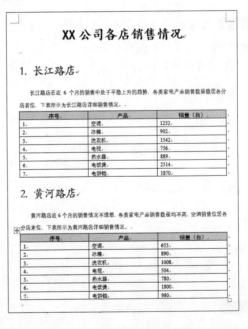

第7步 使用同样的方法可以为其他内容设置版式。

15.2 域的使用

Word 中"域"的意思是范围，类似数据库中的字段，实际上，就是 Word 文档中的一些字段。每个 Word 域都有一个唯一的名字，但有不同的取值。用 Word 排版时，如果能熟练使用 Word 域，可增强排版的灵活性，减少许多烦琐的重复操作，提高工作效率。

15.2.1 认识域

Word 2016 提供了"编号""等式和公式""时间和日期""索引和目录""文档信息""文档自动化""用户信息"和"邮件合并"等 9 大类共 74 种域。

域是文档中的变量，分为域代码和域结果。域代码是由域特征字符、域类型、域指令和开关组成的字符串；域结果是域代码所代表的信息。域结果根据文档的变动或相应因素的变化而自动更新。

域特征字符是指包围域代码的花括号 "{}"，它不是从键盘上直接输入的，按【Ctrl+F9】键可插入这对域特征字符。域类型就是 Word 域的名称，域指令和开关是设定域类型如何工作的指令或开关。

使用 Word 域可以实现许多复杂的工作。如自动编页码、图表的题注、脚注、尾注的号码；按不同格式插入日期和时间；通过链接与引用在活动文档中插入其他文档的部分或整体；实现无须重新键入即可使文字保持最新状态；自动创建目录、关键词索引、图表目录；插入文档属性信息；实现邮件的自动合并与打印；执行加、减及其他数学运算；创建数学公式；调整文字位置等。

域是 Word 中的一种特殊命令，由花括号、域名（域代码）及选项开关构成。域代码类似于公式，域选项开关是特殊指令，在域中可触发特定的操作。在用 Word 处理文档时若能巧妙应用域，会给工作带来极大的方便。

15.2.2 插入域

了解 Word 中域的相关知识后，就可以执行插入域的操作。下面就介绍几种在 Word 2016 中插入域的方法。

1. 使用命令插入域

使用插入域命令插入域是最常用的插入域的操作。下面以插入目录和索引域为例进行介绍，具体操作步骤如下。

第 1 步 打开随书光盘中的"素材 \ch15\ 域的使用 .docx"文件，在【导航】窗格中可以看到已经为标题文本设置了大纲级别。

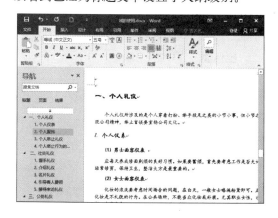

> | 提示 |
>
> 通过插入目录的方法（本书 9.5 节）创建目录，也可以完成插入目录域的操作。

第 2 步 将鼠标光标放在第 2 页"目录"文本的下一行，单击【插入】选项卡下【文本】组中的【文档部件】按钮，在弹出的下拉列表中选择【域】选项。

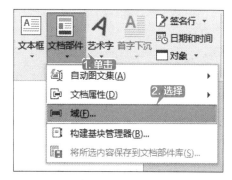

第3步 弹出【域】对话框，单击【类别】后的下拉按钮，在弹出的下拉列表中就可以看到 Word 2016 提供的所有域类别，这里选择【索引和目录】选项。

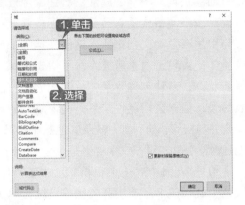

第4步 在【域名】列表框中选择【TOC】选项，在右侧就可以看到该域的相关属性，单击【目录】按钮。

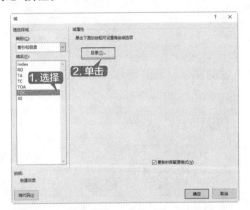

第5步 弹出【目录】对话框，根据需要设置目录样式，单击【确定】按钮。

第6步 就完成了插入目录域的操作。

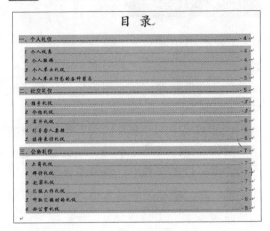

第7步 参照插入域的方法标记索引，效果如下图所示。

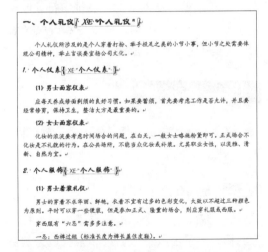

第8步 将鼠标光标放在第3页"索引"文本下，重复 第2步 ~ 第3步 的操作，在【域名】列表框中选择【Index】选项，单击【索引】按钮。

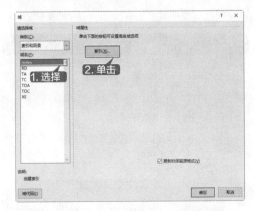

第9步 打开【索引】对话框，根据需要设置索引样式，单击【确定】按钮。

第10步 即可完成插入索引域的操作，效果如下图所示。

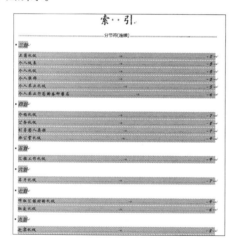

2. 使用键盘插入

如果对域代码比较熟悉，或者需要引用他人设计的域代码，这时，使用键盘直接输入会更加快捷。使用键盘插入链接至顶端的具体操作步骤如下。

第1步 在打开的"域的使用.docx"素材文件中，将光标放置到需要插入域的位置，这里放置在文档结束的位置，按【Ctrl+F9】组合键插入域特征字符"{ }"。

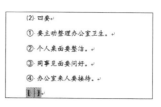

第2步 将鼠标光标移动至域特征代码中间，按从左向右的顺序依次输入域类型、域指令、开关等。

第3步 按【F9】键更新域，即可看到使用键盘插入域后的效果。此时，按住【Ctrl】键并单击插入的域，即可返回至文档顶端。

> **｜提示｜**
>
> 如果输入有误或者要修改输入的域，可以按【Shift+F9】组合键切换到显示域代码状态，对域代码进行修改，直至显示的域结果正确为止。

3. 使用功能命令插入

域的域指令和开关非常多，Word 2016把经常用到的一些功能以命令的形式集成在系统中，如插入目录、添加下划线、拼音指南、纵横混排、带圈文字等，方便用户使用。

> **｜提示｜**
>
> 使用功能命令插入域的操作比较简单，这里不再赘述。

15.2.3 管理域

插入域后需要对域进行管理，常见的管理域的操作有更新域、显示或隐藏域代码。锁定或解除域操作、解除域的链接等，

1. 更新域

当 Word 文档中的域没有显示出最新信息时，如更改文档标题或标题所在的页面发生变化时，如果目录显示没有改变，则用户应更新域，以获得新域结果。下面以更新目录域为例介绍。

第1步 在打开的"域的使用 .docx"素材文件中，选择目录页所有的域，单击鼠标右键，在弹出的快捷菜单中选择【更新域】选项，或者按【F9】键。

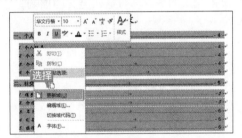

第2步 弹出【更新目录】对话框，单击选中【更新整个目录】单选按钮，并单击【确定】按钮，就完成了更新域的操作。

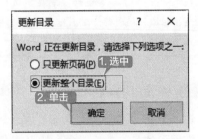

> **提示**
>
> 如果打印文档时，打印结果中的域不是最新域内容，可以打开【Word 选项】对话框，选择【显示】选项，在右侧【打印选项】组中单击选中【打印前更新域】复选框，即可在每次打印前都自动更新文档中所有域。

2. 编辑域

选择要编辑域并单击鼠标右键，在弹出的快捷菜单中选择【编辑域】选项，即可打开【域】对话框进行域的编辑。

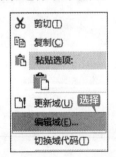

3. 显示或隐藏域代码

用户可以根据需要显示或隐藏域代码，具体操作步骤如下。

第1步 选择要显示域代码的域。

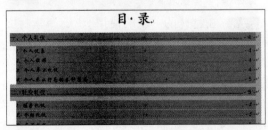

第2步 按【Shift+F9】组合键，即可显示域代码。

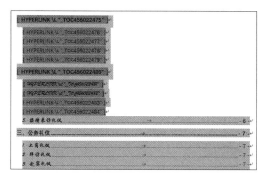

第3步 再次按【Shift+F9】组合键，即可隐藏域代码。

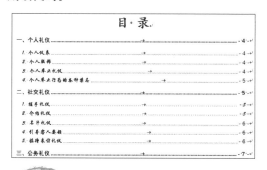

提示

按【Alt+F9】组合键，可以显示或者隐藏文档中所有域代码。

4. 锁定/解除域

锁定域后，可以防止用户误修改域，单击要锁定的域，然后按【Ctrl+F11】组合键即可锁定域。

如果要解除锁定，可以按【Ctrl+Shift+F11】组合键。

15.3 邮件合并

使用邮件合并功能自动化处理文档，可以减少大量重复性的工作，节约时间，提高用户的工作效率。

15.3.1 了解邮件合并

如果要处理文件的主要内容相同，只是具体数据有变化，可以使用 Word 2016 提供的邮件合并功能处理该文档，只修改少数不同内容，不改变相同部分内容。不仅操作简单，而且还可以设置各种格式、方便打印，还能满足不同客户不同的需求。

使用邮件合并功能，首先需要建立两个文档，一个包括所有文件共有内容的主 Word 文档（如未填写的信封等）和一个包括变化信息的数据源（填写的收件人、发件人、邮编等）；然后使用邮件合并功能在主文档中插入变化的信息，合成文件后，用户可以将其保存为 Word 文档打印出来，也可以以邮件形式发送出去。

邮件合并功能主要用于以下几类文档的处理。

（1）批量打印信封：按照统一的格式，将电子表格中的邮编、收件人地址和收件人姓名打印出来。

（2）批量打印信件：主要从电子表格中

调用收件人，更换称呼，信件内容固定不变。

（3）批量打印请柬：主要从电子表格中调用收件人，更换称呼，请柬内容固定不变。

（4）批量打印工资条：从电子表格调用工资相关数据。

（5）批量打印个人简历：从电子表格中调用不同字段数据，每人一页，对应不同信息。

（6）批量打印学生成绩单：从电子表格成绩中取出个人信息，与打印工资条类似，

但需要设置评语字段，编写不同评语。

（7）批量打印各类获奖证书：在电子表格中设置姓名、获奖名称等。

（8）批量打印准考证、明信片、信封等个人报表。

总之，只要有一个标准的二维数表数据源（电子表格、数据库）和一个主文档，就可以使用 Word 2016 提供的邮件合并功能，方便地将每一项分别以在一页纸上记录的方式显示并打印出来。

15.3.2 利用邮件合并向导执行信函合并

通过邮件合并功能可以批量制作信函，节省大量重复的工作。下面就介绍使用邮件合并分步向导执行信函合并的具体操作步骤。

第1步 执行信函合并，首先需要有一个包含数据源的文档，及一个主文档。打开随书光盘中的"素材\ch15\邀请函.docx"文档文件。

第2步 单击【邮件】选项卡下【开始邮件合并】组中的【开始邮件合并】按钮 的下拉按钮，在弹出的下拉列表中选择【邮件合并分步向导】选项。

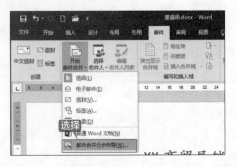

第3步 弹出【邮件合并】窗格，选中【信函】单选按钮，单击【下一步：开始文档】链接。

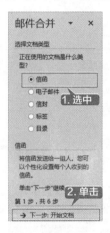

第4步 在【第2步，共6步】界面中选中【使用当前文档】单选按钮，并单击【下一步：选择收件人】链接。

第5步 在【第3步，共6步】界面中选中【使用现有列表】单选按钮，并单击【浏览】链接。

第6步 弹出【选取数据源】对话框，选择数据源，这里选择随书光盘中的"素材\ch15\客户联系地址.xlsx"数据源文件，单击【打开】按钮。

第7步 弹出【选择表格】对话框，选择【客户地址】选项，单击【确定】按钮。

第8步 弹出【邮件合并收件人】对话框，直接单击【确定】按钮。

第9步 返回【第3步，共6步】界面，直接单击【下一步：撰写信函】链接。

第10步 进入【第4步，共6步】界面，将鼠标光标放置在"尊敬的"文本后，单击【其他项目】链接。

第11步 弹出【插入合并域】对话框，在【域】列表框中选择【客户姓名】选项，单击【插入】按钮，然后单击【关闭】按钮。

第12步 返回【第4步，共6步】界面，单击【下一步：预览信函】链接。

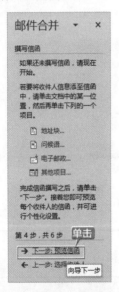

第13步 此时，即可在"尊敬的"后面看到插入的姓名。

第14步 在【第5步，共6步】界面直接单击【下一步：完成合并】链接。

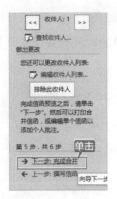

第15步 进入【第6步，共6步】界面，选择【编辑单个信函】链接。

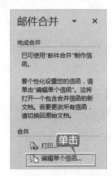

第16步 弹出【合并到新文档】对话框，单击选中【全部】单选按钮，并单击【确定】按钮。

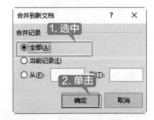

第17步 即可自动创建一个新文档，并且将每一个客户显示在单独的页面中，至此就完成了使用邮件合并分步向导执行信函合并的操作。

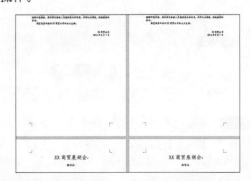

15.3.3 插入合并域

进行邮件合并时，通过插入合并域，可将数据源中需要在主文档显示内容的数据列标题名称显示在主文档中，完成邮件合并后，Word 会将这些域替换为数据源标题列下方的实际内容。

> **提示**
>
> 插入合并域并不是一个单独的操作，需要在合并数据源后，才能执行该操作。下面仅介绍插入合并域的方法，具体的操作可以参考 15.3.4 小节。

插入合并域时首先需要将鼠标光标定位至要插入合并域的位置，然后单击【邮件】选项卡下【编写和插入域】选项组中【插入合并域】按钮的下拉按钮，在弹出的列表中选择要插入的合并域选项即可。

> **提示**
>
> 默认选项下【编写和插入域】选项组的按钮是不可用的，必须在添加数据源后，【编写和插入域】选项组的按钮才处于可用状态。

15.3.4 制作工资条

下面以制作工资条为例介绍域与邮件合并的操作，具体操作步骤如下。

第1步 打开随书光盘中的"素材\ch15\工资条.docx"文档，单击【邮件】选项卡下【开始邮件合并】组中的【开始邮件合并】按钮，在弹出的列表中选择【普通 Word 文档】选项。

第2步 单击【开始邮件合并】组中【选择收件人】按钮，在弹出的列表中选择【使用现有列表】选项。

第3步 打开【选取数据源】对话框，选择数据源存放的位置，这里选择随书光盘中的"素材\ch15\名单.docx"文档，单击【打开】按钮。

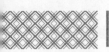

第4步 弹出【选择表格】对话框，选择【工资汇总】选项，单击【确定】按钮。

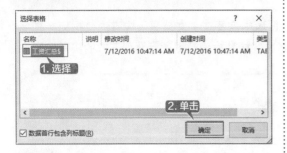

第5步 将鼠标光标定位至"职工"文本后空白的中间位置，单击【邮件】选项卡下【编写和插入域】选项组中【插入合并域】按钮 插入合并域 。

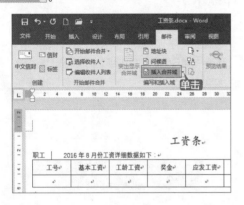

第6步 弹出【插入合并域】对话框，选择【职工姓名】选项，单击【插入】按钮，然后单击【关闭】按钮。

第7步 此时就将职工姓名域插入到鼠标光标所在的位置。

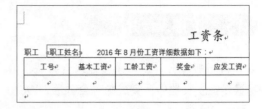

第8步 将鼠标光标定位至表格第2行第1列的单元格中，单击【邮件】选项卡下【编写和插入域】选项组中【插入合并域】按钮 插入合并域 的下拉按钮，在弹出的下拉列表中选择【职工工号】选项。

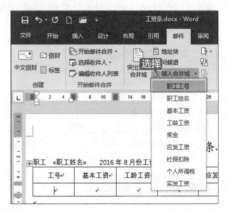

第9步 也可以完成插入合并域的操作，效果如下图所示。

第10步 使用相同的方法插入其他域。

第11步 插入完成，单击【邮件】选项卡下【完成】组中【完成并合并】按钮 的下拉按钮，在弹出的列表中选择【编辑单个文档】选项。

工资条							
职工 王小花	2016 年 8 月份工资详细数据如下						
工号	基本工资	工龄工资	奖金	应发工资	社保扣除	个人所得税	实发工资
103002	4000	800	7200	12000	440	1057	10503

第12步 弹出【合并到新文档】对话框，单击选中【全部】单选按钮，并单击【确定】按钮。

第14步 每个工资条单独占用一个页面，打印时会浪费资源，可以删除相邻工资条单之间的分隔符，使其集中显示并打印，效果如下图所示。

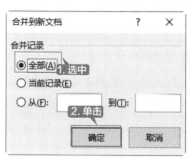

第13步 此时新建了名称为"信函1"的Word 文档，每个 Word 页面中显示一位员工的工资条详细数据，效果如下图所示。

工资条							
职工 张三	2016 年 8 月份工资详细数据如下						
工号	基本工资	工龄工资	奖金	应发工资	社保扣除	个人所得税	实发工资
103001	4000	800	10500	15300	440	1835	13025

工资条							
职工 张三	2016 年 8 月份工资详细数据如下						
工号	基本工资	工龄工资	奖金	应发工资	社保扣除	个人所得税	实发工资
103001	4000	800	10500	15300	440	1835	13025
职工 王小花	2016 年 8 月份工资详细数据如下						
工号	基本工资	工龄工资	奖金	应发工资	社保扣除	个人所得税	实发工资
103002	4000	800	7200	12000	440	1057	10503
职工 张丽丽	2016 年 8 月份工资详细数据如下						
工号	基本工资	工龄工资	奖金	应发工资	社保扣除	个人所得税	实发工资
103003	3900	800	11700	16400	429	2112	13859
职工 冯小华	2016 年 8 月份工资详细数据如下						
工号	基本工资	工龄工资	奖金	应发工资	社保扣除	个人所得税	实发工资
103004	3000	400	1200	4600	330	23	4247
职工 赵小明	2016 年 8 月份工资详细数据如下						
工号	基本工资	工龄工资	奖金	应发工资	社保扣除	个人所得税	实发工资
103005	3000	300	900	4200	330	11	3858
职工 李小西	2016 年 8 月份工资详细数据如下						
工号	基本工资	工龄工资	奖金	应发工资	社保扣除	个人所得税	实发工资
103006	3000	300	600	3900	330	2.1000000000000001	3568

 **◇ 使用域代码插入日期和时间**

使用域代码，可以实现插入当前日期和时间的功能，具体操作步骤如下。

第1步 在打开的"域的使用 .docx"素材文件中，将鼠标光标定位至文档首页底部的位置。【Ctrl+F9】组合键，插入域特征字符"{ }"。

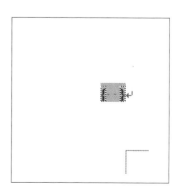

第2步 在特征符号内输入域代码"DATE \@

"yyyy'年'M'月'd'日'"'"。

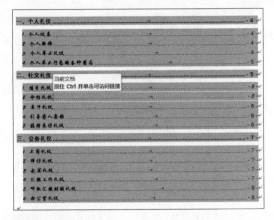

第3步 按【F9】键，即可显示当前的时间。

◇ 将域转换为普通文本

创建域后，在按住【Ctrl】键的同时，单击域，即可快速显示链接到的内容。如果不需要此功能，就可以解除域的链接，将域转换为普通文本，具体操作步骤如下。

第1步 在打开的"域的使用.docx"素材文件中，选择要解除链接的域内容，按住【Ctrl】键，并将鼠标指针放置在域上，可以看到提示"按住 Ctrl 并单击可访问链接"，按【Ctrl+Shift+F9】组合键。

第2步 此时选择的域结果就会变为常规文本，简单设置文本格式。就可以看到解除域链接后的效果，以后该域就不能进行更新操作了。

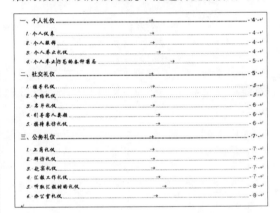

| 提示 |

解除域链接是不可逆的操作，因此，在解除域链接时，用户需要慎重操作。如果需要重新更新信息，只能在文档中插入同样的域才能更新。

第 16 章

多文档的处理技巧

📧 本章导读

　　使用 Word 2016 编辑文档的过程中经常会遇到需要同时处理多个文档的操作，如同时打开多个文档，比较多个文档的差别，将多个文档合并到一个文档，或者将一个文档拆分到多个文档中等，虽然使用普通方法也可以实现这些操作，但比较费事，容易出错，本章就为读者介绍一些使用 Word 2016 处理多文档的技巧。

📧 思维导图

多文档的处理技巧

- 多文档的基本操作技巧
  - 快速打开多个文档
  - 并排比较两个文档
  - 在多个文档间进行快速切换
  - 一次性保存多个文档
  - 一次性关闭多个文档

- 多个文档内容的复制与粘贴
  - 选择性粘贴的应用技巧
  - 两个文档之间的样式传递

- 合并多个文档中的修订和批注
  - 比较文档
  - 合并文档

- 批量处理多个文档
  - 下载并安装软件
  - 批量替换文本内容

- 多个文档的合并与拆分
  - 创建主控文档和子文档
  - 查看和编辑子文档
  - 切断主控文档与子文档间的链接
  - 将多个文档合并到一个文档中

16.1 多文档的基本操作技巧

多文档的基本操作主要包括快速打开多文档、并排比较多文档、在多个窗口快速切换、一次关闭多个文档及一次保存多个文档等。下面介绍多文档的基本操作技巧。

16.1.1 快速打开多个文档

在使用 Word 2016 查看编辑文档时，为了便于集中浏览或编辑，可以同时打开多个文档，下面就介绍几种快速打开多个文档的方法。

方法 1：在文件资源管理器中，选中要打开的多个 Word 文档，按【Enter】键，即可启动 Word 2016，并将所选文档全部打开，在状态栏选择【Word 2016】图标，即可看到打开的多个文档。

> **|提示|** ::::::::
>
> 在选择文档时，如果要选择多个连续文档，可以按【Shift】键再用鼠标单击相应的文件名；如果要选中多个不连续文档，就按【Ctrl】键再用鼠标单击相应的文件名。

方法 2：如果已经启动了 Word 软件，可以使用下面的方法快速打开多文档。

<u>第 1 步</u> 单击【文件】选项卡，选择【打开】选项，也可以单击【快速访问工具栏】中的【打开】按钮，或者按【Ctrl+O】组合键。在右侧的【打开】区域选择【这台电脑】选项并单击【浏览】按钮。

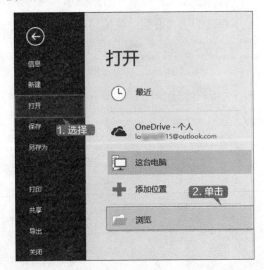

<u>第 2 步</u> 弹出【打开】对话框，选择要打开的多个文档，单击【打开】按钮，即可快速同时打开多个文档。

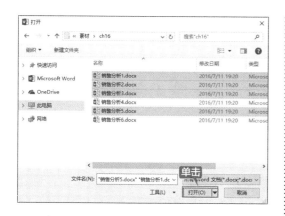

标左键，就可以快速打开选择的多个文档。

方法 3：在文件资源管理器中，选中要打开的多个 Word 文档，按住鼠标左键并将其拖曳至 Word 2016 界面标题栏上，释放鼠

16.1.2 并排比较两个文档

Word 2016 具有多个文档窗口并排比较查看的功能，通过多窗口并排查看，可以对不同窗口中的内容进行比较。发现两个文档的不同。并排比较两个文档的具体操作步骤如下。

第 1 步 启动 Word 2016，按【Ctrl+O】组合键，选择文档存储的位置，打开【打开】对话框，选择随书光盘中的"素材 \ch16\ 公司奖惩制度 1.docx"和"公司奖惩制度 2.docx"文件，单击【打开】按钮，同时打开两个文档。还可以根据需要打开其他的文档。

第 3 步 弹出【并排比较】对话框，选择要比较的文档，这里选择"公司奖惩制度 2.docx"文档，单击【确定】按钮。

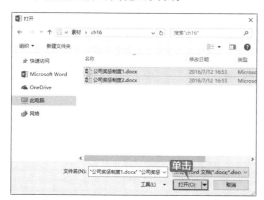

第 2 步 选择"公司奖惩制度 1.docx"文档，单击【视图】选项卡下【窗口】组中的【并排查看】按钮 。

| 提示 |

　　如果只打开了两个文档，单击【并排查看】按钮后将不会弹出【并排比较】对话框，而是直接将两个文档并排排列。

第4步 即可将两个文档并排排列。此时在任何一个文档中滚动鼠标中间的滚轮或者拖曳垂直滚动条，都可以同步滚动这两个文档，方便用户比较查看。

| 提示 |

　　如果要取消同步滚动两个文档，只需要在"公司奖惩制度1.docx"文档中单击【视图】选项卡【窗口】组中的【同步滚动】按钮 同步滚动 ，当其变为未选中状态时，即可取消同步滚动这两个文档。

第5步 如果要结束并排比较状态，可以再次单击【视图】选项卡下【窗口】组中的【并排查看】按钮 并排查看 ，即可取消并排比较状态。

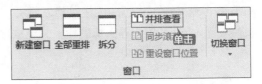

| 提示 |

　　并排比较状态之下，用户可以根据需要分别对两个文档进行编辑操作。

16.1.3　在多个文档间进行快速切换

　　如果同时打开了多个 Word 文档，在不同文档间切换不仅困难，而且会浪费不少时间，下面介绍几种在多个文档间进行快速切换的的技巧。

　　方法 1：单击电脑任务栏【Word 2016】图标按钮。

　　打开了多个 Word 文档后，将鼠标指针放在电脑任务栏的【Word 2016】图标上，即可显示出使用 Word 2016 打开的所有文档名称，单击要切换到的文档名称，即可实现在多个文档间快速进行切换的操作。

方法 2：按【Alt+Tab】组合键。

按【Alt+Tab】组合键，即可打开切换界面，其中显示了 Windows 10 系统中打开的所有软件界面。按住【Alt】键不放，每按一次【Tab】键，即可向后选择一个界面，至要打开的文档窗口后，释放【Alt】键，即可快速将选择的文档置为当前界面。

方法 3：使用 Word 2016 的【切换窗口】按钮。

如果只需要在多个文档间快速切换，还可以在当前的 Word 窗口中单击【视图】选项卡下【窗口】组中【切换窗口】按钮的下拉按钮，在弹出的下拉列表中就列出了 Word 2016 打开的所有文档，只需要选择要切换到的文档名称，就可以完成在多个文档间快速进行切换的操作。

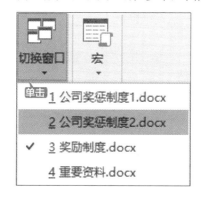

16.1.4 一次性保存多个文档

在打开多个文档并对其中的部分文档或者全部文档进行编辑后，一个一个地执行地保存命令，比较麻烦，可以通过在快速访问工具栏添加【全部保存】按钮的方法一次性保存全部文档。具体操作步骤如下。

第 1 步 打开并编辑多个文档后，单击【快速访问工具栏】后的【自定义快速访问工具栏】按钮，在弹出的下拉列表中选择【其他命令】选项。

第 2 步 弹出【Word 选项】对话框，在【从下

列位置选择命令】下拉列表中选择【所有命令】选项。

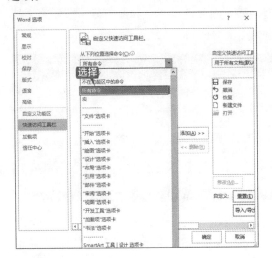

第3步 在下方的列表框中选择【全部保存】选项，并单击【添加】按钮，将其添加至【自定义快速访问工具栏】列表框中，然后单击【确定】按钮。

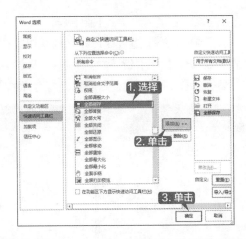

第4步 此时，在【快速访问工具栏】中就可以看到添加的【全部保存】按钮 ，编辑文档后，单击该按钮，就可以完成一次性保存多个文档的操作。

16.1.5 一次性关闭多个文档

在 Word 2016 中如果打开了多个文档，编辑完成后，需要一个一个地关闭，这样会浪费很多时间，下面就为大家介绍一种一次性关闭多个文档的技巧，具体操作步骤如下。

第1步 打开并编辑多个文档后，单击【快速访问工具栏】后的【自定义快速访问工具栏】按钮 ，在弹出的下拉列表中选择【其他命令】选项。

第2步 弹出【Word 选项】对话框，在【从下列位置选择命令】下拉列表中选择【所有命令】选项。

第3步 在下方的列表框中选择【全部关闭】选择，并单击【添加】按钮，将其添加至【自定义快速访问工具栏】列表框中，然后单击【确定】按钮。

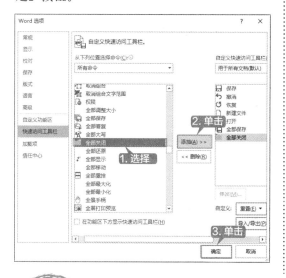

第4步 此时，在【快速访问工具栏】中就可以看到添加的【全部关闭】按钮，编辑并保存文档后，单击该按钮，就可以一次性关闭多个文档。

16.2 多个文档内容的复制与粘贴

在多个文档间复制与粘贴内容是常用的编辑、整理 Word 文档的操作，它可以将复制的文本以不同的样式粘贴到新文档中，并且不同文档之间还可以传递样式。

16.2.1 选择性粘贴的应用技巧

使用 Word 2016 的粘贴功能可以设置将复制内容粘贴到目标位置时使用的格式，还可以使用选择性粘贴功能将复制的内容以图片的形式粘贴到文档中。本节就来介绍选择性粘贴的应用技巧。

1. 选择粘贴格式

粘贴功能分为保留源格式、合并格式以及只保留文本三种类型。执行粘贴命令时可以根据需要选择，下面以保留原格式粘贴为例介绍选择粘贴格式的具体操作步骤。

第1步 打开随书光盘中的"素材 \ch16\ 奖励细则 .docx"和"惩罚细则 .docx"文档，并按【Ctrl+N】组合键新建一个空白文档，切换至"奖励细则 .docx"文档中，选择要复制的内容，按【Ctrl+C】组合键复制文本。

第2步 切换至新建的空白文档中，将鼠标光标定位至要粘贴到的位置，单击【开始】选项卡下【剪贴板】组中【粘贴】按钮的下拉按钮，在弹出的下拉列表中单击【保留源格式】按钮。

第3步 即可将复制的文本以源格式粘贴到新文档中。

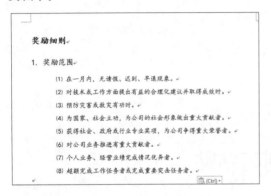

|提示|

粘贴选项下3种类型的含义分别如下。

（1）保留源格式，即保留原来文本中的格式，将复制的文本完全粘贴至目标区域。

（2）合并格式，即将复制的文本应用要粘贴的目标位置处的格式。

（3）只保留文本，即将复制的文本内容完全以文本的形式粘贴至目标位置。

2. 设置默认粘贴选项

粘贴文档时，如果每次都只需要一种格式，就可以设置默认的粘贴选项，然后按【Ctrl+V】组合键就可以使用默认的粘贴选项粘贴文本。设置默认粘贴选项为"仅保留文本"的具体操作步骤如下。

第1步 单击【开始】选项卡下【剪贴板】组中【粘贴】按钮的下拉按钮，在弹出的下拉列表中选择【设置默认粘贴】选项。

第2步 打开【Word选项】对话框，在【高级】选项下的【剪切、复制和粘贴】组中就可以看到当前默认的粘贴选项。

第3步 分别单击每一项后的下拉按钮，在弹出的下拉列表中选择"仅保留文本"选项。单击【确定】按钮，就完成了设置默认粘贴选项的操作。

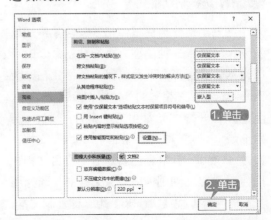

3. 选择性粘贴

使用选择性粘贴，可以将复制的文本粘贴为文档对象、无格式文本、图片、HTML格式文本或者以链接的形式粘贴到文档中。下面以粘贴为图片为例介绍使用选择性粘贴的具体操作步骤。

第1步 选择"奖励细则.docx"文档中要复制的内容，按【Ctrl+C】组合键复制文本。

第2步 新建空白文档，单击【开始】选项卡下【剪贴板】组中【粘贴】按钮的下拉按钮，在弹出的下拉列表中选【选择性粘贴】选项。

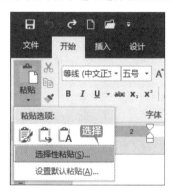

第3步 弹出【选择性粘贴】对话框，单击选中【粘贴】单选按钮，在【形式】列表框中

选择【图片（增强型图元文件）】选项，单击【确定】按钮。

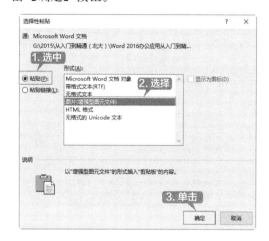

第4步 即可将复制的内容以图片的形式粘贴到新文档中，并且会显示【图片工具】→【格式】选项卡，就可以使用编辑图片的操作对粘贴的内容进行编辑。

16.2.2 两个文档之间的样式传递

有多个需要设置相同格式的文档，只需要完整地设置一份文档的样式，就可以将设置好的样式传递到其他文档中。有 3 种方法可以在不同文档间传递样式。

方法 1：使用格式刷。

使用格式刷工具可以快速地复制选择文本的字体和段落样式，并将其应用至其他文档中。具体操作步骤如下。

第1步 在打开的"奖励细则.docx"和"惩罚细则.docx"文档中，"奖励细则.docx"文档的

样式已经设置完成，而"惩罚细则.docx"文档中没有设置任何样式。

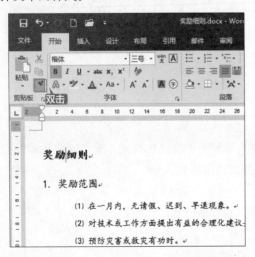

第2步 将鼠标光标放在"奖励细则.docx"文档标题文本中，双击【开始】选项卡下【剪贴板】组中的【格式刷】按钮，即可复制选择文本的样式。

第3步 切换至"惩罚细则.docx"文档中，选择"惩罚细则"标题文本，即可将复制的样式应用到其他文档中。按【Esc】键可以取消格式刷工具。

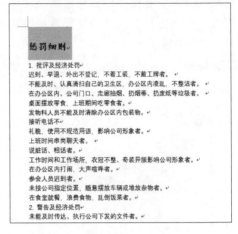

方法2：使用快捷键。

使用【Ctrl+Shift+C】快捷键可以快速复制所选段落的样式，选择要应用格式的文本，按【Ctrl+Shift+V】组合键即可完成样式的传递。具体操作步骤如下。

第1步 选择"奖励细则.docx"文档的"1.奖励范围"标题文本，按【Ctrl+Shift+C】快捷键复制样式。

第2步 切换至"惩罚细则.docx"文档中，选择要应用该样式的文本，按【Ctrl+Shift+V】组合键即可完成样式的传递，可以多次按【Ctrl+Shift+V】组合键在不连续的段落间

传递样式。

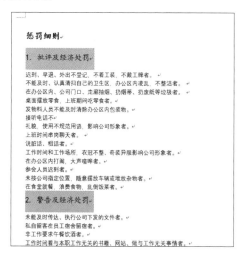

方法三：使用【样式】窗格。

使用格式刷和快捷键可以达到在不同文档间传递样式的操作，但如果源文档中样式发生变化时，还需要重新修改其他文档的样式。如果使用【样式】窗格传递样式，就可以避免这类问题的出现，只需要更改源文档的样式，其他文档的样式会随之发生改变。使用【样式】窗格传递样式的具体操作步骤如下。

第1步 将鼠标光标定位至"奖励细则.docx"文档的正文段落内，在【开始】选项卡下【样式】组中就可以看到所选段落的样式"细则正文样式"。

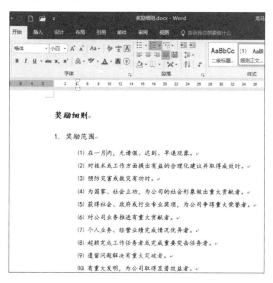

第2步 单击【样式】组中【样式】按钮，弹出【样式】窗格，并且会自动显示当前所选段落的样式，单击下方的【管理样式】按钮。

第3步 弹出【管理样式】对话框，并单击选中【基于该模板的新文档】单选按钮，单击【确定】按钮，关闭【样式】窗格。

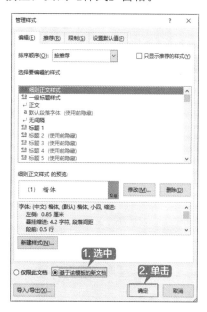

第4步 在"惩罚细则.docx"文档中重新打开【样式】窗格，即可看到"惩罚细则.docx"

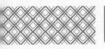

文档的【样式】窗格同样包含"奖励细则 .docx"文档中自定义的样式。

第5步 选择要应用该样式的段落，单击【样式】窗格中的"细则正文样式"选项，即可将样式快速地应用到所选段落中。

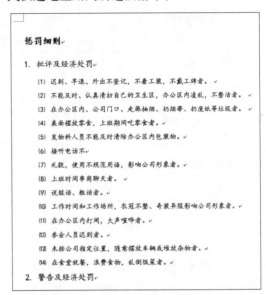

16.3 合并多个文档中的修订和批注

报告制作完成，需要进行多方的协作修改。不同的作者在对同一篇文档进行修改后，报告制作者会根据不同审阅者的建议修改文档。如果文档内容过多，修改文档时就会比较麻烦，因此，可以使用 Word 2016 提供的比较和合并功能来审阅文档。

1. 比较文档

使用比较文档功能可以精确比较出文档之间的差别，比较文档的具体操作步骤如下。

第1步 启动 Word 2016 软件，单击【审阅】选项卡下【比较】组中【比较】按钮 的下拉按钮，在弹出的下拉列表中选择【比较】选项。

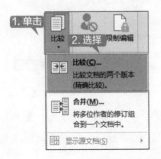

第2步 弹出【比较文档】对话框，单击【原文档】项下的 按钮。

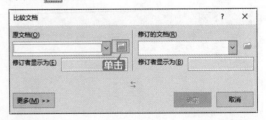

第3步 弹出【打开】对话框，选择要比较的第 1 个文档，这里选择随书光盘中的"素材 \ch16\ 比较文档 1.docx"文件，单击【打开】按钮。

单击【修订的文档】项下的 按钮，选择随书光盘中的"素材 \ch16\ 比较文档 2.docx"文件。单击【更多】按钮。

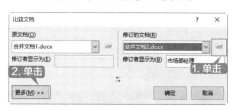

在【比较设置】区域选择要比较的内容，默认情况下选择所有项，如果不需要比较某几项，只需要取消选中前面的复选框即可，设置完成单击【确定】按钮。

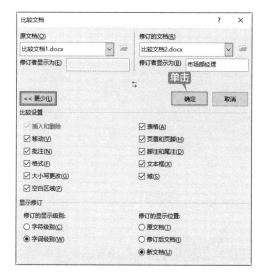

即可在新文档窗口中显示比较结果。只需要根据比较结果选择是否接受修订，即可更改或保留源文档的内容。

2. 合并文档

通过合并文档可以将多个审阅者的修订合并到一个文档中，方便文档制作者根据所有审阅者的批注或修订重新修改文档。合并文档的具体操作步骤如下。

启动 Word 2016 软件，单击【审阅】选项卡下【比较】组中【比较】按钮 的下拉按钮，在弹出的下拉列表中选择【合并】选项。

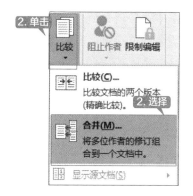

弹出【合并文档】对话框，单击【原文档】项下的 按钮。

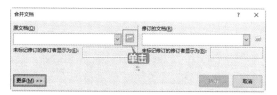

第3步 弹出【打开】对话框，选择要比较的第1个文档，这里选择随书光盘中的"素材\ch16\合并文档1.docx"文件，单击【打开】按钮。

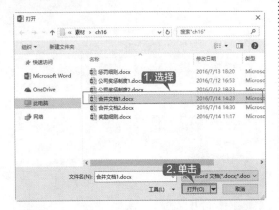

第4步 单击【修订的文档】项下的▣按钮，选择随书光盘中的"素材\ch16\合并文档2.docx"文件。单击【更多】按钮。

第5步 在【比较设置】区域选择要合并的内容，默认情况下选择所有项，如果不需要合并的项，只需要取消选中前面的复选框即可，设置完成单击【确定】按钮。

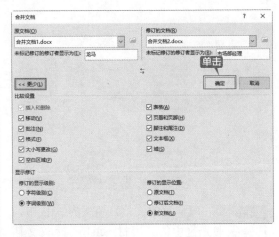

第6步 即可新建 Word 文档窗口，在其中就显示了合并后的文档、源文档和修订的文档3个窗口。如果要仅显示合并后的文档，只需要单击源文档和修订的文档右上角的【关闭】按钮将窗口关闭即可。

16.4 批量处理多个文档

批量处理多个文档时，需要借助一定的辅助工具，如 Word 百宝箱、Word 文档批量处理大师等。操作比较类似。下面以使用 Word 百宝箱批量替换文本内容为例介绍批量处理多个文档的具体操作步骤。

Word 万能百宝箱是集日常办公、财务信息处理等多功能于一体的微软办公软件增强型插件，功能面向文字处理、数据转换、编辑计算、整理排版、语音朗读等应用，为 Word 必备工具箱之一。下面以使用 Word 百宝箱批量替换文本内容为例介绍批量处理多个文档的具体操作步骤。

第1步 从官网上下载并安装 Word 万能百宝箱，打开 word 文档，即可在功能区显示【万能百宝箱】

选项卡。单击【万能百宝箱】选项卡下的【文档批量查找替换】按钮。

第2步 弹出【文档批量查找替换】对话框，单击【文档扩展名】右侧的下拉按钮，选择要查找的文档类型为"*.docx"，然后单击【取文档路径】按钮。

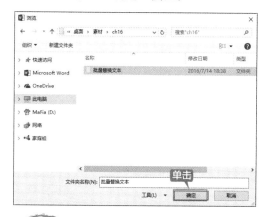

第3步 弹出【浏览】对话框，选择文件夹的位置，然后单击【确定】按钮。

第4步 返回【文档批量查找替换】对话框，在【查找的内容】文本框中输入查找内容"热爱学习；在【替换内容为】文本框中输入要替换的文本内容"热爱工作"，单击【批量替换】按钮。

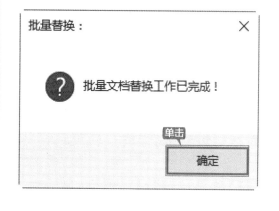

第5步 即可开始在文件夹的文档中进行查找并替换，替换完成之后，弹出【批量替换：】对话框，单击【确定】按钮，返回【文档批量查找替换】对话框，单击【关闭】按钮☒。就完成了使用 Word 百宝箱批量替换文本内容的操作。

16.5 多个文档的合并与拆分

编辑 Word 文档过程中有时需要将一个文档拆分为多个文档，有时需要将多个文档合并到一个文档中，下面就介绍多个文档的合并与拆分的技巧。

16.5.1 创建主控文档和子文档

主控文档是一组单独文件（或子文档）的容器。使用主控文档可创建并管理多个文档。包含与一系列相关子文档关联的链接，并维护两个文件之间的连接。如果更改了源文件中的信息，则目标文档中将反应该更改。可以使用主控文档将长文档分成较小的、更易于管理的子文档，从而便于组织和维护。在工作组中，可以将主控文档保存在网络上，并将文档划分为独立的子文档，从而共享文档的所有权。

1. 将主控文档分解为多个子文档

将主控文档分解为子文档的具体操作步骤如下。

第1步 打开随书光盘中的"素材 \ch16\ 主控文档与子文档 \ 主控文档 .docx"文件，单击【视图】选项卡下【视图】组中的【大纲视图】按钮，即可切换至大纲视图状态。

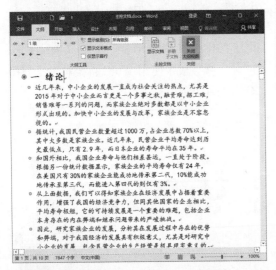

第2步 如果为主控文档设置的大纲级别，需要按照大纲级别"1级"创建子文档，可以单击【大纲】选项卡下【大纲工具】组中【显示级别】后的下拉按钮，选择"1级"选项。

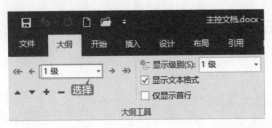

第3步 即可仅显示大纲级别为"1级"的文本内容。

第4步 单击【大纲】选项卡下【主控文档】组中的【显示文档】按钮，展开【主控文档】组中的所有按钮。

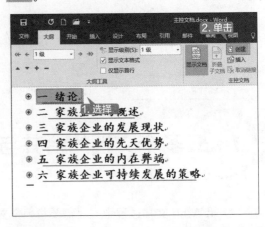

第5步 选择"一 绪论"标题，单击【大纲】选项卡下【主控文档】组中的【创建】按钮。

第6步 即可完成第 1 个子文档的创建。

第7步 使用同样的方法，依次根据其他标题创建子文档。

第8步 单击【保存】按钮保存文档，返回"主控文档与子文档"文件夹中即可看到创建的子文档。

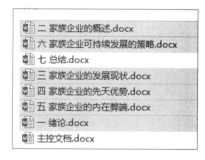

2. 插入其他子文档

可以将其他已经存在的文档以子文档的形式插入到主控文档中。具体操作步骤如下。

第1步 接上一步操作，在大纲视图下显示所有级别，将鼠标光标放置在要插入子文档的位置。

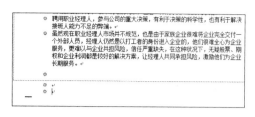

第2步 单击【大纲】选项卡下【主控文档】组中的【插入】按钮。

第3步 打开【插入子文档】对话框，选择随书光盘中"素材 \ch16\ 主控文档与子文档 \ 七 总结 .docx"文件，单击【打开】按钮。

第4步 弹出【Microsoft Word】提示框，单击【全是】按钮。

第5步 即可将选择的文档以子文档的形式插入到主控文档中。

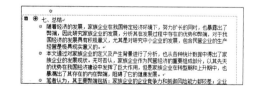

16.5.2 查看和编辑子文档

创建主控文档和子文档后，就可以**查看和编辑子文档**了，具体方法如下。

方法1如下。

第1步 设置显示级别为"1级"，双击要编辑子文档前方的 按钮，例如，双击"五 家族企业的内在弊端"前的 按钮。

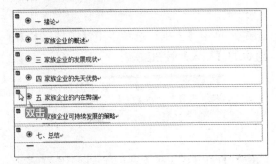

第2步 即可打开"五 家族企业的内在弊端.docx"文档，在其中就可以更改子文档的内容，更高完成单击【保存】按钮即可。主控文档中的内容会随之改变。

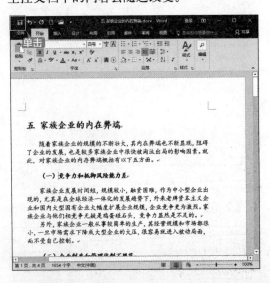

16.5.3 切断主控文档与子文档间的链接

创建子文档后，可以切断主控文档与子文档之间的链接，并将子文档内容复制到主控文档中，之后便可以单独编辑子文档。切断主控文档与子文档间链接的具体操作步骤如下。

第1步 接16.5.2小节操作，在大纲视图模式下，选择要切断与主控文档连接的子文档，单击【大纲】选项卡下【主控文档】组中的【取

方法2如下。

第1步 单击【大纲】选项卡下【主控文档】组中的【展开子文档】按钮 ，取消该按钮的选中状态。

第2步 即可在下方看到主控文档与子文档之间的连接，按住【Ctrl】键，单击要打开的子文档链接，例如，单击第2个链接。即可打开文档进行查看和编辑。

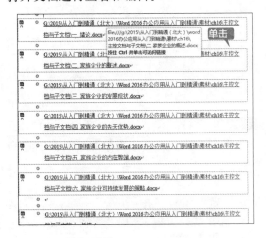

> **提示**
>
> 关闭大纲视图后，可以在普通视图页面看到主控文档与子文档之间产生的链接。

消链接】按钮 。

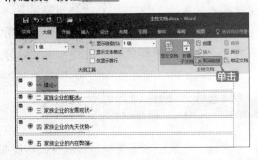

第2步 即可看到选择的子文档已经更改为普通模式。

第3步 返回普通视图，即可看到"一 绪论"

与主控文档间的链接已经被切断。

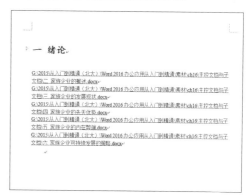

16.5.4 将多个文档合并到一个文档中

如果需要将多个文档合并到一个文档中，通常使用复制、粘贴功能，一篇一篇地合并，这样不仅费时，还容易出错。而使用 Word 2016 提供的插入文件中的文字功能，就可以快速实现将多个文档合并到一个文档中的操作。具体操作步骤如下。

第1步 新建空白 Word 文档，并将其另存为"合并多个文档 .docx"。

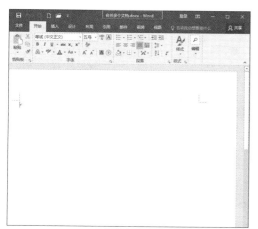

第2步 单击【插入】选项卡下【文本】组中【对象】按钮的下拉按钮，在弹出的下拉列表中选择【文件中的文字】选项。

第3步 打开【插入文件】对话框，选择要合并的文档，这里选择"素材 \ch16\1. 绪论 .docx"文件，单击【插入】按钮。

第4步 就可以将选择的文档合并到新建的文档中，效果如下图所示。

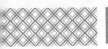

第5步 重复上面的操作，在【插入文件】对话框，选择其他要合并的文档，并单击【插入】按钮。

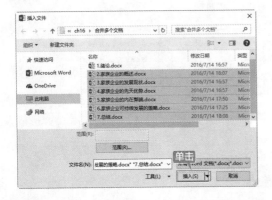

第6步 就可以将选择的所有文档快速合并到一个文档中。

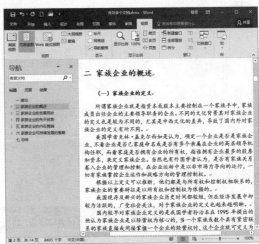

◇ 一次性打印多个文档

编辑完多个文档并确认无误后，将要打印的多个文档放置到一个文件夹中，选择要打印的所有文档并单击鼠标右键，在弹出的快捷菜单中选择【打印】选项，即可一次性打印选择的多个文档。

◇ 同时编辑一个文档的不同位置

将一个文档窗口拆分为两个窗口，就能够实现同时查看并编辑一个文档不同位置的操作。具体操作步骤如下。

第1步 在打开的文件中，单击【视图】选项卡下【窗口】组中的【拆分】按钮。

第2步 即可将一个文档窗口拆分为两个窗口，此时即可分别查看和编辑不同的窗口，如果要取消拆分，只需要单击【取消拆分】按钮即可。

第17章
Word 与其他 Office 组件协作

📄 本章导读

在办公过程中，经常会遇到在 Word 文档中使用表格或者需要使用 PPT 展示文档部分内容的情况，这时就可以通过 Office 组件间的协作，方便地进行相互调用，提高工作效率。本章主要介绍使用 Word 与其他 Office 组件协作的方法。

🔵 思维导图

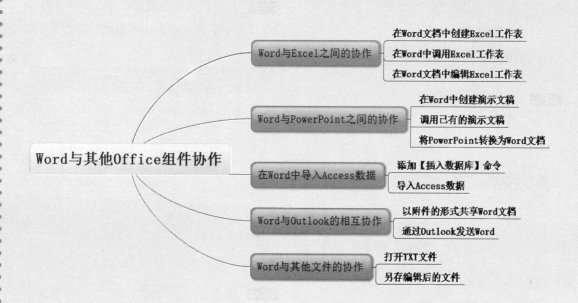

17.1 Word 与 Excel 之间的协作

在 Word 2016 中不仅可以创建 Excel 工作表，还可以直接调用已有的 Excel 工作表，使文档的内容更加清晰、表达的意思更加完整，并能节约大量时间，提高工作效率。

17.1.1 在 Word 文档中创建 Excel 工作表

在 Word 2016 中可以直接创建空白 Excel 工作表，具体操作步骤如下。

第1步 新建空白 Word 2016 文档，并将其另存为"创建 Excel 工作表 .docx"。单击【插入】选项卡下【表格】组中【表格】按钮的下拉按钮，在弹出的下拉列表中选择【Excel 电子表格】选项。

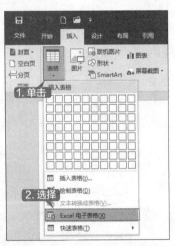

第2步 即可在 Word 文档中创建一个空白的 Excel 工作表，并且进入编辑状态，并且在上方将显示 Excel 2016 的功能区。

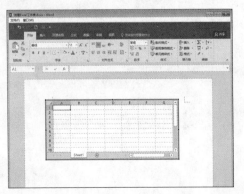

第3步 选择 A1 单元格，即可进入单元格的编辑状态，在其中就可以使用编辑 Excel 表格的方法输入内容并设置样式。根据需要在表格中输入内容后效果如下图所示。

第4步 在文档其他位置处单击，就可以结束 Excel 编辑状态，查看创建的 Excel 工作表效果。

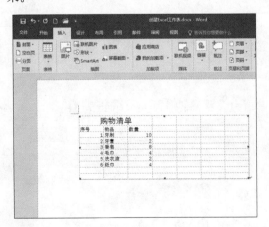

第5步 如果需要适当调整 Excel 工作表显示窗口的大小。可以双击工作表，进入工作表编辑状态。然后将鼠标指针放在窗口右下角

的控制点上，按住鼠标左键并拖曳鼠标，即可调整工作表显示窗口的大小。

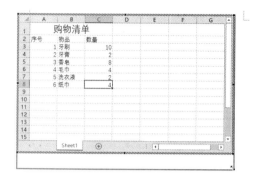

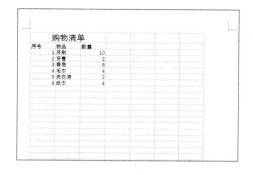

第6步 调整窗口大小后效果如下图所示。

| 提示 |

　　调整窗口显示大小时需要进入编辑状态进行调整，直接在 Word 文档中调整，会导致 Excel 工作表中显示的文字变形。

17.1.2 在 Word 中调用 Excel 工作表

　　除了在 Word 中直接创建 Excel 工作表外，还可以直接调用已有的 Excel 工作表，从而节约时间。调用 Excel 工作表的具体操作步骤如下。

第1步 打开随书光盘中的"素材 \ch17\ 调用 Excel 工作表 .docx"文档。

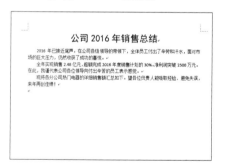

第2步 将鼠标光标定位于文档结尾的位置，单击【插入】选项卡下【文本】选项组中【对象】按钮的下拉按钮，在弹出的下拉列表中选择【对象】选项 对象(J)...。

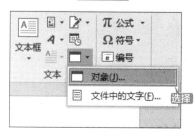

第3步 弹出【对象】对话框，单击【由文件创建】

选项卡下的【浏览】按钮。

第4步 弹出【浏览】对话框，选择随书光盘中的"素材 \ch17\ 销售情况表 .xlsx"文档，单击【插入】按钮。

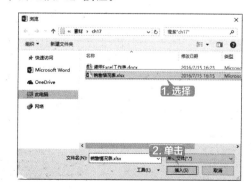

第5步 返回【对象】对话框，可以看到插入文档的路径，单击【确定】按钮。

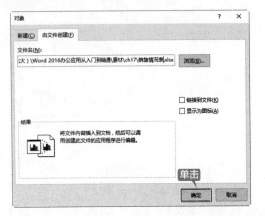

第6步 插入工作表后，将其设置为居中对齐，效果如图所示。

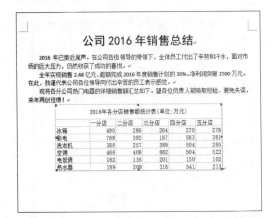

17.1.3 在 Word 文档中编辑 Excel 工作表

调用 Excel 工作表后，可以根据需要编辑 Excel 工作表，如输入新文本、计算数据以及插入美化图表等，在 Word 文档中编辑 Excel 工作表的具体操作步骤如下。

第1步 接 17.1.2 小节的操作，双击插入的 Excel 工作表即可进入编辑状态。

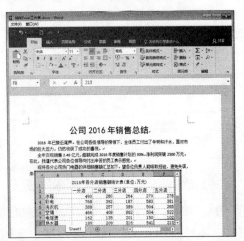

第2步 根据需要适当地调整 Excel 工作表的窗口，并在 G1 单元格中输入"总计"文本。

第3步 将 A1:G1 单元格区域合并，并居中显

示标题，设置标题【字体】为"楷体"，【字号】为"15"，并添加一种底纹颜色，效果如下图所示。

第4步 选择 A2:G8 单元格区域，设置【对齐方式】为"居中"。选择 G3 单元格，并单击编辑栏中的【插入函数】按钮 *fx*。

第5步 弹出【插入函数】对话框，在【选择函数】列表框中选择【SUM】选项，单击【确定】按钮。

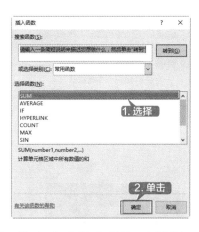

第6步 弹出【函数参数】对话框，设置【Number1】为"B3:F3"，单击【确定】按钮。

第7步 即可在 G3 单元格中计算出"冰箱"各分店的总销量。使用填充功能，填充至 G8 单元格，计算出各类电器所有分店的销售额。

	A	B	C	D	E	F	G
1		2016年各分店销售额统计表(单位:万元)					
2		一分店	二分店	三分店	四分店	五分店	总计
3	冰箱	490	280	264	270	278	1582
4	彩电	768	392	187	583	381	2311
5	洗衣机	388	257	389	504	265	1803
6	空调	466	408	862	504	522	2762
7	电饭煲	162	135	201	150	102	750
8	热水器	189	209	316	541	213	1468
9							
10							

第8步 选择 A2:F8 单元格区域，单击【插入】选项卡下【图表】组中【插入条形图或柱形图】按钮的下拉按钮，在弹出的下拉列表中选择【二维柱形图】组中的【簇状柱形图】图标样式。

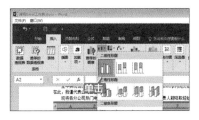

第9步 即可完成图表的创建。根据需要调整图表的位置，效果如下图所示。

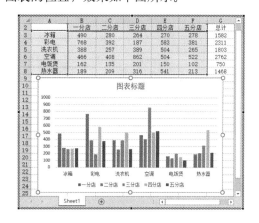

第10步 设置图表标题为"各分店销售额"，并添加"数据标签"图表元素，效果如下图所示。

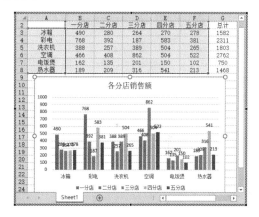

第11步 选择创建的图表，单击【设计】选项卡下【图表样式】组中【其他】按钮，在弹出的下拉列表中选择"样式8"选项。

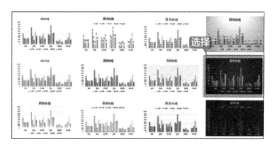

第12步 即可看到设置图表样式后的效果。

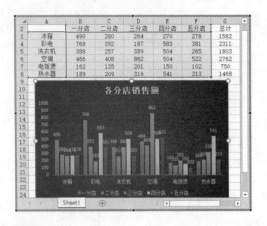

第13步 在其他位置处单击，完成在 Word 文档中编辑 Excel 工作表的操作，最终效果如下图所示。

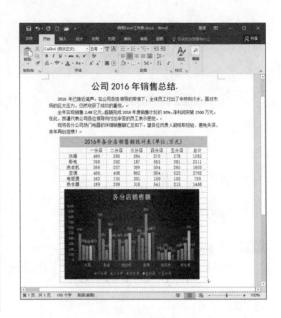

17.2 Word 与 PowerPoint 之间的协作

Word 和 PowerPoint 各自具有鲜明的特点，两者结合使用，会使办公的效率大大增加。

1. 在 Word 中创建演示文稿

在 Word 2016 中插入演示文稿，可以使 Word 文档内容更加生动活泼。插入演示文稿的具体操作步骤如下。

第1步 打开随书光盘中的"素材 \ch17\ 十一旅游计划 .docx"文档。

第2步 将光标定位于"行程规划："文本下方，单击【插入】选项卡下【文本】选项组中【对象】按钮 □ 对象 。

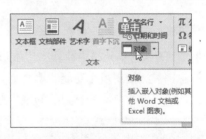

第3步 弹出【对象】对话框，选择【新建】选项卡下的【对象类型】组中的"Microsoft PowerPoint Presentation"选项，单击【确定】按钮。

第4步 即可在文档中新建一个空白的演示文

稿，效果如图所示。

第 5 步 设置幻灯片的主题样式并输入标题，并新建空白幻灯片页面。

第 6 步 根据需要制作幻灯片页面。

第 7 步 编辑完成演示文稿后，效果如下图所示。

第 8 步 双击新建的演示文稿即可进入放映状态，效果如图所示。

2. 调用已有的演示文稿

除了直接在 Word 2016 文档中插入新的演示文稿外，还可以根据需要调用已有的演示文稿。具体操作步骤如下。

第 1 步 新建空白 Word 文档。单击【插入】选项卡下【文本】选项组中【对象】按钮 对象(J)... 的下拉按钮，在弹出的下拉列表中选择【对象】选项。

第2步 弹出【对象】对话框,单击【由文件创建】选项卡,单击【文件名】后的【浏览】按钮。

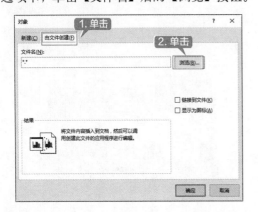

第3步 弹出【浏览】对话框,选择要调用的演示文稿文件,单击【插入】按钮。

第4步 返回【对象】对话框后,单击【确定】按钮。

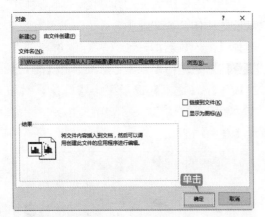

第5步 完成在 Word 2016 中调用已有演示文稿的操作。

第6步 如果要编辑演示文稿,可以在插入的演示文稿上单击鼠标右键,在弹出的快捷菜单中选择【"Presentation"对象】→【编辑】选项,即可开始编辑演示文稿。

第7步 如果要放映调用的演示文稿,可以直接双击插入的演示文稿或者在插入的演示文稿上单击鼠标右键,在弹出的快捷菜单中选择【"Presentation"对象】→【显示】选项。

> **┃提示┃**
>
> 选择【"Presentation"对象】→【打开】命令,可以使用 PowerPoint 2016 打开插入的演示文稿并进行编辑。选择【"Presentation"对象】→【转换】选项,可以打开【转换】对话框,选择要转换到的类型。

3. 将 PowerPoint 转换为 Word 文档

将 PowerPoint 演示文稿中的内容转化到 Word 文档中，可以方便阅读、检查和打印，具体操作步骤如下。

第1步 打开随书光盘中的"素材 \ch17\ 产品宣传展示PPT.pptx"演示文稿，单击【文件】选项卡，选择左侧的【导出】选项，在右侧【导出】区域单击【创建讲义】选项下的【创建讲义】按钮。

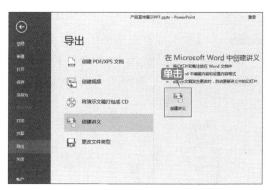

第2步 弹出【发送到 Microsoft Word】对话框，选中【Microsoft Word 使用的版式】组中的【空行在幻灯片下】单选按钮，然后选中【将幻灯片添加到 Microsoft Word 文档】组中的【粘贴】单选按钮，单击【确定】按钮，即可将演示文稿中的内容转换为 Word 文档。

17.3 在 Word 中导入 Access 数据

在 Word 2016 中，我们可以将 Access 数据库中的表和查询添加到 Word 文档中，但由于导入 Access 数据库的命令不显示在 Word 界面，首先需要在 Word 2016 界面添加该命令。在 Word 2016 中导入 Access 数据库的具体操作步骤如下。

第1步 启动 Word 2016，单击【快速访问工具栏】后的【自定义快速访问工具栏】按钮，在弹出的下拉列表中选择【其他命令】选项。

第2步 弹出【Word选项】对话框，在右侧的【从下列位置选择命令】下拉列表中选择【不在功能区中的命令】选项，在下方的列表框中选择【插入数据库】选项，单击【添加】按钮将其添加到右侧【自定义快速访问工具栏】列表框中，然后单击【确定】按钮。

第3步 即可将【插入数据库】按钮添加至快速访问工具栏中，单击该按钮。

第4步 打开【数据库】对话框，单击【数据源】组中的【获取数据】按钮。

第5步 打开【选择数据源】对话框，选择要导入的 Access 数据库文件，单击【打开】按钮。

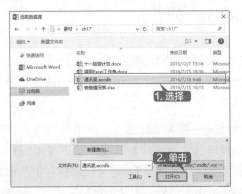

第6步 返回【数据库】对话框即可看到添加的数据库文件，单击【查询选项】按钮。

第7步 弹出【查询选项】对话框，在其中可以设置筛选记录、排序记录或者选择域，如果要保持默认，可以直接单击【确定】按钮。

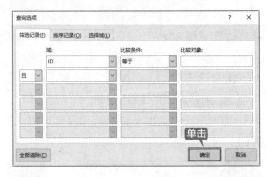

第8步 在【数据库】对话框中单击【表格自动套用格式】按钮，弹出【表格自动套用格式】对话框，在【格式】列表框中选择表格格式，单击【确定】按钮。

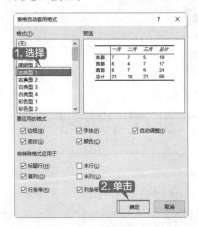

第9步 返回【数据库】对话框，单击【插入数据】按钮，弹出【插入数据】对话框，单击选中【全部】单选按钮和【将数据作为域插入】复选框，单击【确定】按钮。

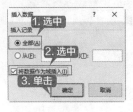

第10步 即可将 Access 数据导入 Word 2016 文档中，效果如下图所示。

ID	姓名	住址	手机号码	座机号码
1	张 XX	北京	13800000000	11111111
2	刘 XX	上海	13811111111	22222222
3	吴 XX	广州	13822222222	33333333
4	吕 XX	南京	13833333333	44444444
5	朱 XX	天津	13844444444	55555555
6	马 XX	重庆	13855555555	11112222

提示

在 Word 文档中，数据库表格能够像 Word 中的表格那样直接进行编辑处理，如添加行列、更改表中数据或设置文字格式等。

17.4 Word 与 Outlook 的相互协作

Word 文档编辑完成后，可以直接通过电子邮件附件的形式将文档发送给其他用户，本节就来介绍 Word 与 Outlook 的相互协作。

1. 以附件的形式共享 Word 文档

可以直接通过 Word 2016 的共享功能，将 Word 文档通过电子邮件以附件、连接、PDF、XPS 或 Internet 传真的形式发送给其他用户。下面以通过附件发送为例介绍，具体操作步骤如下。

第 1 步 打开随书光盘中的 "素材 \ch17\ 公司奖惩制度 .docx" 文档，选择【文件】选项卡下的【共享】选项，在右侧的【共享】区域选择【电子邮件】选项，并单击【作为附件发送】按钮。

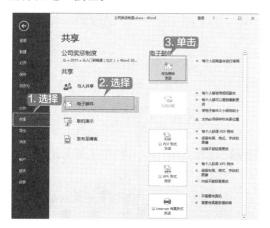

第 2 步 进入 Outlook 2016 的【邮件】选项卡，在【收件人】文本框中输入收件人的邮箱地址，并在下方输入其他相关内容，单击【发送】按钮，即可将 Word 文档以附件的形式发送给其他用户。

2. 通过 Outlook 发送 Word

在 Outlook 的邮件界面中可以将 Word 文档以附件的形式插入要发送的邮件中，也可以直接调用并编辑 Word 文档。通过邮件调用并编辑 Word 文档的具体操作步骤如下。

第 1 步 启动 Outlook 软件，单击【开始】选项卡下【新建】组中的【新建电子邮件】按钮。

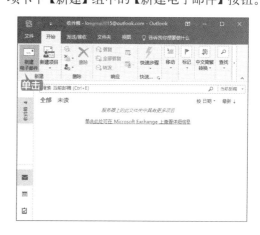

第2步 弹出【邮件】界面。将鼠标光标定位至内容区域，单击【插入】选项卡下【文本】组中的【对象】按钮 □对象 。

> **提示**
>
> 如果要以附件的形式发送 Word 文档，可以单击【插入】选项卡下【添加】组中的【附件文件】按钮，在弹出的下拉列表中选择【浏览此电脑】选项，然后选择要发送的 Word 文档。

第3步 弹出【对象】对话框，选择【由文件创建】选项卡，单击【文件名】后的【浏览】按钮。

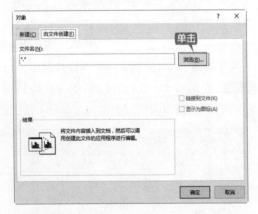

> **提示**
>
> 在【新建】选项卡下可以选择要新建的文档类型，新建空白文档。

第4步 弹出【浏览】对话框，选择要调用的 Word 文档文件，单击【插入】按钮。

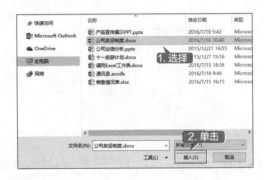

第5步 返回【对象】对话框后，单击【确定】按钮。

第6步 即可完成在调用已有 Word 2016 文档的操作，效果如下图所示，之后用户就可以根据需要编辑修改文档。

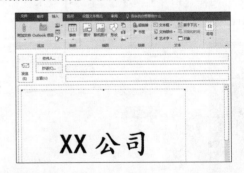

第7步 修改完成，输入收件人邮箱地址及主题，单击【发送】按钮即可。

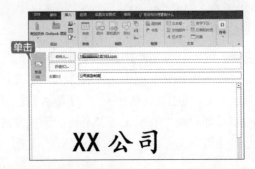

17.5 Word 与其他文件的协作

Word 除了与 Office 组件中的 Excel、PowerPoint、Outlook、Access 等组件进行协作外，还可以与 PDF、文本文档、网页等文件协作，它们的操作比较简单，可以直接使用 Word 打开这些文件并进行编辑、保存。下面以 Word 与文本文档协作为例介绍，具体操步骤如下。

第1步 选择要打开的文本文档，并单击鼠标右键，在弹出的快捷菜单中选择【打开方式】→【Word（桌面）】选项，或者直接将文本文档拖曳到 Word 2016 窗口的标题栏上。

第2步 弹出【文件转换 – 奖惩条例 .txt】对话框，选中【Windows（默认）】单选按钮，单击【确定】按钮。

第3步 即可使用 Word 2016 打开文本文档，在其中就可以根据需要编辑文档样式。

|提示|

编辑文档后，可以将其保存为文本文档格式，也可以将其另存为 Word 文档格式。

◇ **将 PDF 转换成 Word**

不仅可以将 Word 文档以 PDF 的形式保存，还可以将已有的 PDF 文档在 Word 2016 中打开并编辑，然后将其转换为 Word 格式。具体操作步骤如下。

第1步 选择要打开的 PDF 文档，并单击鼠标右键，在弹出的快捷菜单中选择【打开方式】

→【Word（桌面）】选项，或者直接将 PDF 文档拖曳到 Word 2016 窗口的标题栏上。

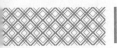
第2步 弹出【Microsoft Word】提示框，直接单击【确定】按钮。

第3步 即可使用 Word 2016打开PDF文档。

第4步 如果要将打开的文档转换为 Word 格式，只需要选择【文件】→【另存为】→【这台电脑】→【浏览】选项，打开【另存为】对话框，选择存储位置，单击【保存类型】后的下拉按钮，选择【Word 文档（*.docx）】选项，单击【保存】按钮 ，就完成了将 PDF 转换成 Word 的操作。

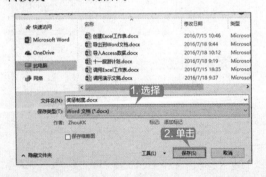

◇ 取消 Word 文档中的所有超链接

文档中包含超链接会影响文档的编辑效果，因此，文档最终编辑完成后，可以取消 Word 文档中的所有超链接。下面介绍几种快速取消 Word 文档中的所有超链接的方法。

方法1：使用快捷键。

使用快捷键取消文档中所有超链接是最直接、最快速的方法，具体操作步骤如下。

第1步 打开随书光盘中的"素材 \ch17\ 礼仪培训资料 .docx"文档，其中就包含了一些超链接文本。

第2步 按【Ctrl+A】组合键选择所有文本，然后按【Ctrl+Shift+F9】组合键，即可快速取消文档中的所有超链接。

方法2：通过 TXT 文档中转。

选择并复制所有 Word 文档中的内容，将其粘贴至 TXT 文档中，TXT 文档中的文本内容就不包含超链接了，之后只需要再次将 TXT 文档中的内容粘贴至 Word 文档中即可。

方法3：使用选择性粘贴功能。

使用选择性粘贴功能也可以快速地取消文档中包含的所有超链接，复制所有的文档内容，在要粘贴到的文档中单击【开始】选项卡下【剪贴板】组中【粘贴】按钮的下拉按钮，在弹出的下拉列表中选择【选择性粘贴】选项，弹出【选择性粘贴】对话框，选择【粘贴】单选按钮，在【形式】列表框中选择【无格式文本】选项，单击【确定】按钮，即可将选择的文本粘贴为无格式的文本，也就取消了 Word 文档中的所有超链接。

第18章

Office 的跨平台应用
——移动办公

📖 本章导读

通过分析公司财务报表，我们能对公司财务状况及整个经营状况有个基本的了解，从而对公司的内在价值作出判断。本章主要介绍如何制作员工实发工资单、现金流量表和分析资产负债管理表等操作，让读者对 Excel 在财务管理中的高级应用技能有更加深刻的理解。

思维导图

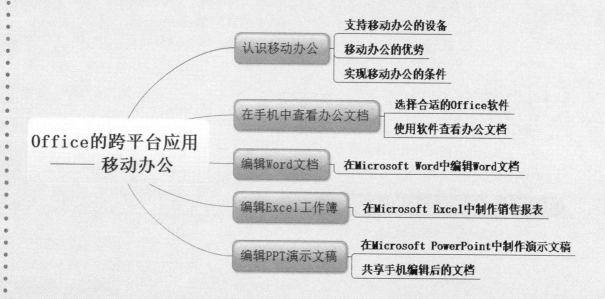

18.1 认识移动办公

移动办公也可称为"3A办公"，即办公人员可在任何时间（Anytime）、任何地点（Anywhere）处理与业务相关的任何事情（Anything）。这种全新的办公模式，可以让办公人员摆脱时间和空间的约束，随时进行随身化的公司管理和沟通，有效提高管理效率，推动企业效益增长。

1. 支持移动办公的设备

（1）手持设备。支持 Android、iOS、Windows Phone、Symbian 及 BlackBerry OS 等手机操作系统的智能手机、平板电脑等都可以实现移动办公。如 iPhone、iPad、三星智能手机、华为手机等。

（2）超极本。集成了平板电脑和 PC 电脑的优势，携带更轻便、操作更灵活、功能更强大。

2. 移动办公的优势

（1）操作便利简单。移动办公只需要一部智能手机或者平板电脑，操作简单、便于携带，并且不受地域限制。

（2）处理事务高效快捷。使用移动办公，无论出差在外，还是在上下班的路上，都可以及时处理办公事务。能够有效地利用时间，提高工作效率。

（3）功能强大且灵活。信息产业的发展以及移动通信网络的日益优化，所以很多要在电脑上处理的工作都可以通过移动办公的手机终端来完成。同时，针对不同行业领域的业务需求，可以对移动办公进行专业的定制开发，可以灵活多变地根据自身需求自由设计移动办公的功能。

3. 实现移动办公的条件

（1）便携的设备。要想实现移动办公，首先需要有支持移动办公的设备。

（2）网络支持。收发邮件、共享文档等很多操作都需要在连接网络的情况下进行，所以网络的支持必不可少。目前最常用的网络有 3G 网络、4G 网络及 Wi-Fi 无线网络等。

18.2 在手机中查看办公文档

在手机中可以使用软件查看并编辑办公文档，并可以把编辑完成的文档分享给其他人，可以节省办公时间，随时随地办公。

18.2.1 选择合适的 Office 软件

随着移动办公的普遍，越来越多的移动版 Office 办公软件也随之而生，最为常用的有微软 Office 365 移动版、金山 WPS Office 移动版及苹果 iWork 办公套件，本节主要介绍下这 3 款移动版 Office 办公软件。

（1）微软 Office 365 移动版。

Office 365 移动版是微软公司推出了一款移动办公软件，包含了 Word、Excel、PowerPoint 三款独立应用程序，支持装有 Android、iOS 和 Windows 操作系统的智能手机和平板电脑。

Office 365 移动版办公软件，用户可以免费查看、编辑、打印和共享 Word、Excel 和 PowerPoint 文档，不过如果使用高级编辑功能就需要付费升级 Office 365，这样用户可以在任何设备安装 Office 套件，包括电脑和 iMac，还可以获取 1TB 的 OneDrive 联机存储空间及软件的高级编辑功能。

Office 365 移动版与 Office 2016 办公套件相比，在界面上有很大不同，但其使用方法及功能实现是相同的，因此，熟悉电脑版 Office 的用户可以很快上手移动版。

（2）金山 WPS Office 移动版。

WPS Office 是金山软件公司推出的一款办公软件，对个人用户永久免费，支持跨平台的应用。

WPS Office 移动版内置文字 Writer、演示 Presentation、表格 Spreadsheets 和 PDF 阅读器四大组件，支持本地和在线存储的查看和编辑。用户可以 QQ 账号、WPS 账号、小米账号或者微博账号登录，开启云同步服务，对云存储上的文件进行快速查看及编辑、文档同步、保存及分享等。下图所示即为 WPS Office 中表格界面。

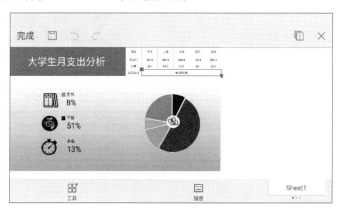

（3）苹果 iWork 办公套件。

iWork 是苹果公司为 OS X 以及 iOS 操作系统开发的办公软件，并免费提供给苹果设备的用户。

iWork 包含 Pages、Numbers 和 Keynote 三个组件。使用 Pages 是文字处理工具，Numbers 是电子表格工具，Keynote 是演示文稿工具，分别兼容 Office 的三大组件。iWork 同样支持在线存储、共享等，方便用户移动办公。下图所示即为 Numbers 界面。

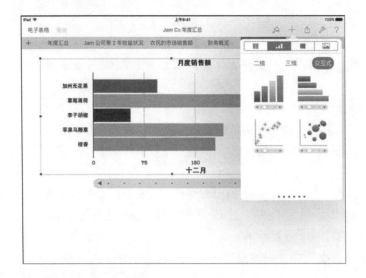

18.2.2 使用软件查看办公文档

下载使用手机软件可以在手机中随时随地查看办公文档，节约了办公时间，具有即时即事的特点。具体操作步骤如下。

第1步 在 Excel 程序主界面中，选择【打开】→【此设备】选项，然后选择 Excel 文档所在的文件夹。

第2步 单击要打开的工作簿名称，即可打开该工作簿。

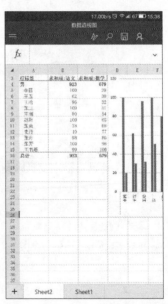

第3步 另外，也可以在手机文件管理器中，找到存储的 Excel 工作簿，直接单击打开。

18.3 编辑 Word 文档

　　移动信息产品地快速发展，移动通信网络的普及，只需要一部智能手机或者平板电脑就可以随时随地进行办公，使得工作更简单、更方便。本节以支持 Android 手机的 Microsoft Word 为例，介绍如何在手机上编辑 Word 文档。具体操作步骤如下。

第1步　下载并安装 Microsoft Word 软件。将随书光盘中的"素材 \ch18\ 公司年度报告 .docx"文档通过微信或 QQ 发送至手机中，在手机中接收该文件后，单击该文件并选择打开的方式，这里使用 Microsoft Word 打开该文档。

第2步　打开文档，单击界面上方的 [目] 按钮，全屏显示文档，然后单击【编辑】按钮 [A/]，进入文档编辑状态，选择标题文本，单击【开始】面板中的【倾斜】按钮，使标题以斜体显示。

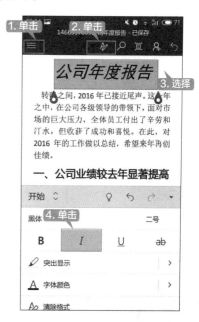

第3步　选择【突出显示】选项，可自动为标题添加底纹，突出显示标题。

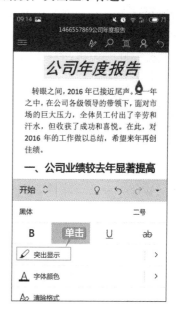

第4步 单击【开始】面板，在打开的列表中选择【插入】选项，切换至【插入】面板。在【插入】面板中选择要插入表格的位置，选择【表格】选项。

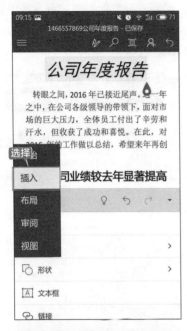

第5步 完成表格的插入，单击 ▼ 按钮，隐藏【插入】面板，选择插入的表格，在弹出的输入面板中输入表格内容。

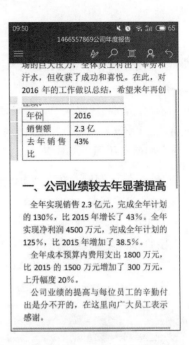

第6步 再次单击【编辑】按钮 ，进入编辑状态，选择【表格样式】选项，在弹出的【表格样式】列表中选择一种表格样式。

第7步 即可看到设置表格样式后的效果，编辑完成，单击【保存】按钮即可完成文档的修改。

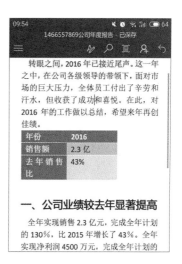

18.4 编辑 Excel 工作簿

本节以支持 Android 手机的 Microsoft Excel 为例，介绍如何在手机上制作销售报表。

第1步 下载并安装 Microsoft Excel 软件，将"素材 \ch18\ 自行车 .xlsx"文档存入电脑的 OneDrive 文件夹中，同步完成后，在手机中使用同一账号登录并打开 OneDrive，单击"自行车 .xlsx"文档，即可使用 Microsoft Excel 打开该工作簿，选择 D2 单元格，单击【插入函数】按钮 f_x，输入"="，然后将选择函数面板折叠。

第2步 按 C2 单元格，并输入"*"，再按 B2 单元格，单击 ✓ 按钮，即可得出计算结果。使用同样的方法计算其他单元格中结果。

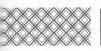
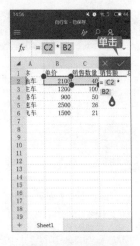

第3步 选中 E2 单元格，单击【编辑】按钮，在打开的面板中选择【公式】选项，选择【自动求和】公式，并选择要计算的单元格区域，单击 ✓ 按钮，即可得出总销售额。

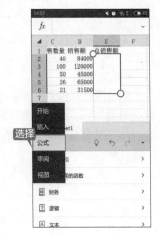

第4步 选择任意一个单元格，单击【编辑】按钮。在底部弹出的功能区选择【插入】→【图表】→【柱形图】选项，选择插入的图表类型和样式，即可插入图表。

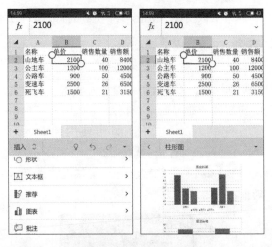

第5步 下图中即可看到插入的图表，用户可以根据需求调整图表的位置和大小。

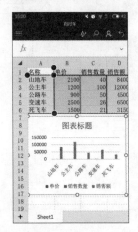

 编辑 PPT 演示文稿

本节以支持 Android 手机的 Microsoft PowerPoint 为例，介绍如何在手机上编辑 PPT。

第1步 将随书光盘中的"素材 \ch18\ 公司业绩分析 .docx"文档通过微信或 QQ 发送至手机中，在手机中接收该文件后，单击该文件并选择打开的方式，这里使用 Microsoft PowerPoint 软件打开该文档。

第2步 在打开的面板中选择【设计】面板，单击【主题】按钮，在弹出的列表中选择【红利】选项。

第3步 为演示文稿应用新主题的效果如下。

第4步 单击屏幕右下方的【新建】按钮 ⊞，新建幻灯片页面，然后删除其中的文本占位符。

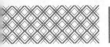

第5步 再次单击【编辑】按钮 ，进入文档编辑状态，选择【插入】选项，打开【插入】面板，选择【图片】选项，选择图片。

第6步 在打开的【图片】面板中，单击【照片】按钮，弹出【选择图片】面板，单击【图库】选项卡。

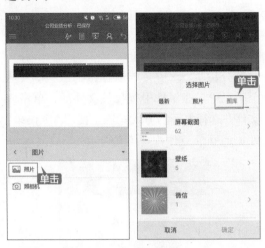

第7步 选择【微信】选项，在打开的新面板中选中图片并单击【确定】按钮。可以对图片进行样式、裁剪、旋转以及移动等编辑操作，编辑完成，即可看到编辑图片后的效果。

第8步 接 18.4 节的操作，在完成演示文稿的编辑后，单击顶部的【分享】按钮 👤，在弹出的【作为附件分享】界面选择共享的格式，这里选择"演示文稿"选项。

第9步 在弹出的【作为附件共享】面板中，可以看到许多共享方式，这里选择微信方式，选择【发送给朋友】选项。

第10步 打开【选择】面板，在面板中选择要分享文档的好友，在打开的面板中单击【分享】按钮，即可把办公文档分享给选中的好友。

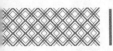

◇用手机 QQ 打印办公文档

如今手机办公越来越便利，随时随地都可以处理文档和图片等。在这种情况下，将编辑好的 Excel 文档，直接通过手机连接打印机进行打印呢？

一般较为常用的有两种方法。一种是手机和打印机同时连接同一个网络，在手机和电脑端分别安装打印机共享软件，实现打印机的共享，相应的打印软件有打印工场、打印助手等；另一种是通过账号进行打印，则不局限于局域网的限制，但是仍需要手机和电脑联网，安装软件通过账号访问电脑端打印机，进行打印，最为常用的就是 QQ。

本技巧则以 QQ 为例，前提则需要手机端和电脑端同时登录 QQ，且电脑端已正确安装打印机及驱动程序。具体操作步骤如下。

第1步 登录手机 QQ，进入【联系人】界面，选择【我的设备】分组下的【我的打印机】选项。

第2步 进入【我的打印机】界面，单击【打

印文件】或【打印照片】按钮，可添加打印的文件和照片。

第3步 如单击【打印文件】按钮，则显示【最近文件】界面，用户可选择最近手机访问的文件进行打印。

第4步 如果最近文件列表中没有要打印的文

件，则单击【全部文件】按钮，选择手机中要打印的文件，单击【确定】按钮。

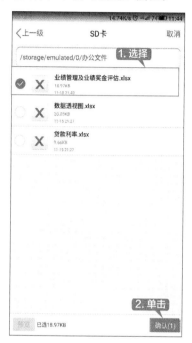

第5步 进入【打印选项】界面，可以选择要使用的打印机、打印机的份数、是否双面，设置后，单击【打印】按钮。

第6步 返回【我的打印机】界面，即会将该

文件发送到打印机进行打印输出。

◇ 使用语音输入提高打字效率

在手机中输入文字可以使用打字输入，也可以手写输入，但通常打字较慢，使用语音输入可以提高在手机上的打字效率。此处以搜狗输入法为例介绍语音输入。

第1步 在手机上打开"便签"界面，即可弹出搜狗输入法的输入面板。

第2步 在输入法面板上长按【空格】按钮，

出现【说话中】面板后即可进行语音输入。输入完成后，即可在面板中显示输入的文字。

第 3 步　此外，搜狗语音输入法还可以选择语种，按住空格键，出现话筒后手指上滑，即可打开【语种】选择面板，这里包括"普通话、英语、粤语"三种，用户可以自主选择。